三菱 FX3U 可编程控制器应用技术

吕　桃　金宝宁　主　编

徐　宁　胡广华　覃春平　副主编

电子工业出版社

Publishing House of Electronics Industry

北京 · BEIJING

内 容 简 介

本书是依据"中等职业学校专业与课程体系改革创新计划"的要求，在对课程教学改革经验总结的基础上，结合"行动导向"、"做学合一"教学模式的实践探究开发出的专业课程新教材。

本书含三菱可编程控制器（FX3U 系列）的安装与编程软件的操作、典型继电接触任务的 PLC 控制与实现、检测、变频及气动技术的 PLC 控制与应用、PLC 状态编程及控制中的应用、PLC 在机电一体化设备中的应用、FX 系列 PLC 的通信功能的实现初探、昆仑通态人机界面与 PLC 通信控制七个模块。通过典型任务的设计，将 PLC 与现代机电设备控制中的气动与液压、步进控制与变频控制、机械手与传感检测、通信功能与触摸屏界面设计等应用相结合以彰显职业教育的时代性。

本书可作为中等职业学校机电应用技术、电气控制技术等专业的教材和职业技能大赛参考用书，也可用于相关工种的岗位职业技能培训。

为便于教学，本书配有电子教案、PPT 课件及教学工作页等电子教学资料。

图书在版编目（CIP）数据

三菱 FX3U 可编程控制器应用技术/吕桃，金宝宁主编. —北京：电子工业出版社，2015.3
ISBN 978-7-121-25728-5

Ⅰ. ①三… Ⅱ. ①吕… ②金… Ⅲ. ①可编程序控制器－中等专业学校－教材 Ⅳ. ①TM571.6

中国版本图书馆 CIP 数据核字（2015）第 054139 号

策划编辑：张　帆
责任编辑：郝黎明
印　　刷：北京虎彩文化传播有限公司
装　　订：北京虎彩文化传播有限公司
出版发行：电子工业出版社
　　　　　北京市海淀区万寿路 173 信箱　邮编　100036
开　　本：787×1 092　1/16　印张：20.75　字数：531.2 千字
版　　次：2015 年 3 月第 1 版
印　　次：2025 年 1 月第 14 次印刷
定　　价：40.00 元

前 言

　　为贯彻落实全国教育工作会议精神和《国家中长期教育改革和发展规划纲要（2010—2020年）》，依据教育部《现代职业教育体系建设规划（2014—2020年）》，实施"中等职业学校专业与课程体系改革创新计划"的相关要求和"以服务为宗旨、以就业为导向、以能力为本位"的职业教育指导思想。在对课程教学改革经验总结的基础上，结合"行动导向""做学合一"教学理念的探究，开发出《FX3U 系列可编程控制器应用技术》课程新教材。

　　本课程性质是中等职业学校加工制造大类机电技术应用、数控技术应用、机电设备安装与维护等专业的前沿应用性专业课程。本教材是对维修电工中级职业资格标准进行充分解读与分析，对课程岗位职业能力培养要求分析的基础上，结合《FX3U 系列可编程控制器应用技术》课程知识点、技能培养目标的分析、归纳，从应用性专业课程应能体现岗位职业能力培养的应知、应会兼顾发展的需要对该课程教学内容进行科学、合理的选取与组织。在教学任务的组织上充分考虑中职学生的认知水平、学习行为的特点及职业能力的培养要求，以任务驱动方式体现"做中学、学中做"的职教特色，以便于有效地实现本课程专业知识学习、专业技能培养及职业素养提升的目标。

　　本课程教材的特色体现在：

　　（1）全书贯穿一致的"行为导向"及"做学合一"教学任务的组织模式。本教材共分 7个模块，每一模块均由 3～5 个学习工作任务组成，学习内容围绕任务展开，包括 PLC 的结构、软元件、指令的学习，软件的操作等均以典型工作任务的设备安装、调试的认知培养与训练主线贯穿、融合，突破了原有的学科体系。采用对相关知识、技能培养进行有效的拆解，并使其融于不同教学任务中分散教学。

　　（2）学习工作任务的选取上充分考虑中职学生的认知能力与学习兴趣，具有典型性、可操作性和时代新颖性。典型性体现于常规继电接触控制线路的 PLC 控制、十字路口交通信号灯、抢答器等任务的设计；时代新颖性体现于通信控制任务、触摸屏控制技术的应用；可操作性除基本控制任务易于实现外，在目前技能大赛的促动下变频器、气动机械手、触摸屏等设备的实现已有所保障，职业能力培养的时代性已有适当的体现。

　　（3）教材合理的"专业技能培养与训练""知识链接""思考与训练"及"阅读与拓展"的体例安排，体现学生知识学习和技能训练的内在关联性，有效弥补能力培养主导、知识相对弱化的"实训化"教材的不足，使因材施教、能力发展的需求尽可能地得到满足。能够在对常见任务引领的"过实训化"教材研究的基础上，实现任务引领融适度探究性学习、体现专业认知培养与技能训练的"做学合一"的教材组织形式。

　　（4）能将专业基本能力培养与后续能力可持续发展进行有机结合。在三菱 FX3U 系列PLC 指令处理上，将基本指令与步进顺控指令学习与应用为基本要求，通过步进状态编程的有效训练提升学生工程控制应用的认知和能力；在应用中穿插部分代表性应用指令的认知训练、将 HMI 组态、通信任务与 PLC 基本单元应用相融通，有效拓展学生对控制领域的认知，使思维空间更加开阔；在专业工具运用中注重学生能力运用与岗位的对接，教材中摒弃陈旧落伍的内容，如高版本主流编程软件操作、虚拟仿真技术等的引入，保持与时代步伐相一致。

（5）职业能力培养融入时代发展元素，在 PLC 学习应用平台上突破原有教材基于 SWOPC FXGP/WIN-C 低版本程序编辑软件，采用反映工程应用的主流高版本 GX Developer Version 8.86 编程软件，以有效的 SFC 编程训练突破步进状态的 STL 编程，引入工程文件概念并结合 GX Simulator Ver 6C 虚拟仿真，使学习者学习能力、职业能力得以提升。

（6）结合中职学生特点强调的"可编程控制器应用技术"之应用技术，除 PLC 在典型控制任务中的应用外，能够有效融合 PLC 现代控制领域中的变频器、气动机械手、步进电机、触摸屏及通信等方面的应用，调动学生参与工作任务的兴趣。在任务学习活动中培养中职学生的程序设计思想，能够熟悉 PLC 的控制方法，拓展对 PLC 应用领域的认知和工程运用的方法，能够让中职学生体会到学以致用是任务选取的必备因素。

（7）任务设计体现以应用为主线，紧扣生产、生活实践要求，任务中除典型启保停、正反转等控制单元外，工作平台、步进电机、气液动、变频器、机械手等均与现代设备控制密切相关，措施上通过对急停、循环控制、掉电保护、异常处理等强化工程实践需求认知，并融入技能竞赛的元素。

（8）在教学任务设计中力求实现"学、做、思"相结合，以求避免"教用脑的人不用手，不教用手的人用脑"实现"手脑联盟"，通过图形有效标注文字释义降低中职学生的理解难度，虚拟 Simulator Ver 6C 的仿真手段使学生的脱机自主学习成为可能。

（9）教材与手册资料的衔接，为让学生较快适应岗位资料的查阅，对 PLC 指令采用厂商技术手册格式、用法说明进行介绍，并注意在任务设计中进行手册的收集、查阅方法的训练。

（10）编写团队组织特色中的几个组合：从服务于专业教学出发，考虑到不同层次师资对教学认知、需求上的不同，教材编写、策划团队采用老、中、青相结合；兼职教科研成员、教学实践一线的双师型专职骨干教师和技能竞赛背景教师的有机组合；具有一定工程实践、专业特长背景的工程技术人员和具有较高专业技能的双师型教师组合。使得教材在保证职业教育基础知识的学习、基础能力培养、专业素养与技能提高等方面外，从方式方法上更趋合理，形式上更具新颖。

本教材由吕桃、金宝宁主编，徐宁、胡广华广西第一工业学校的覃春平副主编，李小燕、万庆、杨海宁参编。在本教材编写过程得到江苏省制造加工类中心教研组、南京市职教教研室及部分兄弟学校的相关领导、教师的帮助与支持。在此一并对提供支持的相关领导、教师及参阅资料的编著者表示衷心的感谢。

本教材总课时 90 学时（选修学时不包含在内），分配建议：考虑到课程的专业地位、地区差异、教学实训保障条件、教学内容的选取、学生现状及教学师生比例，具体的学时数可由教学任课教师做适当的机动调整。

序　号	章节（模块）	课 时 分 配		
		理　实	选　学	
1	模块一：三菱可编程控制器的安装与编程软件的操作	10	2	
2	模块二：三相异步电动机典型继电接触控制的 PLC 控制与实现	12	2	
3	模块三：检测、变频及气动技术的 PLC 控制与应用	15	3	
4	模块四：PLC 状态编程的应用	14	3	
5	模块五：PLC 在机电一体化设备中的应用	14	2	
6	模块六：FX 系列 PLC 通信功能的实现初探	12	2	
7	模块七：昆仑通态人机界面与 PLC 通信控制	10	2	
8	机动	3		

　　本教材的教学资源有与任务配套的学习任务工作页、教学课件及"思考与训练"习题解析。

　　由于编写时间仓促，也限于编者的水平、经验等，教材中难免存在一些不足和错误，敬请广大读者给予指正及提出宝贵建议。

编　者

2014 年 2 月

目　　录

三菱可编程控制器的安装与编程软件的操作

教学目的

1. 通过本模块的学习与训练，能够对包括三菱 FX3U 系列在内的当前主流 PLC 在组成、类别和外部 I/O 接口及扩展设备等方面形成初步的认知，对 PLC 的应用形成一定的感性认知。

2. 能够通过三菱 PLC 的简单运用，对 PLC 的工作方式有一定的认知；掌握三菱 FX3U 系列 PLC 的基本安装方法，了解使用的注意事项。

3. 学会三菱 GX Developer 编程软件梯形图程序的编辑、编译转换及上传、下载方法，并学会 PLC 工作状态的监控方法，形成对梯形图指令的初步感性认识。

4. 通过 PLC 控制交通信号灯、四路抢答器设备的安装与简单调试运行，形成对 PLC 控制任务的实现方法、流程的初步认知。

任务一 三菱可编程控制器的安装与连接训练

任务目的

1. 通过十字路口交通信号灯 PLC 控制任务的设备安装训练，初步形成对 PLC 控制应用的认识；熟悉 FX3U 系列 PLC 面板的组成、I/O 端口、各附件连接及安装注意事项。

2. 通过三菱 GX Developer 软件的安装，了解软件运行环境并学会安装。通过编程软件 GX Developer 练习用户程序的基本操作（含传输及监控功能），了解 FX3U 的基本运用和简单操作方法。

3. 通过交通指示灯的 PLC 仿真实训，初步对 PLC 的控制方法、控制线路的组成形成一定的感性认识。

想一想：现代工程控制中的可编程控制器——PLC，具有何种优越性能，可用于何种场合或实现何种控制？

知识链接一：可编程控制器的定义与应用领域的认知起步

可编程控制器——PLC 是英文 Programmable Logic Controllers 的缩写，该名称于 20 世纪 80 年代由 NEMA（美国电气制造商协会）重新命名为 Programmable Controller，其核心是一种专为工业控制而设计的计算机系统。为避免与个人计算机 PC（Personal Computer）混淆，把这种主要实现工业控制功能的数字操作系统称作 PLC。

如图 1-1-1 所示为目前我国现代工业控制设备中主要采用的典型 PLC 品牌及部分系列产品，图（a）、（b）分别为日本三菱公司的 FX2N 系列和欧姆龙公司的 C200H 系列 PLC，图（c）、（d）分别为美国罗克韦尔集团下 AB 公司 SLC-500 系列和德国西门子的 S7-200 系列 PLC，图（e）则为我国台湾地区产的台达 DVP 系列 PLC。

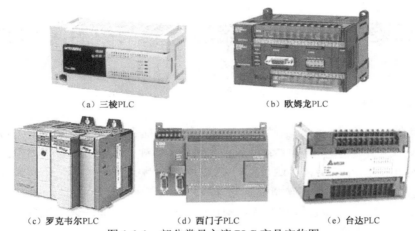

(a) 三棱PLC　　　　　　　　　　(b) 欧姆龙PLC

(c) 罗克韦尔PLC　　　(d) 西门子PLC　　　(e) 台达PLC

图 1-1-1　部分常见主流 PLC 产品实物图

PLC 的定义是 1987 国际电工委员会（IEC）在 PLC 标准草案上作出的："PLC 是一种专门为在工业环境下应用而设计的数字运算操作的电子装置。它采用可以编制程序的存储器，用来在其内部存储执行逻辑运算、顺序运算、计时、计数和算术运算等操作的指令，并能通过数字式或模拟式的输入和输出，控制各种类型的机械或生产过程。PLC 及其有关的外围设备都应该按易于与工业控制系统形成一个整体，易于扩展其功能的原则而设计。"

PLC 是在继电器控制基础上发展起来的以微处理器为核心，融自动控制技术、计算机技术和通信技术为一体的一种新型工业自动控制装置。目前 PLC 已基本替代了传统的继电器控制系统，成为工业自动化领域中最重要、应用最多的控制装置，居于可编程控制器 PLC、机器人 Robot、计算机辅助设计与制造 CAD/CAM 构成的工业生产自动化三大支柱之首。目前的 PLC 控制技术已步入成熟阶段，广泛应用于钢铁、石油、化工、电力、建材、机械制造、汽车、轻纺、交通运输、环保及文化娱乐等各个方面，其应用的数量已占据各类工业自动化控制设备的首位。典型的运用有我们熟悉的民用方面如电梯的控制、交通路口信号灯控制等；工业控制方面有自动流水生产线控制、工业机械手的控制及现代数控机床等，如图 1-1-2 和图 1-1-3 所示。

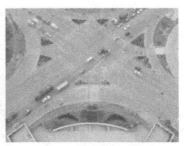

(a) 扶手电梯　　　　　　(b) 垂直电梯　　　　　　(c) 路口交通信号灯控制

图 1-1-2　PLC 在设备控制中的应用

图 1-1-3　PLC 在机器人控制方面的应用

想一想： 为什么越来越多的设备控制领域采用 PLC 设备和技术替代传统控制方式及数字逻辑控制技术等？

知识链接二：可编程控制器控制特点的认识

PLC 是一种数字式电子装置，它利用可编程的存储器进行指令存储，按照指令能够实现逻辑运算、顺序控制、定时、计数及算术运算等功能，并通过数字式或模拟式的输入、输出接口实现对生产机械或生产过程的控制。PLC 主要具有如下特点。

（1）可靠性高，抗干扰能力强。

现代 PLC 除在结构上采用了足以适应恶劣工业生产环境的具有耐热、密封、防潮、防尘和抗震性能的外壳封装外，在设备内部的硬件和软件两个方面均采取了相应的有效措施以实现其可靠性的提高。

硬件方面：在现代 PLC 设备的内部电路中，除利用无触点开关取代了硬继电器的机械触点开关外，还采用了大规模集成电路 LSI 技术、先进的抗干扰技术，并在生产中配套有严格管理的生产工艺的保障，从而确保了较高的电气设备运行可靠性。利用 PLC 构成的控制系统与具有实现同样功能、同等规模的继电接触控制系统相比，PLC 控制系统的外部电气连接线、设备控制触点式开关数量大为减少。同时 PLC 内部电路通过输入/输出（I/O）的光电耦合电路与外部电路间接连接，实现了直流隔断，有效抑制了外部主要低频干扰源的影响，设备控制产生故障的概率也就大大降低了。此外，PLC 还具有硬件故障自检功能，硬件异常故障的报警及强制处理功能，具有通过后备电池实现停电时对用户程序、设备运行动态数据的有效保护等措施，均使得设备运行的高可靠性得到硬件的有效支撑。

应用软件方面主要通过以下措施实现可靠性保障：在用户执行程序时，通过软件设计的 PLC 的监控定时器可实现对运算处理器的延迟监控，从而避免因程序出错而进入死循环。用户可根据设备控制的运行状况，很容易地开发和编写外围设备故障的诊断程序，及时通过 PLC 的输入端口信息采集进行设备故障诊断并采取相应的措施以实现故障的处理，可有效防止故障带来的危害。

目前，以三菱公司 F 系列的 PLC 为例，其平均无故障时间可达到 30 万小时，而一些采用冗余 CPU 技术的 PLC 的平均无故障工作时间则更长。

> 冗余 CPU 结构的 PLC 是指 PLC 内有两块 CPU 同时在线运行，一块处于主控制模式，另一块处于预备模式。拥有主控制权的 CPU 具有输出控制权，而预备 CPU 跟踪主 CPU 的变化同时采集数据和保持通信连接，但输出被禁止。两个 CPU 模块互相监视对方的运行状态和通信情况，一旦主控 CPU 故障，预备 CPU 立即获取控制权而成为主控 CPU，实现无扰动控制切换。

（2）编程软件操作方便，编程方法简单易学。

PLC 开发初期的目的是通过逻辑控制功能取代复杂的继电接触线路，用于将继电接触器的硬接线逻辑转变为计算机的软件逻辑编程方式。PLC 编程语言之一——梯形图，就是从继电器控制线路演化过来的，它采用图形符号形式的程序结构具有直观明了、易学易懂、易修改的特点，极易为具有一定继电接触控制线路基础的电气技术人员及初学者接受和掌握。给即使不熟悉电子电路、不懂得计算机原理和汇编语言的人从事 PLC 进行工业设备控制提供了便捷路径。

（3）适应性好，具有柔性。

为拓展 PLC 的功能和应用领域，围绕 PLC 的应用开发出的标准化、系列化外围模块的品种很多，通过 PLC 与外围各组件的有机组合可构成满足不同要求的控制系统。在设备连接方面，根据控制任务的要求仅需通过 PLC 提供的各标准接口、I/O 端子上连接相应的通信信号、输入/输出控制信号即可，而不需要进行大量的电子线路或继电器硬接线操作，且当设备生产工艺进行调整时也不必改变硬件设备，只需改变相应的软件就可满足新的控制要求。

（4）控制功能完善，接口形式多样。

现代 PLC 基本单元除具有逻辑处理功能外，还大多具有了完善的数据运算功能。为进一步满足各种数字控制领域的需求，配套开发的系列化模块分别提供了数字量/模拟量的输入/输出、定时、计数、A/D 与 D/A 转换、数据处理及通信联网等功能。随着 PLC 外围功能单元的日趋完善，通过选配不同的特殊适配器可构成满足特殊控制功能需要的控制系统，并随着通信功能的增强及人机界面技术的引入，复杂控制功能的简易 PLC 控制系统已成现实。现代工业控制设备中要求的复杂位置控制、温度控制功能的数控系统中均采用了 PLC 控制技术，如图 1-1-4 和图 1-1-5 所示。

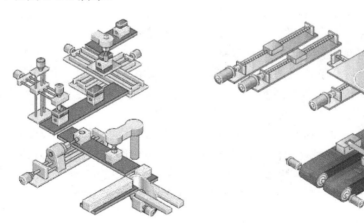

图 1-1-4　PLC 在复杂定位控制中的运用　　图 1-1-5　PLC 在高速定位控制中的运用

（5）易于设计和安装，维护更方便。

设计采用 PLC 控制技术的应用系统时，在器件选取上可根据控制任务的功能、性能要求确定相应的 PLC 基本单元、采用的功能模块及输入/输出控制设备等；在安装上结合现代 PLC 及配套扩展组件均大多采用模块化积木式结构，可以实现极为方便的组装，并由于 PLC 采用软件功能替代原先继电接触控制线路中的中间继电器、定时器等器件，大大减少了控制设备外部的接线，硬件安装周期大为缩短；在软件编程和调试阶段可采取实验室脱机运行，模拟运行成功后再结合现场调试，使得调试周期有效缩短并能减少和避免调试中一些异常故障现象的发生；维护方面，结合 PLC 的诊断及显示功能可获得一定的故障信息，替换法排除故障简便易行。

专业技能培养与训练一：十字路口交通指示灯 PLC 控制任务的设备安装

任务阐述：本控制任务是利用三菱 FX3U-48MR 可编程控制器，在给定 I/O 端口定义及控制程序的前提下，结合 24V 电源和 24V 直流信号指示灯模拟十字路口交通信号灯控制设备的安装，了解 PLC 控制系统的安装要求及设备调试的基本操作内容。

设备及器材清单见表 1-1-1（实验电工工具一套）。

表 1-1-1 十字路口交通信号灯设备安装清单表

序号	设备名称	型号或规格	数量	序号	名称	型号	数量
1	PLC	FX3U-48MR	1	8	熔断器		1
2	PC	台式机	1	9	启动按钮	绿	1
3	编程电缆	FX-232AW/AWC	1	10	停止按钮	红	1
4	安装轨道	35mm DIN	1	11	指示灯	红	4
5	开关电源	24V/2A	1	12	指示灯	绿	4
6	断路器		1	13	指示灯	黄	4
7	设备电源	220V、50Hz		14	导线		若干

一、实训任务准备工作

（1）检查 PLC 程序文件（本书因采用 GX Developer 软件，后续统一称为工程文件）。该任务提供十字路口交通信号灯控制任务需要的名为"工程 1-1"的工程文件（程序），该工程文件可通过学生在各实训台 PC 的指定路径建立拷贝，STL1-1-1 中给出了该工程文件的指令表形式。

STL 1-1-1

步序号	助记符	操作数	步序号	助记符	操作数	步序号	助记符	操作数
0	LD	M8002	25	LD	T1	48	LD	T1
1	OR	X001	26	SET	S22	49	SET	S25
2	ZRST		27	STL	S22	50	STL	S25
		S0	28	OUT	Y0	51	OUT	Y3
		S30	29	OUT	Y4	52	OUT	Y1
7	SET	S0	30	OUT	T2	53	OUT	T2

步序号	助记符	操作数	步序号	助记符	操作数	步序号	助记符	操作数
8	STL	S0			K20			K20
9	LD	X000	32	LD	T2	55	LD	T2
10	SET	S20	33	SET S23	S23	56	OUT	S20
11	STL	S20	34	STL	S23	57	RET	
12	OUT	Y0	35	OUT	Y3	58	LDI	T12
13	OUT	Y5	36	OUT	Y2	59	OUT	T11
14	OUT	T0	37	OUT	T0			K5
		K200			K250	61	LD	T11
16	LD	T0	39	LD	T0	62	OUT	T12
17	SET	S21	40	SET	S24			K5
18	STL S21	S21	41	STL	S24	64	END	
19	OUT	Y0	42	OUT	Y3			
20	LD	T11	43	LD	T11			
21	OUT	Y5	44	OUT	Y2			
22	OUT	T1	45	OUT	T1			
		K30			K30			
24	OUT	Y0	47	LD	T4			

（2）输入/输出（I/O）端口定义清单。

用户通过 I/O 端口定义可以明确用到的控制（或受控）设备、控制（或受控）设备的功能及接法等，如表 1-1-2 所示。

表 1-1-2　I/O 端口定义清单

I 端 口		O 端 口	
SB1	X000	南北红灯	Y000
SB2	X001	南北黄灯	Y001
		南北绿灯	Y002
		东西红灯	Y003
		东西黄灯	Y004
		东西绿灯	Y005

（3）十字路口交通信号灯的 PLC 控制电路连接图如图 1-1-6 所示，该连接图是 FX3U 系列 PLC 采用交流电源输入共漏型接法，如图 1-1-7 所示为交通信号指示灯安装示意图（要求南北向、东西向的指示灯由外到内均按红、黄、绿顺序安装）。

PLC 控制连接图是 PLC 与外部设备连接的参考依据，信号指示灯的安装示意图与电工图中的布局图用途基本相似，用于明确设备安装位置、要求，是对 PLC 控制连接图的补充说明。

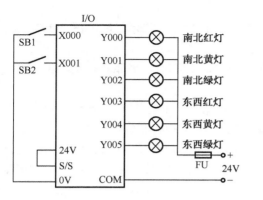

图 1-1-6 PLC 控制电路连接图（共漏型）

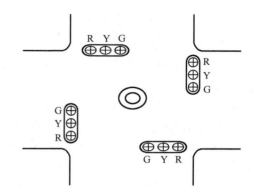

图 1-1-7 指示灯安装示意图

（4）清点与检查实训设备。设备、器材的充分准备及必要的检测均是电工操作的基本要求，质量、性能的完好是实训任务正常进行和人身安全的保障。PLC 控制电路中，输入端控制开关常用常开形式接法（还需注意按钮式开关与切换开关的区别），但对于要求实现急停功能的控制，则要求用于实现急停的蘑菇帽按钮必须采用常闭触点接法。

二、可编程控制器设备安装的认知训练

如图 1-1-8（a）所示为 FX3U-48MR 型号的 PLC，FX3 系列是三菱第三代 PLC 机型，含标准型 FX3G/FX3GC 系列和高性能型 FX3U/FX3UC 系列，FX3GC、FX3UC 是输入/输出连接器型（紧凑型）。FX3U 系列已取代 FX2N 系列成为市场的新宠，图中对面板的组成给予了标注，初学者须加以识别。

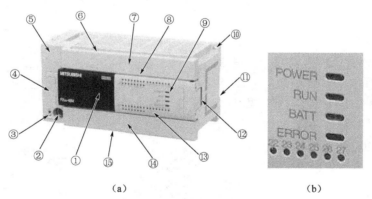

（a）　　　　　　　（b）

① 上盖板；② 编程器连接电缆接口；③ 运行开关；④ 功能扩展部盖板；⑤ 内部锂电池盖板；⑥ 输入端子；
⑦ 输入端子盖板；⑧ 输入状态信号指示灯；⑨ PLC 工作状态指示灯；⑩ 螺钉安装固定孔；⑪ 35 毫米 DIM 导轨卡扣；
⑫ 扩展设备连接器盖板；⑬ 输出状态信号指示灯；⑭ 输出端子盖板；⑮ 输出端子

图 1-1-8 面板组成

从功能上划分，FX3U 系列 PLC 面板主要由指示部分、接口部分及外部接线端子 3 部分组成。

（1）指示部分

FX3U 系列可编程控制器面板设有用于反映 PLC 工作状态的指示灯，如图 1-1-8（b）所示各指示灯名称及功能如下。

● POWER（电源）指示灯：当 POWER 指示灯（绿色）亮时，说明供电电源正常，当该提标灯熄灭时，表明 PLC 设备电源断开。

● RUN（运行）指示灯：当 RUN 指示灯（绿色）亮时，表明 PLC 处于运行状态，当该指示灯熄灭时，表示 PLC 处于停止（STOP）状态。PLC 在 STOP 状态下可以进行程序的写入（即通过 PC 或手持编程器将编辑好的程序向 PLC 传送）。RUN/STOP 状态的切换可通过面板通信接口盒盖内设置的运行模式转换开关控制，该切换开关有上、下两档对应于 RUN/STOP 状态，"STOP"还可以强行停止 PLC 的运行。

● BATT（电源故障）指示灯：红色亮灯表示内部锂电池的工作电压不足，用于提醒用户更换电池。

● ERROR 指示灯：用于系统检测到用户程序出错时发出闪烁的警示红色信号（注：异物掉入内部导致内存信息变化也会致使该警示工作）。导致原因有以下几种可能性：程序没有正确写入、梯形图错误或程序语法错误等。当该指示灯持续发出红光时，表明处理器异常故障。说明硬件故障导致 CPU 出错或者因用户程序设置不当造成运算周期过长而导致报警。正常时熄灭。

为了直观地反映出 PLC 运行时各个 I/O 端口的工作状态，FX 系列 PLC 均设置了与 I/O 端口相对应的输入和输出指示信号灯。例如，当某输入端子所连接的按钮闭合/断开时，对应输入端的输入信号灯随之点亮/熄灭，同样 PLC 的输出端的输出信号灯也会随对应的输出端输出信号的有或无而点亮或熄灭，同时外部连接的设备（如继电器线圈）动作。显然通过 I/O 指示灯并结合外部设备的工作状况，为判别 PLC 的 I/O 状态、进行程序调试、实现故障排查等提供了方便。

（2）接口部分。

接口部分主要有标准 RS422 编程器通信接口、存储器接口、扩展通信板接口及特殊功能模块接口等。如图 1-1-9（a）所示为 RS-422 标配通信接口形状及功能端分布示意图，图（b）、（c）分别为 FX-232AW/AWC、FX-USB-AW 通信转换电缆。

三菱RS422接口标示

- 1 RxD−
- 2 RxD+
- 3 +Vcc
- 4 TxD+
- 5 GND
- 6 +Vcc
- 7 TxD−
- 8 GND

（a）　　　　　　　　　　（b）　　　　　　　　　　（c）

图 1-1-9　RS-422 接口及通信电缆

三菱 FX 系列 PLC 均标配有 RS-422 通信接口，常称编程器接口，通过该通信接口可实现手持编程器（HPP）、个人计算机（PC）及人机界面（HMI）等设备的连接通信。存储器接口、扩展通信板接口及特殊功能模块接口是为了满足用户控制需要进行设备扩展而设置的。

常用外围设备与 PLC 的连接：除手持编程器 HPP 通过专用的 FX-20P-cab 编程电缆直接与 RS-422 编程器接口直接相连外，其他常见 RS-232 设备（如个人 PC、人机界面 HMI）需要通过 FX-232AW/AWC（RS-422/232C 转换器）通信电缆连接。对于具有 USB 接口设备（如个人 PC）的连接也可通过 FX-USB-AW（RS-422/USB 转换器）通信电缆进行连接。设备连接时特别要注意 PLC 设备上 RS-422 标配接口的插头方向、PC 或其他设备的 RS-232 串口形式（对于具有其他通信标准接口的设备连接在后续内容中介绍）。

随着 USB 通信接口的普及，传输速度快、使用方便的 USB 接口更易于被用户（特别是初学者）所接受，且市面上绝大部分笔记本电脑已不再配置 RS-232 接口，采用 USB 接口标准的 FX-USB-AW 通信电缆必将取代 FX-232AW/AWC 通信电缆。FX-USB-AW 的通信电缆的用法及连接说明如图 1-1-10 所示（需注意的是采用 FX-USB-AW 通信电缆需要安装设备驱动程序并设置相应的通信端口，相关方法与要求应参阅设备说明书）。

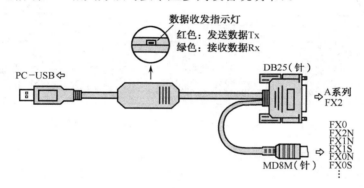

图 1-1-10　FX-USB-AW 电缆

（3）PLC 外部设备接线端子的识读。PLC 用于与外部设备、电源连接的接线端分布于设备上、下两侧，排列规律如图 1-1-11 和图 1-1-12 所示，正确识别接线端子的类别、作用并进行连接才能保障设备的正常运行。①电源接线端"L""N"及接地端：面向我国内地的三菱 PLC 均采用 220V 市网电压供电。对于供电电源部分一般要求外部构置有短路、过电流保护回路，常采用额定电流 5A 的断路器实现，电源引入经断路器后分别与输入端侧的"L""N"相接，同时"⊥"要与接地线进行可靠地连接。②内部直流+24V 电源：输入端子一侧的"24V""0V"端可向外提供需 24V 的直流电源，该直流电源只能向输入端所接的检测性器件（如电磁开关、传感器等）提供工作电压。③"S/S（Sink/Source）"极：使用时需与"24V"或"0V"之一相连构成输入的"漏型"或"源型"接法。④输入"I"端子：用于连接外部控制设备如按钮、行程开关及各类检测开关等。⑤输出"O"端子：用于连接外部的受控执行设备（如接触器、继电器等），利用输出端口的开关信号控制对应端所接执行设备产生动作，也可直接控制一些低电压、小功率电器（如灯泡、小型直流电机）等。各接线端子采用可拆卸结构，并在对应位置标有对应的编号（三菱系列 PLC 分别以 X、Y 作为 I、O 端子的标识），以方便查找并进行连接。

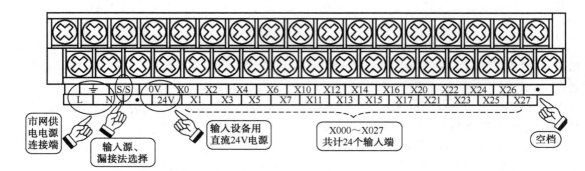

图 1-1-11　FX3U-48MR 输入端子及电源端子分布

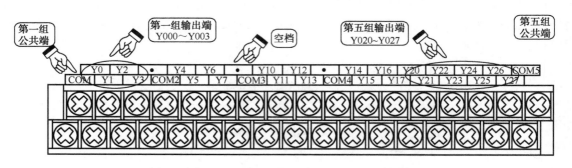

图 1-1-12　FX3U-48MR 输出端子分布及分组示意图

I/O 端子是 PLC 的重要外部控制接口部件，是 PLC 与外部输入、输出设备连接的通道，其数量、类别是 PLC 主要性能指标之一。不同型号的 PLC，其 I/O 端子数、端子类型不尽相同，但 I/O 数量（又称输入/输出点数）、比例及编号规则完全相同。一般 PLC 基本单元的输入、输出点数比为 1:1，即输入点数等于输出点数。FX 系列采用三位八进制编号：即输入端编号为 X000～X07，X010～X017，……；输出端编号为 Y000～Y007，Y010～Y017，……以此类推。若采用扩展单元或模块则其 I/O 编号应紧接 PLC 基本单元的 I/O 编号顺序递推。

I/O 端子的作用是通过 I/O 端口，将 PLC 与设备现场的输入输出设备构成能够进行现场信息采集，实施现场设备控制的系统，即 PLC 从控制现场的输入设备得到输入信号，并将经过处理后的控制指令送到控制现场实施对输出设备的控制。

交通信号灯的 PLC 控制接线示意图如图 1-1-13 所示，本例输入端采用"漏型"接法。通过输入侧"0V"端将输入元件（如按钮、转换开关、行程开关及传感器等）与各自对应的输入点构成输入回路。PLC 通过扫描输入端检测每个输入端所接设备的闭合或断开状态，并将相应状态信息送至 PLC 内相应的存储单元。只要有输入元件状态发生改变，PLC 即可捕捉到该信息。

输出回路一般是由外部电源、PLC 输出端及外部负载构成的设备工作电路。结合如图 1-1-13 所示的输出回路的连接，FX3U-48MR 通过设备内部继电器线圈得电，而驱动其开关触点闭合，将负载、外部电源接通形成回路。显然负载的工作状态是由 PLC 输出点进行控制的，负载电源的规格应根据负载的需要并结合 PLC 的输出参数进行选择。

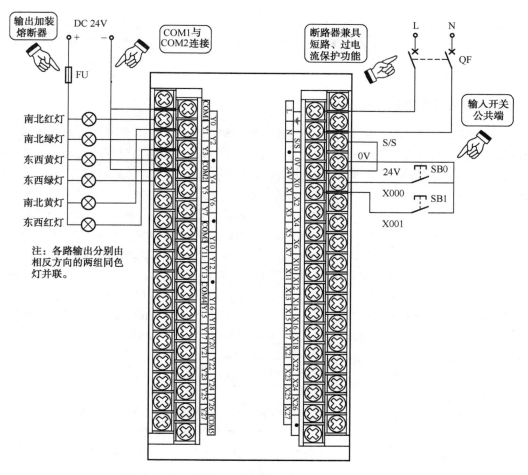

图 1-1-13　十字路口交通信号灯的 PLC 控制线示意图

相对于 PLC 的输入部分仅提供一个 COM 端，而输出端提供了多个 COM 端。如 FX3U-48MR 提供了 5 个 COM 端，分别为 COM1、COM2、…、COM5。一般情况下 PLC 的每个输出点应具有两个端子，但为减少输出端子数，在 PLC 内部采取多个输出端并接在一起形成公共端 COM。FX3U-48MR 将 24 个输出端按 Y0～Y3、Y4～Y7、Y10～Y13、Y14～Y17、Y20～Y27 分别对应于 COM1、COM2、…、COM5 构成 5 组输出结构形式。在进行 I/O 端子分配时，应采取相同电源的负载连接到具有共用端的同一组的输出端上，不同电源分配于不同组，可实现同一台 PLC 控制负载电源的类别、电压等级的多样性，以满足了现代控制任务中不同负载、多种电源电压同时存在的控制要求。这里所说的相同电源是指相同电压等级、相同电源性质，不同电压等级或电源性质不同的负载必须用不同组的输出端分别进行驱动，否则不能正常工作。

试在教师指导下查阅 FX3U 用户手册（硬件篇），了解 DC 电源、DC 输入的漏、源型输入接法要求。

为避免信号间的电磁干扰，可编程控制器的信号输入线和输出线不要采用同一根电缆中的导线；同时信号输入线、信号输出线也不要与其他动力线、输出线在同一根线槽中布线，更不能将它们捆扎在一起。

三、三菱编程软件 GX Developer 的安装

PLC 程序的梯形图形式是由继电接触控制线路转化来的，采用图形表述无论是在程序设计原理，还是在 PLC 的程序编辑、运行监控等方面均具有较强的直观性，由此入手尤其适合初学者（本书的编程体系基本上围绕梯形图方式展开）。三菱系列 PLC 常用编程软件 SWOPC-FXGP/WIN-C 及 GX Developer 软件均支持梯形图编辑方式，并且可在程序编辑、编译完成后通过 FX-232AW/AWC（或 FX-USB-AW）通信电缆非常方便地下载至 PLC 基本单元中。其中 GX Developer 是 SWOPC-FXGP 软件的升级版本，支持对三菱所有系列（如 FX、A 及 Q 系列）的 PLC 编程。在 GX Developer 环境下安装的 GX Simulator 仿真软件，可以实现 PC 上模拟仿真 PLC 程序，从而帮助设计者方便地进行程序功能的验证，有效地缩短程序调试时间。故本书选用 Version 8.86 的 GX Developer（即 SW8D5C-GPPW-C）进行编程学习。

GX Developer Version 8.86 软件安装环境要求：CPU 要求 Pentium 级且主频不低于 90MHz；不低于 16M 内存及 40MB 的硬盘空间；800×600 SVGA 及更高分辨率的显示器；操作系统要求 Microsoft Windows95 或 Microsoft Windows NT 4.0 Service Pack 3 及以上更新版本（目前市面主流 PC 均能满足要求，上述参数只作参考，安装时均无须考虑）。

安装步骤与方法如下。

（1）在 GX Developer Version 8.86 文件夹下运行安装文件 SETUP.EXE，安装文件运行前先检测系统的运行环境，常常提示要求首先运行 EnvMEL 文件夹下的 SETUP.EXE 安装文件。

进入 EnvMEL 文件夹运行 SETUP.EXE 文件，进入如图 1-1-14 所示的"Environment of MELSOFT 安装"欢迎界面，单击【下一步】按钮，系统开始进行安装环境的配置，配置完成后弹出【完成】对话框，在该对话框中单击【下一个】按钮，完成该设置软件的安装。

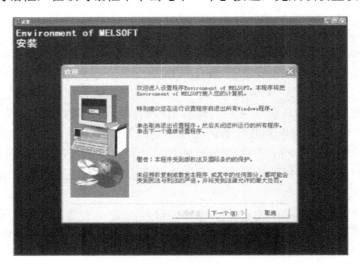

图 1-1-14 "Environment of MELSOFT 安装"欢迎界面

（2）返回 GX Deverloper Version 8.86 文件夹，重新运行 SETUP.EXE 文件，启动界面如图 1-1-15 所示。

图 1-1-15　GX Developer Version 8.86 安装启动界面

① 进入编程软件 GX Developer Version 8.86 的安装界面，弹出提示关闭正在运行的其他应用程序对话框，单击【确定】按钮。在进入欢迎界面后单击【下一个】按钮。

② 在【用户信息】对话框中输入用户名、公司名或默认【微软用户】，单击【下一步】按钮。

③ 在安装向导【输入用户系列号】对话框中，正确输入由销售商处获得的产品系列号或于安装文件所在目录下 "SN.TXT" 序列号文件提供的系列号，并在输入确认后单击【下一个】按钮。

④ 在如图 1-1-16 所示的【选择部件】对话框一中，勾选 "ST 语言程序功能" 复选框，该功能是 IEC61131-3 规范中规定的结构化文本语言，单击【下一个】按钮。

图 1-1-16　【选择部件】对话框一

⑤ 在如图 1-1-17 所示的【选择部件】对话框二中，取消勾选 "监视专用 GX Developer" 复选框，否则安装软件只是监视专用版而不能用于程序设计，然后单击【下一个】按钮。

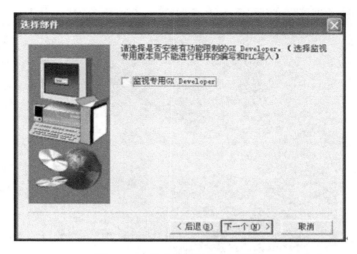

图 1-1-17 【选择部件】对话框二

⑥ 在如图 1-1-18 所示中【选择部件】对话框三中，将"MEDOC 打印文件的读出""从 Melsec Medoc 格式导入"及"MXChange 功能"复选框全部选中，单击【下一个】按钮。

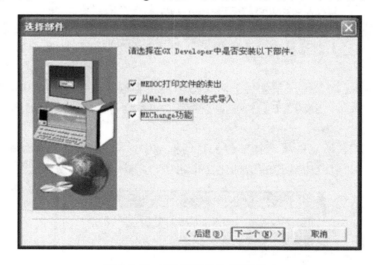

图 1-1-18 【选择部件】对话框三

⑦ 在如图 1-1-19 所示的【选择目标位置】对话框中，单击【浏览】按钮设置自己欲安装的目录，也可直接单击【下一个】按钮，默认在"C：\MELSEC\"文件夹中进行安装，此后安装软件进入自动提取文件安装过程，直到提示安装完成并单击【确定】按钮。

至此，GX Developer 软件安装完成。GX Developer 软件的启动运行方式与 Windows 应用软件的启动运行方式相同，选择【开始】→【所有程序】→【MELSOFT 应用程序】→【GX Developer】菜单命令或在桌面双击"GX Developer"快捷方式图标启动，如图 1-1-20 所示为 GX Developer 运行时的窗口界面，GX Developer 主界面由标题栏、菜单栏、工具栏、项目管理器及程序编辑窗口组成。

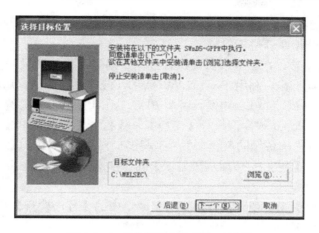

图 1-1-19 【选择目标位置】对话框

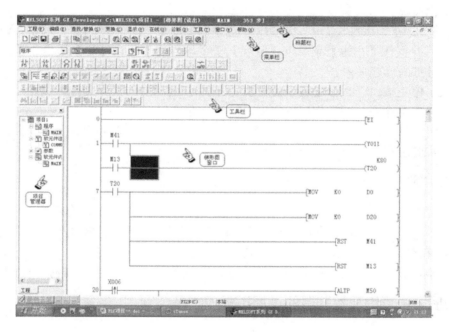

图 1-1-20 GX Developer 窗口界面

四、设备安装与调试训练（注：初次操作均须在教师示范引导下进行）

（1）选取合适的安装模板或网孔板和红、黄、绿三色指示灯，并按十字路口信号灯进行布局安装（模拟安装模板考虑到加工方便可采用 6～8mm 的有机玻璃或木工多层板，根据所选用信号灯的安装直径选取相应规格的木工开孔器在模板上开孔以便于安装）。

（2）结合 PLC 控制接线示意图，根据不同用途选取相应的导线进行电气连接。对 PLC 供电电源线、输入端控制线及输出设备（即各控制信号灯的连接）的安装连接：交流工作电源的相、零及接地引入线按规定采用棕色（或红色）、蓝色及黄绿双色线；输入信号线建议接 24V 电源的采用棕色线、接输入端的采用黑色线、接公共端的采用蓝线；输出端外接电源正极选用棕色线、负极选用蓝色线。市网供电电源通过断路器（建议带有漏电保护功能）引入到 PLC，而输出电源正极须加装熔断器进行保护。

（3）对于电路的安装，在完成后必须进行线路正确性及安装质量的检查，确保连接正确并进行必要的现场清理工作。利用 FX-232AW/AWC（或 FX-USB-AW）通信电缆实现 PC 与 PLC 的连接，分别接通 PC 和 PLC 电源，并将 PLC 工作状态转换开关置于"STOP"位置。

（4）运行 GX Developer 软件，执行【工程】→【打开工程】菜单命令，在弹出的【打开工程】对话框中找到预先准备好的工程文件"工程 1-1"（交通信号灯 PLC 用户程序）并打开。在【显示】菜单下进行【列表显示/梯形图显示】的切换操作，观察程序编辑窗口的显示变化，切换到【列表显示】状态。

（5）在【列表显示】窗口中，执行【工具】菜单中的【程序检查】命令，观察检查结果，程序检查可以确保程序编辑过程中逻辑实现的正确性。

（6）执行【在线】菜单下的【PLC 写入】命令，观察进度条变化及传输完成后 PLC 面板指示灯的变化情况。

（7）将 PLC 的"RUN/STOP"状态开关拨向"RUN"，按下启动按钮，观察各信号灯工作状态的变化；并执行【在线】菜单下【监视】子菜单中的【监视开始】命令，观察屏幕画面的变化与信号灯的对应关系。

（8）按下停止按钮，执行【监视停止】，关闭"工程 1-1"工程文件。执行【在线】菜单下的【PLC 读取】命令，观察程序编辑窗口的信息变化。

（9）关闭计算机，断开与 PLC 的连接，切断 PLC 供电电源及输出设备电源，按安装的相反顺序拆除实验装置，并将相关器件、设备整理归类。

思考与训练

（1）三菱 FX3U-48MR 可编程控制器的输出端设置多个 COM 端，有何实际意义？

（2）三菱 FX 系列可编程控制器的程序编辑除采用 PC 编程软件实现外，试查阅资料看一看是否还有其他方式？试找出相互间的区别。

（3）试从可编程控制器硬件的角度，说明 PLC 具有较高的可靠性和较强的抗干扰性。

阅读与拓展一：可编程控制器的发展历程与产品类别

一、可编程序控制器的发展历程

20 世纪 60 年代，根据美国通用汽车公司（GM）提出的一种适应汽车型号不断更新需要的"柔性"汽车制造生产线的控制要求，美国数字设备公司（DEC）于 1969 年研制出了第一台称为 Programmable 的可编程控制器 PDP-14，美国通用汽车公司将其运用于汽车生产线并取得了成功。PDP-14 的运用成功首次实现了用计算机软组件的逻辑编程成功取代继电器控制的硬接线逻辑，并使工业控制生产线"柔性"的愿望得以成功实现。

1971 年，日本从美国引进了这项新技术，并很快研制出了日本第一台可编程控制器 DSC-8。1973 年，西欧的德国也研制出了他们的第一台可编程控制器。我国于 1974 年开始研制并于 1977 年进入实际应用阶段。随着微电子技术、计算机技术的发展，20 世纪 70 年代八位微处理器被引入 PLC 作为主控芯片，输入/输出等电路也采用了相应的微电子技术，PLC 在功能上有了突飞猛进的发展。除实现开关量控制替代继电器控制外，PLC 还具有了数据处理、数据通信、模拟量控制和 PID 调节等功能，PLC 成为了真正具有计算机特征的工业控制装置。为了方便熟悉继电器、接触器系统的工程技术人员使用，可编程控制器采用了与继电器电气原理图类似的梯形图作为主要编程语言，并将参加数值运算和数据处理的计算机存储元件均以继电器命名，体现出 PLC 作为计算机技术和继电器常规控制概念相结合的产物特征，其名称 Programmable Logic Controller（PLC），也反映出可编程控制器的功能特点。随着微电子技术的进一步发展，计算机技术已全面引入可编程控制器中，以更高的运算速度、超小型体积、更可靠的工业抗干扰设计、模拟量运算、PID 功能及极高的性价比奠定了 PLC 在工业控制中的地位。

20 世纪 80 年代至 90 年代中期，随着大规模（LSI）和超大规模集成电路（VLSI）等微电子技术的发展，以 16 位和 32 位微处理器构成的微机化 PLC 得到了惊人的发展，使 PLC 在概念、设计、性能、价格以及应用等方面都有了新的突破。不仅控制功能增强，功耗和体积减小，成本下降，可靠性提高，编程和故障检测更为灵活方便，而且随着远程 I/O 和通信网络、数据处理以及图像显示的发展，PLC 在处理模拟量能力、数字运算能力、人机接口能力和网络能力方面得到了大幅度提高，使 PLC 朝着用于过程控制领域的方向发展。这一时期成为 PLC 发展最快的阶段，其特点呈现大规模、高速度、高性能、产品系列化。在先进的工业国家中已获得广泛应用并保持着 30%～40% 的年增长率，这标志着可编程控制器已步入成熟阶段，该时期行业代表性公司有美国 AB（Allen-Bradley）公司、美国通用（GE）公司、德国西门子（Siemens）公司、法国的施奈德（Schneider）电气、日本的三菱（Mitsubishi）公司和欧姆龙（Omron）公司等。

20 世纪末期，可编程控制器的发展特点是更能满足于现代工业发展对控制的需求，从控制规模上来说，这个时期发展了大型机和超小型机；从控制能力上来说，诞生了各种各样的特殊功能单元，应用于压力、温度、转速、位移等各式各样的控制场合；从产品的配套能力来说，生产了各种人机界面单元、通信单元，使应用可编程控制器的工业控制设备的配套更加容易。这一时期可编程控制器在机械制造、石油化工、冶金钢铁、汽车、轻工业等控制领域的应用呈现出主导地位。

展望 21 世纪，PLC 的发展从技术上看，计算机技术的新成果会更多地应用于可编程控制器的设计和制造上，会有运算速度更快、存储容量更大、智能化程度更高的品种出现；从产品规模上看，会进一步分别向超小型及超大型方向发展；从产品的配套性上看，产品的品种会更丰富、规格更齐全，完美的人机界面、完备的通信设备能更好地适应各种工业控制场合的需求；从市场上看，各国各自生产多品种、多规格产品的情况会随着国际竞争的加剧而打破，会出现少数几个品牌垄断国际市场的局面，形成国际通用的编程语言；从网络的发展情况来看，可编程控制器和其他工业控制计算机组网构成大型的控制系统是可编程控制器技术的发展方向。

目前的计算机集散控制系统 DCS（Distributed Control System）中已有大量的可编程控制器应用。伴随着计算机网络的发展，可编程控制器作为自动化控制网络和国际通用网络的重要组成部分，将在工业及工业以外的众多领域发挥越来越大的作用。

二、PLC 的分类及典型产品

可编程控制器经过几十年的发展，品种、形式繁多，功能也不尽相同，可分别满足不同工业控制过程的需求。在选用 PLC 时应充分结合控制任务的需要，选取适合规格的产品设备才能物尽其用。一般 PLC 的分类有以下两种方式。

（1）按硬件的结构形式分类。

可编程控制器是专门为工业生产环境设计的，为满足工业现场进行设备安装、调试及设备功能扩展的需要，其结构形式主要有整体单元式、功能模块式及叠装式 3 种。

① 整体单元式结构是将构成 PLC 的基本部件如 CPU、I/O 接口、存储器、电源电路、指示装置甚至编程器等紧凑地安装在一个标准整体机壳内，组成完整的 PLC 基本单元（通常所称的 PLC 指的就是 PLC 基本单元）。PLC 基本单元具有结构紧凑、体积小、安装方便及成本低的特点，缺点在于输入、输出点数固定，不一定能满足工业控制现场控制任务变化的需求。

为适应 PLC 的 I/O 扩展的需要，PLC 厂商设计了一种专门只提供 I/O 接口而内部没有 CPU 及电源部分的装置，称为扩展单元，各大 PLC 厂商通常都会在设计生产同一系列的不同点数的 PLC 基本单元的同时提供配套备选的扩展单元。除扩展单元外还有一些为满足特殊控制需要而专门设计的功能单元模块，如高速计数器模块、位置控制模块、温度控制模块等，而这些模块中往往自带专用的 CPU，可以和基本单元的 CPU 协同工作构成实现特殊功能的控制系统。扩展单元及功能单元是相对于基本单元而言的，整体单元式 PLC 是指安装于一个机箱中的完整的 PLC 基本单元。

② 功能模块式结构呈现积木结构特征，是把 PLC 的每个工作单元如 CPU、输入部分、输出部分、存储单元、电源部分、通信单元等均制成独立的模块，机器的总体架构建立在一块带有计算机总线的插槽背板上。按需要选取能够满足工作要求的模块插板像积木般插入母板总线插槽上，从而构成具有一定功能的完整的 PLC。

图 1-1-21　模块式结构 PLC

此种结构特点体现在系统构成的灵活性较大，安装、扩展及维护方便，但体积略大。典型的有三菱 Qn 系列 PLC 的模块式结构和西门子 S7-400 采用 CR2 型机架的背板总线功能模块结构，分别如图 1-1-21 和图 1-1-22 所示。

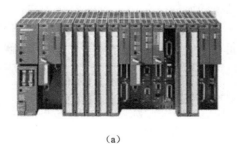

(a)

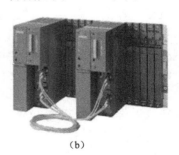

(b)

图 1-1-22　背板总线功能模块结构

③ 叠装式结构是整合了整体单元式和模块式结构特点而衍生的一种目前常见的结构形式，是将某一系列 PLC 的各工作单元设计成安装尺寸相同的形式，或将 CPU、I/O 端口及电源采用独立式结构，但不使用模块式 PLC 结构中的模板，而是通过电缆进行各单元间的连接。叠装式的优点是根据控制任务可实现资源的最大利用率，且对于控制系统中要求选取较多扩展单元或功能单元时为实现分层叠装提供了可行性。叠装式 S7-200 系列 PLC 常采用由带有少量 I/O 端口的 CPU 模块、电源模块、扩展 I/O 模块组成应用控制系统。如图 1-1-23 所示为三菱 FX 系列基本单元与 I/O 扩展模块、相关的功能模块采用叠装式结构安装示意图。

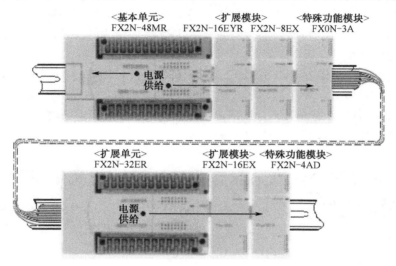

图 1-1-23　叠装式结构安装示意图

　　三种结构方式中，整体单元式一般用于规模较小，输入/输出点数相对固定，少有扩展的场合，相应的经济成本较小；模块式一般用于规模较大，输入/输出点数较多，输入/输出点数比例较灵活的场所，但投入成本较大；叠装式介于两者间，兼顾到经济成本投入和预留的可扩展空间，目前来看叠装式 PLC 系列产品的潜在用户需求和市场主导优势已然显现。

　　（2）按 I/O 点数及存储容量分类。

　　可编程控制器是通过输入接口实现对外部信号的检测，通过输出接口完成对外部设备实施控制，一般 I/O 点数越多则能够实现的控制任务越复杂，实现控制任务的用户程序越长，对用于存储用户程序的存储容量要求越大，同时对系统运算速度要求越高。现代 PLC 的发展已突破了以往兼顾点数和容量的小型机、中型机及大型机的分类标准。

　　小型 PLC 的控制一般是以开关量实现为主，小型 PLC 的 I/O 总点数一般在 256 点以下，用户程序存储容量在 4KB 以下。现在的高性能小型 PLC 还具有了一定的通信能力和少量的模拟量处理能力。此类 PLC 的特点是价格低廉，体积较小，适合于单台设备的控制及机电一体化设备的开发。

　　典型的小型机有日本三菱公司的 FX 系列、欧姆龙公司的 C200H 系列、德国西门子公司的 S7-200 系列等 PLC 产品。

　　中型 PLC 除能实现开关量和模拟量的控制要求外，对数据处理和计算的能力、通信能力和模拟量的处理功能更强大。为适应更为复杂的逻辑控制系统及实现连续生产线的过程控制要求，其指令系统相较于小型 PLC 更为丰富。中型 PLC 的 I/O 总点数一般在 256～2048 点之间，用户程序存储容量达到 8KB。

典型的中型机有美国 AB 公司的 SLC-500 系列、日本三菱公司的 A 系列、欧姆龙公司的 C500 系列、德国西门子公司的 S7-300 系列等模块式。

大型 PLC 的 I/O 点数在 2048 点以上，用户程序存储容量达 16KB。大型 PLC 一般采取了冗余 CPU 结构与技术，除具计算、控制和调节功能外，还具有强大的网络结构体系和联网通信能力，其功能足以与工业控制计算机相当。大型机的监视系统采用可视化人机界面，具有能够及时显示过程控制的动态流程，记录各种过程数据，及时实施的 PID 调节功能等。大型机还可通过配备智能模块，构成一个多功能系统实现与其他型号控制器及上位机的连接，构成一个集中分散的生产过程及质量监控的系统。大型机主要适用于设备自动化控制、过程自动化控制及过程监控系统。

典型大型机有美国 AB 公司的 SLC5/05 系列、日本三菱公司的 Q 系列中的部分 PLC 产品、欧姆龙公司的 C2000 系列、德国西门子公司的 S7-400 系列等。

上述 PLC 的种类划分并没有十分严格的界定标准，但随着 PLC 技术的发展小型机兼有中型机、大型机的功能是现代 PLC 的发展趋势。

任务二　三菱 GX Developer 编程软件的基本操作与四人抢答器的安装训练

任务目的

1. 通过梯形图的编辑操作，初步熟悉三菱 GX Developer 编程软件组成界面，工程文件的创建、编译、传输、监控等方法。

2. 通过 GX Developer 环境下梯形图的编辑训练，学会 PLC 常用指令的输入方法及梯形图的编辑方法，并初步形成对梯形图程序的结构认知。

3. 通过抢答器 PLC 控制任务的安装训练，进一步拓展对 PLC 的控制应用的认识并熟悉 PLC 控制任务的设备安装要求、方法。

想一想：通过任务一的训练，对于 GX Developer 编程软件的主要功能，你有了哪些认识？指令表、梯形图有何区别，怎样编辑？

知识链接三：FX3U 系列可编程控制器编程基础

PLC 对设备的过程控制，是在 PLC 运行方式下通过循环扫描输入端的控制条件并据此连续执行用户程序来实现的，用户程序决定了一个应用系统的功能。用户程序是由用户根据控制对象的控制要求进行设计的，是一定控制功能的表述形式。1994 年国际电工委员会（IEC）在 PLC 的标准中推荐的编程语言有梯形图（LAD）、指令表（或称语句表，用 STL 表示）、顺序功能流程图（SFC）、功能块图（FBD）及结构文本（ST）5 种。PLC 支持何种编程语言除需要 PLC 硬件支持外还需结合厂商提供的软件支持。目前绝大部分 PLC 厂商均能为所开发产品提供前三种编程语言的支撑服务，而功能块图（FBD）及结构文本（ST）编程方式则是各厂商为高端用户提升设备控制性能准备的。

不同厂家的 PLC 即便支持的编程语言种类相同，但针对同一任务设计出来的用户程序在不同 PLC 间不能实现互通，编程设备或编程平台也因 PLC 厂家不同而有所区别，但总体有两大类，一类是厂家提供的专用编程设备，如手持编程器、PLC 随机自带编程器等。三菱典型的手持式编程器如 FX-20P，除可以实现在线联机编程外，还可以在装配存储器卡盒时实现脱机编程。另一类是安装有厂家提供的编程软件的个人 PC，在软件平台上使得程序的编辑、编译检查及下载均变得非常方便。编程设备一般均具有设备运行监控功能，通过监控可方便地读取 PLC 的运行状态、存储单元数据及参数的变化。

一、梯形图（LAD）

梯形图是一种 PLC 专用的图形符号语言，其编程是通过图形符号、图形符号间相互关系来表达控制方法与过程。梯形图是从继电接触控制线路原理图的基础上演变而来的，其程序控制思路、梯形图表示形态与继电接触控制线路相似，区别于使用符号、功能表述方面有所不同。梯形图具有图形语言的直观性，简单明了且易于理解，是其他形式编程语言的基础，特别是初学者的首选。

在如图 1-2-1 所示编程软件 GX Developer 的梯形图编辑窗口中，梯形图左、右两条竖直的线，称为"母线"，母线间图形符号及接法则反映各种软继电器的控制与被控制关系。分析时，可以把左边的"母线"视作电源"火线"或"正极"，右边的母线假设为"零线"或"负极"，若各软继电器符合接通条件，即能够有假定的"电流"从左流向右，称作"能流"，则输出线圈受激励。"能流"通过的条件为受到激发的常开触点闭合与未受激发的常闭触点到输出线圈形成一条通路。需注意的是，现在大部分用户在绘制梯形图时采取只保留左边一条"母线"，右边"母线"略去的画法，该情形下形成的梯形图每一功能块（输出回路块），始于左"母线"，终止于"输出"线圈、定时器、计数器或代表功能指令的"盒"。

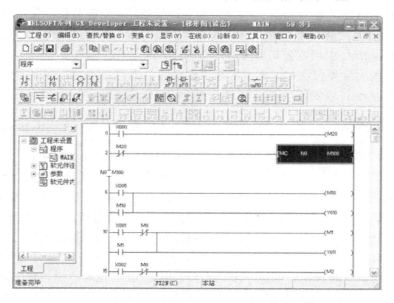

图 1-2-1 编程软件 GX Developer 的梯形图编辑窗口

二、指令表（STL）

指令表语句采用类似于计算机汇编语言中助记符的语句指令来代表 PLC 操作功能的方法。指令分含操作数的指令和无操作数指令。指令表是完成指定功能的指令集合，与梯形图有严格的对应关系，在任务一中的表 1-1-1 则为与梯形图对应的指令表，故指令表是图形符号、符号间相互关联的语句表述形式，是其他编程形式编译成为系统能够接受二进制代码的"中间站"。指令表编程适宜对 PLC 指令系统非常熟悉且有一定编程经验的人员使用，而对指令不太熟悉的人员则可先画出梯形图，再根据需要采用编辑软件编辑转换成指令表形式。

三、顺序功能流程图（SFC）

顺序功能流程图编程是近年发展起来一种新的编程思想与方法，其基本思路是将复杂的控制过程加以分解，形成若干个简单的工作状态，对于每一个简单的工作状态分别处理后再依一定的顺序组合成整体控制程序。每个简单的工作状态很容易与工程加工的工序建立关联，每一状态称作状态步，状态步号、状态动作及转换条件是顺序功能图的三要素。该编程方式特别适用于对具有并发、选择等复杂结构的系统编程，在程序设计与编写时有重要的实际意义。

四、功能块图（FBD）

有些 PLC 提供了形如普通逻辑门图形的逻辑指令，左侧为参与逻辑运算的输入变量，右侧为输出变量，程序结构由反映指令间逻辑关系的方框和连接"导线"决定，遵循自左到右的信号流向，程序流的特征尤为明显。此种方法极易为熟悉数字电路的设计人员上手。

五、结构文本（ST）

除上述编程语言外，现代 PLC 为实现较强的数值运算、数据处理、图表显示及报表打印等，大多 PLC 厂商为大型 PLC 提供了如 Pascal、BASIC 及 C 等高级结构化编程语言的支撑，采用高级语言实现 PLC 的编程方式称为结构文本方式。

考虑到梯形图的编程方法对于初学者来讲比较容易理解和接受，本书主要采用基于计算机编程 GX Developer 环境的梯形图编程方式展开学习与训练。

专业技能培养与训练二：PLC 控制的四人抢答器设备安装与调试训练

任务阐述：试完成利用 PLC 设计的 4 人抢答器的安装与验证。

该抢答器具有如下功能：主持人按下开始按钮，抢答器工作准备就绪，4 组选手开始抢答，先按下抢答器者由七段码显示该组号，并封锁其他组抢答。要求：①抢答器应设计复位按钮，能使七段码显示清零；②主持人在没有按下开始按钮前，有人按钮抢答，蜂鸣器响，该题作废。

本学习任务是在提供四人抢答器 PLC 控制梯形图、安装接线图的基础上，要求通过 GX Developer 编程软件学会梯形图的编辑方法，并结合该梯形图掌握编程软件提供的检查、注释、编译等功能，同时能结合模拟设备进一步熟悉和掌握 PLC 的设备控制安装、调试等环节的内容及规范要求。（注：采用学生分组分工模式，采取两人接线、两人练习梯形图编辑操作，然后交换训练方式）

设备清单见表 1-2-1。

表 1-2-1　四人抢答器设备安装清单

序号	设备名称	型号或规格	数量	序号	名称	型号	数量
1	PLC	FX3U-48MR	1	8	开始按钮	绿	1
2	PC	台式机	1	9	停止按钮	红	1
3	编程电缆	FX-232AW/AWC	1	10	抢答按钮	红	4
4	开关电源	24V/2A	1	11	数码管	共阳	1
5	断路器		1	12	指示灯	绿	1
6	熔断器		1	13	蜂鸣器		1
7	设备电源	220V、50Hz		14	导线		若干

一、实训任务准备工作

（1）检查 PLC 梯形图程序清单。结合如图 1-2-2 所示四人抢答器控制梯形图，熟悉梯形图中符号的含义：─┤├─为常开触点符号、─┤╱├─为常闭触点符号、─（Y000）─为输出线圈符号。梯形图中每一线圈能实现一定的功能，由起始"母线"通过触点到输出线圈（或功能指令），右侧终止于"母线"，称一个输出回路块（简称回路块）。梯形图是由若干个回路块单元构成的。

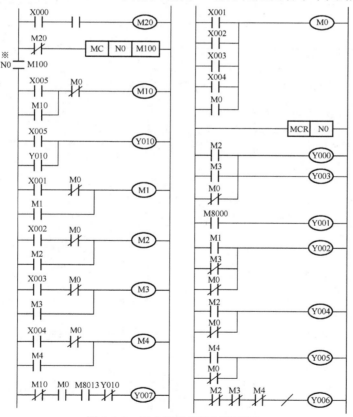

图 1-2-2　四人抢答器控制梯形图

※说明：梯形图中纵向触点 N0 样式在 FXGP/WIN-C 版本中能显示，或在 GX Developer 环境下转换读取 FXGP 梯形图也能显示；直接在 GX Developer 环境下编辑该指令不显示此纵向触点。

（2）端口定义。

X000、X005：主持人总控按钮开关。X000 用于上轮抢答结束或本轮出现异常时进行系统的复位；X005 用于主持人发出抢答开始指令。

X001～X004：4 位抢答选手用于发出抢答信号的按钮。

Y010 指示灯用于显示抢答开始的信号，Y007 用于异常抢答（主持人未发出抢答开始指令）时的报警。抢答成功选手号码通过七段数码显示器件显示。

I 端 口		O 端 口	
总复位按钮 SB1	X000	七段数码管 a 段	Y000
一号位按钮 SB2	X001	七段数码管 b 段	Y001
二号位按钮 SB3	X002	七段数码管 c 段	Y002
三号位按钮 SB4	X003	七段数码管 d 段	Y003
四号位按钮 SB5	X004	七段数码管 e 段	Y004
开始按钮 SB6	X005	七段数码管 f 段	Y005
		七段数码管 g 段	Y006
		报警蜂鸣器	Y007
		开始指示灯	Y010

（3）四人报答器的 PLC 控制连接图，如图 1-2-3 所示。该控制任务的所有输入均采用常开触点按钮开关；采用常用的半导体数码管实现数码显示。由图可见数码管属于共阳极接法，连接前应学会利用万用电表的电阻挡对其进行性能检测及管脚判断，这项工作可帮助我们进一步理解器件工作方式，也是设备调试顺利、正确连接和正常使用的保障。因与其他设备共用 24V 工作电源，半导体数码管需串接分压限流电阻，此处选 300Ω/2W 的电阻，蜂鸣器和指示灯的额定电压均应为 24V。

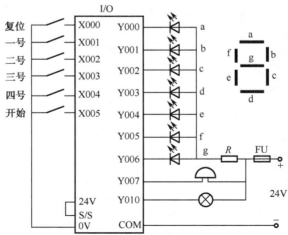

图 1-2-3　四人抢答器 PLC 控制连接图

二、GX Developer 编程软件的基本操作方法

任务一中我们熟悉了 GX Developer 环境下的用户程序——工程文件的打开、传输及监控等功能与方法，本次任务我们主要学习 PLC 用户程序的建立、梯形图的编辑及相关参数的设置方法等。

GX Developer 启动方法：双击桌面上的 GX Developer 快捷方式图标或单击开始菜单程序下的 GX Developer 图标。

1. GX Developer 新工程的建立

执行【工程】菜单下的【创建新工程】命令，打开【创建新工程】对话框，在【PLC 系列】下拉列表中选择"FXCPU"选项；在【PLC 类型】下拉列表中选择"FX3U"选项；【程序类型】默认为"梯形图"；勾选【生成和程序名同名的软元件内存数据】和【设置工程名】复选项；在【驱动器/路径】文本框中默认为"C:\MESSEC\GPPW"或单击【浏览】按钮选取需要存放工程文件的路径，在【工程名】文本框中输入欲建立的工程名（不需要添加扩展名），设置完成后单击【确定】按钮。

2. 常用工具按钮的功能

在 GX Developer 环境下，除了利用程序主界面的菜单栏能够实现所需完成的任务外，熟悉常用工具栏中的常用工具按钮并熟练使用可有效地提高编辑操作的效率。

工具栏项目的增加、删减是通过在【显示】菜单下的【工具条】功能选项来设置的，选择【工具条】命令后弹出的对话框中列举了 GX Developer 各类别的工具栏项目，可根据需要选择打开或关闭。建议在初学时将工具条中的"SFC（顺序功能图）""SFC 符号（顺序功能图符号）"及"ST（结构文本）"按钮关闭，其他予以保留。下面对部分常用工具按钮做以下介绍（余下部分于后续内容中结合运用再行介绍）。

（1）标准工具按钮：如图 1-2-4 所示为 GX Developer 的标准工具栏组成与排列顺序，工具按钮前 9 项为 Windows 应用程序的标准定义按钮，含义与其他应用软件基本相同。后 9 项为 GX Developer 特定功能按钮，其中，的作用是实现程序的"PLC 写入"，用于将计算机中 PLC 程序传送到 PLC 中；的功能是"PLC 读出"，用于将 PLC 内存中的用户程序读入到计算机中。需要注意的是当执行"PLC 读入"功能时会提示将当前操作进行覆盖，故进行操作时要能及时做好当前窗口数据的保存处理。

图 1-2-4 GX Developer 标准工具按钮

（2）数据切换工具按钮：在【工具条】对话框中选中【数据切换】按钮时，对应增加的工具按钮如图 1-2-5 所示，在【数据切换】工具栏中单击 按钮可实现对左侧【工程数据列表显示】窗口的关闭与打开，当【工程数据列表显示】窗口关闭时，程序编辑窗口最大化。

图 1-2-5 GX Developer 数据切换按钮

（3）梯形图符号工具按钮：在【工具条】对话框中选中【梯形图符号】按钮时，工具栏中出现的梯形图符号工具按钮如图 1-2-6 所示，各按钮符号的含义及快捷键如表 1-2-2 所示。

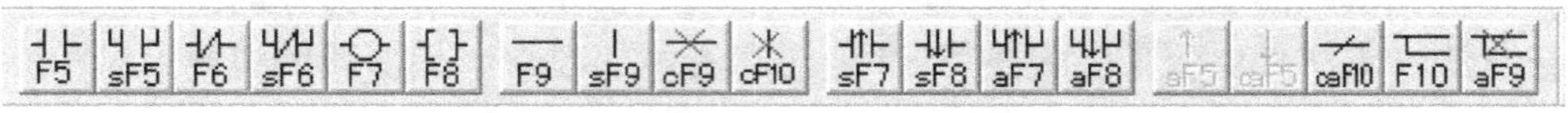

图 1-2-6　GX Developer 梯形图符号工具按钮

表 1-2-2　GX Developer 梯形图按钮符号的含义及快捷键

序号	按钮符号	功能含义	快捷键	序号	按钮符号	功能含义	快捷键
1		常开触点	F5	11		上升沿指令	Shift+F7
2		并联常开触点	Shift+F5	12		下降沿指令	Shift+F8
3		常闭触点	F6	13		并联上升沿指令	Alt+F7
4		并联常闭触点	Shift+F6	14		并联下降沿指令	Alt+F8
5		输出线圈	F7	15		取运算结果上升沿指令	Alt+F5
6		应用功能指令	F8	16		取运算结果下降沿指令	Ctrl+Alt+F5
7		画横线	F9	17		结果取反	Ctrl+Alt+F10
8		画竖线	Shift+F9	18		输出分支	F10
9		删除横线	Ctrl+F9	19		删除分支	Alt+F9
10		删除竖线	Ctrl+F10				

（4）程序工具按钮：在【工具条】对话框中选中【程序】按钮时，工具栏中出现的程序工具按钮如图 1-2-7 所示，其中，为"梯形图/列表显示切换"按钮，单击该按钮可实现梯形图编辑窗口与指令表窗口之间的切换；为梯形图的"读出模式"按钮，在该模式下只允许进行程序、参数的浏览，而不允许进行修改操作；为"写入模式"按钮，在此模式下可对程序、参数进行编辑、修改；为"注释编辑"工具按钮，仅在写入模式下有效；为"触点线圈查找"按钮，单击该按钮用于触点或线圈的快速定位；为"程序检查"按钮，包含指令检查、双线圈检查、梯形图检查、软元件检查及指令成对性检查，错误结果以列表形式显示以便于程序的修改；为"程序批量变换/编译"按钮、为"程序变换/编译"按钮，这两个按钮用于对用户程序编译并转换成 PLC 能够识别与接收的二进制代码，以及在编译过程中能够及时发现编译错误。建议在用户编辑程序（特别是梯形图）的过程中采取编辑一段对应编译一段的方法，以及时发现错误并进行处理。

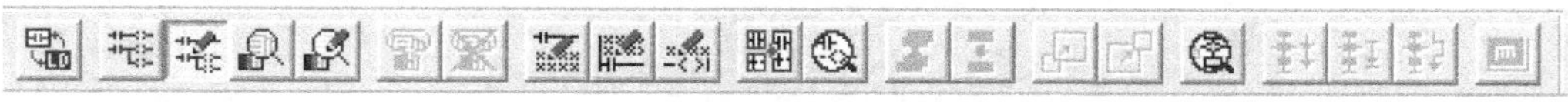

图 1-2-7　GX Developer 的程序工具按钮

3. 梯形图的基本编辑方法

梯形图的编辑方法与梯形图的画法规则相同，遵循自左而右，左母线接触点，右母线接线圈或应用指令的规则。由于 PLC 的循环扫描、串行输出的顺序工作方式的特点，梯形图在设计上要考虑输出先后的问题，在程序编辑时尽可能地保障梯形图的顺序无变化。编辑过程中可以通过"插入行""删除行"及相应的"插入列""删除列"等操作将指令和回路块放在适当的位置。

4. 工程文件的保存

选择【工程】菜单下的【保存工程】命令或单击工具栏中的【保存】按钮，可完成已命名工程文件的存储；对于新建未命名的工程文件则会弹出【另存工程为】对话框，在该对话框中选取存储路径并对所建工程命名，然后单击【确定】按钮，即可实现文件的存储（需要注意的是文件的存储需在完成当前程序的编译后才能进行）。

对于在低版本 SWOPC-FXGP/WIN-C 下完成的 PLC 梯形图，采用的是 PLC 程序文件而非 GX Developer 工程文件。选取【工程】菜单下【读取其他格式文件】子菜单中的【读取 FXGP（WIN）格式文件】命令，在弹出的【读取 FXGP（WIN）格式文件】对话框中选取源文件的路径、文件名并单击【文件选择】选项下的【参数+程序】命令，最后单击【执行】按钮可完成转换工作，并在梯形图编辑窗口中显示转换后对应的梯形图。

三、设备安装与调试训练

（1）通信电缆的连接：采用 FX-232AW/AWC 电缆进行 PLC 与计算机 RS-232 端口连接时，要求计算机在关机状态下进行，而采用 FX-USB-AW 电缆进行连接时则没有此要求。连接完成后，将可编程控制器功能转换开关置于 STOP 状态，启动计算机系统。

（2）启动编程软件 GX Developer，选择【工程】菜单下的【创建新工程】命令，在如图 1-2-4 所示的【创建新工程】对话框中选择【PLC 系列】下拉列表中的"FXCPU"选项和【PLC 类型】下拉列表中的"FX3U (C)选项"，在【程序类型】选项组中选择"梯形图"单选按钮，并在【工程名】文本框中输入"工程 1-2"，单击【确定】按钮，完成设置。

（3）在梯形图编辑窗口中结合如图 1-2-1 所示的抢答器控制梯形图进行编辑训练。

① 回路 1 的编辑方法如图 1-2-8 所示。

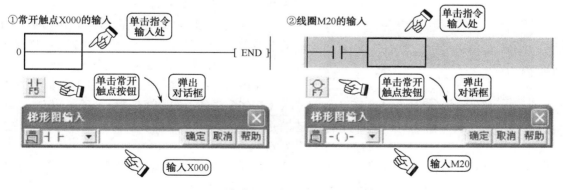

图 1-2-8　抢答器梯形图回路 1 的编辑方法

② 回路 2 的编辑方法如图 1-2-9 所示。

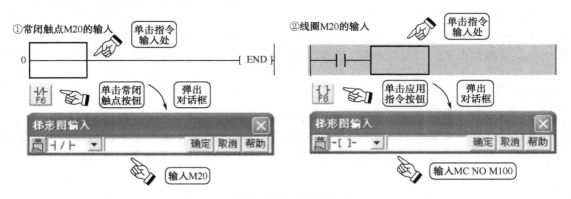

图 1-2-9　抢答器梯形图回路 2 的编辑方法

③ 回路 3 的编辑方法如图 1-2-10 所示。

④ 回路 4 和回路 5 的编辑。用相同的方法完成回路 4 的编辑。而回路 5 编辑的关键是 M1 常开触点的接法，X001 常开触点与 M0 常闭触点串联，M1 与上述电路并联。在完成 X001 与 M0 的串联编辑后，选取常开触点按钮 ┤┝ 输入 M1，并用横线和竖线完成连接。

⑤ 试完成其他回路的梯形图编辑，编辑过程中可同时结合修改、插入、删除等基本编辑功能进行训练；同样可结合梯形图对其他工具栏上的工具按钮进行练习。

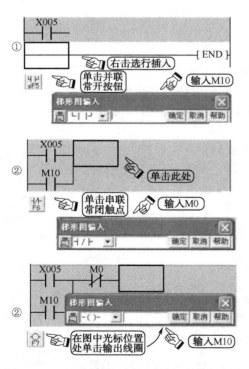

图 1-2-10　抢答器梯形图回路块 3 的编辑方法

（4）梯形图编辑完成后，选择【工具】菜单下的【程序检查】命令对梯形图进行检查；然后选择工具栏中的"程序批量变换/编译"按钮 ▧ 或"程序变换/编译"按钮 ▨ 进行编译。

（5）选择【显示】菜单下的【列表显示】命令或单击工具栏中的 ▧ 按钮，观察用户程序的指令表并保存用户的 PLC 程序。

（6）结合如图 1-2-2 所示的 PLC 控制连接图进行设备连接，经检查无误且保证 PC 与 PLC 连接正确后接通 PLC 电源，将切换开关置于 STOP 位置。

（7）单击标准工具栏的【PLC 写入】按钮 ▨ 或选择【在线】菜单下的【PLC 写入】命令传送程序。在程序传送过程中，注意观察面板上各指示灯的工作状况。

（8）传送完成后将 PLC 切换开关置于 RUN 状态，进行设备的调试。分析抢答器的功能要求，设计调试方案，并按下述调试方法进行程序和设备的调试。

程序和设备调试方法：先空载调试后负载调试。所谓空载调试是指不提供 PLC 输出回路的工作电源，可根据 PLC 输出指示灯及 GX Developer 的监控功能，分析设备工作状况是否满足设计要求；负载调试是在空载调试完成后，采取给 PLC 输出回路提供输出设备的工作电源，对 PLC 程序及受控设备的工作状况进行跟踪、分析，进而实施调整以满足设计功能。

（9）本任务在调试完成后，可采取学生分组形式，并根据模拟抢答的竞赛方案，分组模拟验证该设备的功能。

思考与训练

（1）编辑梯形图时，试熟悉梯形图工具按钮上的快捷键，并在梯形图编辑过程中练习如何运用。

（2）梯形图回路 5～8 的形式相同，参数不同，试采用不同的方法进行编辑；回路 12 中输出的 Y000、Y003 称为并行输出分支，试利用 F10 按钮并通过拖动鼠标划线编辑完成。

（3）若将上述程序回路 5 中的输出 M2 错录入为 M1 或 M3，那么在程序检测时会出现何种结果，模拟运行时有什么现象？

阅读与拓展二　三菱可编程控制器产品系列

三菱小型 FX 系列可编程控制器有早期的 F 系的 F_0、F_1、F_2 系列，20 世纪九十年代到 10 年前推出的 FX 系列的 $FX_0 \sim FX_2$、$FX_{0N} \sim FX_{2N}$ 及 FX_{2C} 系列，以及 2005 年开始推出的 FX3 系列及最新的具有卓越性能的超小型 L 系列。

FX 系列中除 FX_{1S} 为整体固定 I/O 结构，I/O 最大点数为 40 点且不能实现扩展外，其他如 FX_{1N}、FX_{2N}、FX_{3U} 等均为基本单元加扩展的结构形式，I/O 点可通过扩展模块增加，最大点数分别为 128，256 和 384。

FX3 系列 PLC 是 2005 年推出的产品，它是三菱公司第三代将整体式和模块式相结合的叠装式结构小型 PLC 系列产品，如图 1-2-11 所示。FX3 系为三菱公司的第三代微型可编程控制器，包括 FX3G、FX3U 和 FX3S 系列，其中 FX3U 具有内置 64KB 大容量的 RAM 存储器、内置独立 3 轴 100kHz 定位功能及高速 0.065μS/基本指令处理能力，内置的编程口具有 115.2kbps 的高速通信及可同时使用 3 个通信口的能力，FX3U 系列产品是目前三菱主推替代主流 FX2N 系列的产品。

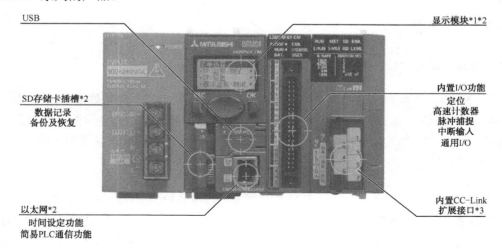

图 1-2-11　FX3 系列 PLC

FX3 系列有 I/O 端子连接型和连接器连接型，如 FX3UC 采用连接器接插的形式，减少了接配线工时，使得其维护性能极佳。

L 系列超小型 PLC 于 2010 年 7 月推出，机身小巧，其 CPU 具备 9.5ns*2 的基本运算处理速度和 260KB 的程序容量，I/O 最大可扩展 8129 点，内置定位、高速计数器、脉冲捕捉、中断输入、通用 I/O 等众多功能于一体。该款 PLC 在硬件方面，还内置了 USB 接口以及以太网接口，便于编程及通信，通过配置 SD 存储卡，可最大存放达 4GB 的数据；具有无需基板，可任意增加不同功能的模块特性。因其具有优越的性能必将成为超小型市场新宠。

三菱公司自 20 世纪末至今，仅在二十多年内又相继推出了 K\A、A 系列、Qn 及 QnPH 等系列的中、大型 PLC。

任务三　FX3U 系列 PLC 选型方法及训练

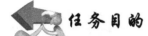 任务目的

1. 通过对 PLC 选型方法的探讨，熟悉 PLC 系列产品的种类，拓展对 PLC 产品功能的认知。

2. 结合选型对性能指标的要求，熟悉 PLC 基本单元的组成与功能；熟悉 PLC 输入/输出端口的类别。

3. 了解 FX3U 系列 PLC 产品型号的标识方法，通过识读训练加强产品系列的认知，为实际设备选型应用能力的培养打基础。

想一想：PLC 有大、中、小型机，又分整体单元式、功能模块式、叠装式结构，同一系列又有基本单元、扩展单元、扩展模块等，那么我们在应用时如何选择合适的设备？

当面对具有一定功能要求的控制任务时，若希望顺序地完成任务，首选需要选择一个合适的 PLC。选择并配置合适的 PLC 会给任务的设计、操作及功能的扩展带来极大的方便，同时为程序设计奠定基础及依据。

PLC 的选取一般从以下几个方面考虑：可实现的功能、I/O 点数、存储容量、指令响应时间及可扩展外围设备等。本任务仅针对三菱 FX3U 系列 PLC 产品来讨论 PLC 的造型问题。

知识链接四：PLC 的基本组成

PLC 控制系统由硬件和软件两个部分组成，软件部分是将控制思想通过 PLC 的指令构成的程序转换成 PLC 可接受的开关控制信号，再由这些开关信号通过具体电路实施设备控制。硬件部分则是由中央处理器（CPU）、存储器电路、输入/输出器件及电源等组成的。

如图 1-3-1 的所示为 PLC 的基本组成框图。

1. CPU

CPU 是 PLC 的核心部分，CPU 的功能是在系统程序的控制下实现逻辑运算、数值运算、协调系统内部的各部分电路工作等。目前 PLC 内部采用的 CPU 主要有三大类：一类是通用型微处理器，如 80286、80386 等；一类是单片机芯片，如 8031、51/96 系列等；另一类则为位处理器，如 AMD2900 系列等。从 CPU 处理器的位数来看，目前主要有 8 位、16 位及 32 位，常

见小型 PLC 主要以 8 位和 16 位为主。CPU 的位数越多运算速度越快，相应的功能指令越丰富。

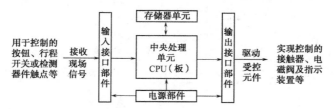

图 1-3-1 PLC 的组成结构框图

2. 存储器

存储器是可编程序控制器用于存放系统程序、用户程序及运算数据的单元。PLC 存储器包含：用于存放包含系统工作程序（监控程序）、模块化应用功能子程序、命令解释程序、功能子程序及系统参数在内的系统程序的只读存储器 ROM；用于存放用户程序及用户程序运行所产生的相关过程性数据的随机存储器 RAM。一般 PLC 只读存储器由于采用掩膜 ROM 及电擦除 ROM（E2PROM），所存放信息能够永久保存。为防止 RAM 中用户程序和运行数据的丢失，而采用内部电池对其供电，确保设备断电后数据的长时间保存。

> 注意：系统程序直接关系到 PLC 的性能，不能由用户直接存取，所以，通常 PLC 产品资料中所指的存储器形式或存储方式及容量，是对用户程序存储器而言的。

3. I/O 接口

I/O 接口含接口电路和 I/O 映像存储器。可编程序控制器与工业控制现场的各类控制设备的连接是通过 I/O 接口装置实现的。在提高电路抗干扰能力的前提下，输入接口电路将各种机构的控制信号转换成 CPU 所能处理的标准信号电平，而输出接口则将内部高、低电平转化为驱动外部设备接通与断开的触点动作。

① 开关量输入接口：按所能处理信号电源的种类分 DC 输入、AC 输入两种形式，如图 1-3-2 和图 1-3-3 所示。FX3U 基本单元的 DC 输入接口电路、输入方式分别如图 1-3-2(a)、(b) 所示，其接法区别于所有前期推出的 FX 系列 PLC，分"漏型"和"源型"输入。漏型：当开关闭合时电流从相应输入端流出；源型：当开关闭合时电流从输入端流入。

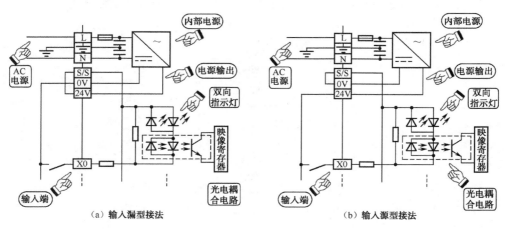

（a）输入漏型接法   （b）输入源型接法

图 1-3-2 AC 电源 DC 输入的漏、源接法

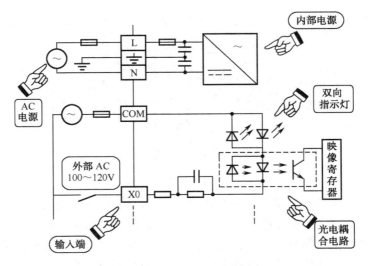

图 1-3-3 AC 电源的 AC 输入方式

② 开关量输出接口：分继电器（R）输出、可控硅（S）输出和晶体管（T）输出 3 种形式，各输出形式的基本结构分别如图 1-3-4 所示。

FX3U 晶体管输出系列分漏型输出和源型输出。如图 1-3-4（b）所示输出结构及负载连接方式为电流输出端出、公共端入的源型输出，相反则为漏型输出，选用时须分清。

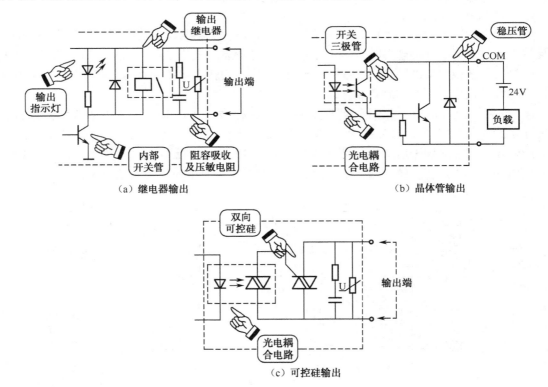

图 1-3-4 三菱 PLC 的输出方式

③ 模拟量输入接口：在工业现场中有多种反映各种状态的模拟电压、电流信号，如温度、位移等。PLC 内部只处理按二进制变化规律的信号，PLC 模拟量接口的作用就是将所接收的工业现场的非标准模拟信号做如下处理：首先转换成符合国际标准的通用 0～10V 的标准直流电压及 0～20mA 的标准直流电流信号，再经 A/D 转换电路转换成一定位数的可被 PLC 接收的数字量信号。

④ 模拟量输出接口：其工作机理与模拟量输入正好相反，是将内部的二进制信号经 D/A 处理转换成相应的模拟量，用于提供工业现场所需的连续控制信号，如用于变频器控制电机转速连续变化等。

模拟量输入/输出接口一般由用户根据需要选取相应的扩展模块来实现。

⑤ 智能输入输出接口：为满足如位置控制等复杂控制工作的需要，PLC 还提供了如 PID 工作单元、高速计数器单元、温度控制单元等。与一般功能单元的区别在于这些特殊设备内部自身携带有独立的 CPU，具有专门数据的处理与运算能力，并能与基本单元实现适时的信息交换。

4. 电源

可编程控制器的电源包含为 PLC 基本单元及一定扩展工作单元提供电能保障的开关电源及为掉电保护电路供电的后备电源（电池）。

介绍的 FX 系列 PLC 在使用时，若出现 BATT 指示灯亮，则应尽快更换同规格的电池，且要求更换动作应在 20 秒内完成，否则会导致 RAM 中数据的丢失。

专业技能培养与训练三：FX3U 系列 PLC 的产品构成及类型识别

FX3U 系列 PLC 按品种可分为基本单元、扩展单元、扩展模块和特殊扩展设备。其中基本单元是核心，扩展单元、扩展模块和特殊扩展设备是为基本单元提供功能支撑的附属设备。在实际应用中可根据控制需要为 PLC 基本单元选取相应单元组合以实现功能的扩展，来满足不同控制系统的要求，如图 1-3-5 所示。

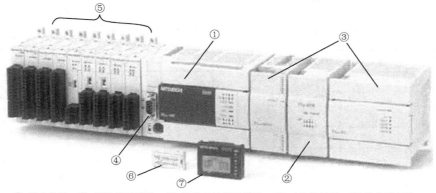

① 基本单元；② 扩展单元/模块；③ 特殊功能单元/模块；④ 功能扩展板；⑤ 特殊适配器；
⑥ 存储器盒（功能扩展）；⑦ 显示模块

图 1-3-5 三菱 FX3U 系列 PLC 产品构成

FX3U 基本单元内部包含有 CPU、存储器、I/O 接口及电源等，属于整体单元式结构。扩展单元除能够向基本单元提供增加 I/O 点数外，还因为内部设置的独立电源具有向其他扩展设备提供电源的作用；扩展模块只能用于向基本单元提供 I/O 点数实现 I/O 结构数量、比例的改变，其内部没有电源，只能依赖基本单元或扩展单元供电；特殊扩展设备是 PLC 厂商根据 PLC 用户的不同特殊需要而设计提供的一些特殊装置。FX3U 基本单元与同系列的其他扩展类产品间属于叠装式 PLC 结构，设备扩展围绕和服务于基本单元，一般意义的 PLC 主体是基本单元。

> 只有基本单元可以单独使用，I/O 点数不足或需要实现特定功能时可结合相应的模块进行扩展。扩展单元由内部电源和输入/输出端口组成，需要和基本单元一起使用。扩展模块由输入/输出端口组成，自身不带电源，由基本单元或扩展单元供电，需要和基本单元一起使用。
>
> 特殊扩展设备一般由功能扩展板、特殊功能模块、特殊功能单元和特殊适配器等组成。功能扩展板主要用于通信、连接和模拟量设定等；特殊功能模块主要有模拟量输入/输出、高速计数、脉冲输出、接口等模块；特殊功能单元常用于定位脉冲输出；特殊适配器用于实现通信方式的转换。

一、FX3U 基本单元的型号识读

在进行 PLC 选型时，首先根据控制任务的功能要求明确控制、检测信号的数量、输出设备的数量，兼顾后续工程扩展的需要确定 I/O 点数；其次根据检测信号性质、输出设备的控制方式确定 PLC 的 I/O 结构类别，除此之外还应考虑所选 PLC 工作电源与现场电源是否相符。

FX3U 系列 PLC 基本单元常按以下方式分类：按 I/O 点数来分，有 16、32、48、64、80、128 点 6 种；按电源及输入方式分为①AC 电源、DC 输入，②DC 电源、DC 输入，③AC 电源、AC 输入；按输出方式分为①继电器输出方式，②晶体管输出方式，③可控硅输出方式。PLC 基本单元及扩展单元、模块分类方式通过产品型号反映出来，正确识读 PLC 产品型号是控制系统设备安装与运行安全的保障之一。表 1-3-1 给出了三菱 FX3U 系列 PLC 基本单元、扩展单元及模块的型号组成及符号含义。

表 1-3-1　FX3U 基本单元/扩展模块型号体系的组成

①	序列名称	FX3U、FX3UC、FX3G、FX3GC		型号名体系
②	输入、输出合计点数	8、16、32、48、64、80、128 等		
③	按模块划分	M	基本单元	
		E	输入、输出混合扩展设备	
		EX	输入扩展模块	FX3U - 48 M R /ES □
		ET	输出扩展模块	① ② ③④ ⑤ ⑥
		EXL	DC5V 输入扩展模块	
④	输出形式	R	继电器输出	
		S	双向可控硅输出	
		T	晶体管输出	

续表

		基本、扩展单元				输入、输出扩展模块	
⑤	电源及输入、输出方式	记号	电源	输入形式	晶体管输出形式	输入形式	晶体管输出形式
		无记号	AC	DC24V、Sink	Sink	Sink	Sink
		/ES	AC	DC24V、Sink/Source	Sink	—	—
		/ESS	AC	DC24V、Sink/Source	Source	—	—
		/DS	DC	DC24V、Sink/Source	Sink	—	—
		/DSS	DC	DC24V、Sink/Source	Source	—	—
		/UA1-UA1	AC	AC100V	—	AC100V	—
		/D-D	DC	DC24V、Sink	Sink	—	—
		-LT-LT-2	DC	DC24V、Sink	Sink	—	—
		-CM	AC	DC24V、Sink/Source	Sink	—	—

⑥	末尾的其他记号	-001	面向中国产品	注：① "—"表示该电源方式中无此类输出方式的相应点数的产品；001 表示是针对中国市场。 ② AC 电源型，针对中国市场为 50Hz、220V 电压，DC 电源及 DC 输入均为 24V 直流。
		-A	面向亚洲产品	
		-CM	面向中国产品	
		-T	端子排连接	
		-C	连接器连接	
		-S-ES	独立接点增设块	
		-H	大容量类型	
		/UL	UL 规格适合	

识读训练：某系列两台 PLC 型号分别为 FX3U-16 M R/ES、FX3U-48M T/DSS，试学会查表解读型号、指出相应产品的主要性能参数。

表 1-3-2 为三菱 FX3U 系列 PLC 基本单元速查一览表。

表 1-3-2   FX3U 型 PLC 基本单元速查一览表

产品系列及种类				FX3U 系列基本单元		
电源方式	I/O 点数	输入点数	输出点数	继电器输出	可控硅输出	晶体管输出
AC 电源，DC 输入	16	8	8	FX3U-16MR/ES-A	—	FX3U-16MT/ES-A
	16	8	8	—		FX3U-16MT/ESS
	32	16	16	FX3U-32MR/ES-A	FX3U-64MR/ES	FX3U-32MT/ES-A
	32	16	16	—		FX3U-32MT/ESS
	48	24	24	FX3U-48MR/ES-A		FX3U-48MT/ES-A
	48	24	24	—	—	FX3U-48MT/ESS
	64	32	32	FX3U-64MR/ES-A	FX3U-64MR/ES	FX3U-64MT/ES-A
	64	32	32	—		FX3U-64MT/ESS
	80	40	40	FX3U-80MR/ES-A		FX3U-80MT/ES-A

产品系列及种类				FX3U 系列基本单元		
电源方式	I/O 点数	输入点数	输出点数	继电器输出	可控硅输出	晶体管输出
AC 电源，DC 输入	80	40	40	—	—	FX3U-80MT/ESS
	128	64	64	FX3U-128MR/ES-A		FX3U-128MT/ES-A
	128	64	64	—	—	FX3U-128MT/ESS
AC 电源，AC 输入	32	16	16	FX3U-32MR/UA1		
	64	32	32	FX3U-64MR/UA1		
DC 电源，DC 输入	16	8	8	FX3U-16MR/DS	—	FX3U-16MT/DS
	16	8	8	—		FX3U-16MT/DSS
	32	16	16	FX3U-32MR/DS		FX3U-32MT/DS
	32	16	16	—		FX3U-32MT/DSS
	48	24	24	FX3U-48MR/DS		FX3U-48MT/DS
	48	24	24	—		FX3U-48MT/DSS
	64	32	32	FX3U-64MR/DS		FX3U-64MT/DS
	64	32	32	—		FX3U-64MT/DSS
	80	40	40	FX3U-80MR/DS		FX3U-80MT/DS
	80	40	40	—		FX3U-80MT/DSS

二、FX3U 扩展单元的型号识读

当基本单元的 I/O 端口数量不能满足控制系统的要求时，通过扩展单元与基本单元的连接可以实现端口数量的扩充，与扩展模块的不同在于扩展单元内部配有独立电源，该电源除向自身供电外还可以向其他扩展模块、特殊功能设备供电。

FX3U 扩展单元的分类与基本单元除提供 I/O 点数规格产品不同外，其他类别均相同。

FX3U 扩展单元型号体系的组成和形式如图 1-3-6 所示。

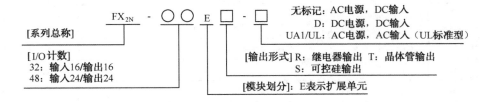

图 1-3-6　FX3U 扩展单元型号体系的组成和形式

识读训练：某 PLC 产品型号为 FX3U-48ER-D，试解读该 PLC 类别与性能参数。

表 1-3-3 为适用于三菱 FX3U 系列 PLC 的扩展单元产品速查一览表，试结合该速查表熟悉各型号扩展单元的功能。

表 1-3-3 FX3U/FX₂N 型 PLC 扩展单元速查一览表

产品系列及种类				FX₂N 型扩展单元		
电源方式	I/O 点数	输入点数	输出点数	继电器输出	可控硅输出	晶体管输出
AC 电源，DC 输入	32	16	16	FX₂N-32ER	FX₂N-32ES	FX₂N-32ET
	48	24	24	FX₂N-48ER	—	FX₂N-48ET
DC 电源，DC 输入	48	24	24	FX₂N-48ER-D	—	FX₂N-48ET-D
AC 电源，AC 输入	48	24	24	FX₂N-48ER-UA1/UL	—	—

三、FX3U 扩展模块型号的识读

FX 系列（含 FX3U）扩展模块与扩展单元的区别在于扩展模块内部不含电源，工作时需由外部基本单元或扩展单元（或专门电源模块）向其提供电源。在分类上与扩展单元的区别主要体现在 I/O 点数规格上，注意这恰好是某些产品型号区别扩展单元与扩展模块的依据。扩展单元 I/O 点数提供了 32 和 48 两种规格，而扩展模块则只提供 8 点和 16 点两种。

FX3U 扩展模块型号体系的组成：扩展模块的型号由 6 部分组成，不同于扩展单元的部分在于该模块中针对部分产品用 X、Y 明确了模块扩展端口的输入/输出性质。

FX3U 扩展模块型号体系的组成和形式如图 1-3-7 所示。

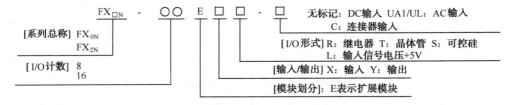

图 1-3-7 FX3U 扩展模块型号体系的组成和形式

识读训练 1：某 PLC 产品型号为 FX₂N-8 E R，试解读该 PLC 类别与性能参数。

该型号仅用了 4 部分表示，对应顺序号：FX₂N-8 E R
①　②　③　④

型号含义解读：① 该扩展模块产品系列名称为 FX₂N；② 输入和输出扩展总点数为 8 点，其中 4 点输入、4 点输出；③E 为扩展模块；④R 表示继电器输出方式。

试理解 FX3U/FX₂N 扩展模块与扩展单元的界定方法。

表 1-3-4 为适用于三菱 FX3U 系列 PLC 的扩展模块产品速查一览表，试结合该速查表熟悉各型号扩展单元的功能。

表 1-3-4 FX3U/FX₂N 型 PLC 扩展模块速查一览表

输入、输出点数	输入点数	输出点数	输入	继电器输出	晶闸管输出	晶体管输出	输入信号电压	连接形式
8（16）	4（8）	4（8）	FX₂N-8ER※	—	—	—	DC24V	横向端子排
8	8	0	FX₂N-8EX	—	—	—	DC24V	横向端子排

续表

输入、输出点数	输入点数	输出点数	输入	继电器输出	晶闸管输出	晶体管输出	输入信号电压	连接形式
8	8	0	FX$_{2N}$-8EX-UA1/UL	—	—	—	AC100V	横向端子排
8	0	8		FX$_{2N}$-8EYR	FX$_{2N}$-8EYT（-H）	—		横向端子排
16	16	0	FX$_{2N}$-16EX				DC24V	横向端子排
16	0	16	—	FX$_{2N}$-16EYR	FX$_{2N}$-16EYT	FX$_{2N}$-16EYS	—	横向端子排
16	16	0	FX$_{2N}$-16EX-C	—	—	—	DC24V	连接器输入
16	16	0	FX$_{2N}$-16EXL-C	—	—	—	DC5V	连接器输入
16	16	0				FX$_{2N}$-16EYT-C		连接器输入

※输入/输出有效点数与括号内占用点数有出入，占用点数与有效点数差值为空号

识读训练2：某 FX3U 系列 PLC 产品型号为 FX3U-16 E X L - C，试解读该 PLC 产品类别与性能参数。

四、特殊扩展设备查询与性能参数

FX3U 系列各种特殊扩展设备见表 1-3-5，包括功能扩展板（用于扩展通信端口及用于连接特殊设备）、特殊功能模块（如模拟量转换、高速计数器、CC-Link 接口等）、特殊功能单元（如定位模块）及通信用特殊适配器等。其功能、品种较多，各产品型号分别结合自身模块功能、特征、参数进行定义，没有一个统一特征的规定，但每一种产品的型号仍然是以体现其功能为主体来命名，如 FX3U-422-BD 用于 FX3U 系列 PLC 配套内置的 422 通信标准接口的扩展板卡。

表 1-3-5　FX3U 系列特殊扩展设备一览表

类别	型号	名称	占用点数		电流消耗	
			输入	输出	DC5V	DC24V
功能扩展板	FX3U-USB-BD	USB 通信扩展板	—		20mA	—
	FX3U-422-BD	RS-422 通信扩展板	—		60mA	—
	FX3U-485-BD	RS-485 通信扩展板	—		60mA	—
	FX3U-232-BD	RS-232 通信扩展板	—		20mA	—
	FX3U-CNV-BD	连接通信适配器用的板卡	—		—	—
特殊功能模块	FX$_{0N}$-3A	2 通道模拟量输入、1 通道模拟量输出	—*8	—	30mA	90 mA*1
	FX$_{2N}$-2DA	2 通道模拟量输出	—	*8	30 mA	85 mA*1
	FX$_{2N}$-4DA	4 通道模拟量输出	—	*8	30 mA	200 mA
	FX3U-4DA	4 通道模拟量输出	—	*8	120mA	160mA
	FX$_{2N}$-2LC	2 通道温度控制模块	—	*8	70 mA	55 mA
	FX$_{2N}$-2AD	2 通道模拟量输入	—	*8	20 mA	50 mA*1
	FX$_{2N}$-4AD	4 通道模拟量输入	—	*8	30 mA	55 mA
	FX$_{2N}$-8AD	8 通道模拟量输入	—	*8	50 mA	80 mA

续表

类别	型　号	名　称	占用点数		电流消耗	
			输入	输出	DC5V	DC24V
特殊功能模块	FX3U-4AD	4 通道模拟量输入	—	*8 —	15mA	40mA
	FX$_{2N}$-4AD-PT	4 通道温度传感器用的输入（PT-100）	—	*8 —	30 mA	50 mA
	FX$_{2N}$-4AD-TC	4 通道温度传感器用的输入（电偶）	—	*8 —	40 mA	60 mA
	FX$_{2N}$-5A	4 通道模拟量输入、1 通道模拟量输出	—	*8 —	70 mA	90 mA
	FX$_{2N}$-1HC	50Hz、2 相高速计数模块	—	*8 —	90 mA	—
	FX$_{2N}$-1PG-E	100kHz 脉冲输出模块	—	*8 —	55 mA	40 mA
	FX$_{2N}$-10PG	1MHz 脉冲输出模块	—	*8 —	120 mA	70 mA[*2]
	FX3U-20SSC-H	支持 SSCNETIII 的定位模块	—	*8 —	100mA	—
	FX$_{2N}$-232IF	RS-232 通信模块	—	*8 —	40 mA	80 mA
	FX$_{2N}$-16CCL-M	CC-Link 用主站模块	—	*3 —	—	150 mA
	FX$_{2N}$-32CCL	CC-Link 接口模块	—	*8 —	130 mA	50 mA
	FX3U-64CCL	CC-Link 接口模块	—	*8 —	130 mA	50 mA
	FX$_{2N}$-64CL-M	CC-Link/LT 用主站模块	*4		190 mA	25 mA[*5]
	FX$_{2N}$-16LNK-M	MESLEC-I/O Link 用主站模块	*6		200 mA	90 mA[*7]
特殊功能单元	FX$_{2N}$-10GM	1 轴用定位模块	—	*8 —	—	5W
	FX$_{2N}$-20GM	2 轴用定位模块	—	*8 —	—	10W
	FX$_{2N}$-1RM-E-SET	旋转角度检测单元	—	*8 —	—	5W
特殊适配器	FX3U-4HSX-ADP	4 通道高速输入适配器	—	—	30 mA	30 mA
	FX3U-4HSY-ADP	4 通道高速输出适配器	—	—	30mA	30mA
	FX3U-485ADP	RS-485 通信适配器	—	—	20 mA	—
	FX3U-232ADP	RS-232C 通信适配器	—	—	30 mA	—
	FX3U-4DA-ADP	模拟量输出用	—	—	15mA	150mA
	FX3U-4AD-ADP	模拟量输入用	—	—	15mA	40mA
	FX3U-3A-ADP	2 通道模拟量输入、1 通道模拟量输出	—	—	30mA	90mA
	FX3U-4AD-TC-ADP	4 通道温度传感器用输入（电偶）适配器	—	—	15mA	45mA
	FX3U-4AD-PT-ADP	4 通道温度传感器用输入（PT-100）适配器	—	—	15mA	50mA
	FX3U-4AD-PTW-ADP	4 通道特殊温度传感器输入适配器	—	—	15mA	50mA
	FX3U-4AD-PNK-ADP	4 通道特殊温度传感器输入适配器	—	—	15mA	50mA
显示模块	FX3U-7DM	特殊显示面板（选配）	—		20mA	—
电源模块	FX3U-1PSU-5V	扩展电源模块	—		1000mA	300mA

　　上述表格为用户根据功能需要选择相应设备提供了参考，如用户在处理 PLC 与 PC 通信连接时，通常采用 FX-232AW/AWC（或 FX-USB-AW）将 PLC 的 RS-422 接口转换成 PC 的 RS-232 接口标准（或 USB）进行连接。若选取表中 FX3U-RS232-BD 扩展板卡，从 PLC 中引

出 RS-232 接口实现与 PC 的 RS-232 接口具有相同的通信标准，通过 9 针 D 型插头直接进行连接。

各种特殊扩展设备（含扩展单元、扩展模块）的功能、参数、用法可参照厂家随产品附带或登录三菱官方网站下载的产品使用手册。

思考与训练

（1）课后上网利用百度搜索引擎搜索三菱 PLC 官网，试下载 FX3U-48MR/ES 基本单元使用手册、FX3U 编程手册及 GX Developer Version 8.86 软件操作手册。

（2）利用 Adobe Reader 阅读器阅读下载的 FX3U-48MR 基本单元使用手册，了解 FX3U-48MR 的安装和使用注意事项。

（3）利用百度"图片"搜索引擎搜索上述各表中部分 FX3U 系列产品，观察其外观与面板。

三相异步电动机典型继电接触控制的PLC控制与实现

 教学目的

1. 通过模块二中所设置的 4 个学习训练任务的"学、做"的实践，掌握三菱 FX3U 系列 PLC 输入、输出端常规设备的安装连接方法。

2. 通过典型继电—接触控制线路转换 PLC 梯形图方法的学习，理解 PLC 控制梯形图的基本含义，初步形成对梯形图画法规则的认识。

3. 初步理解和掌握涉及的部分 PLC 基本指令，掌握 PLC 梯形图程序的基本单元，进而理解和掌握梯形图编程中自锁、互锁等措施的意义与实现方法。

4. 能够熟练利用编程软件掌握基本指令的输入编辑方法，初步掌握简单梯形图编辑、程序编译方法；学会简单控制任务的设备调试方法。

概述： 三菱 FX 系列可编程控制器的控制指令分基本指令、步进顺控指令及功能应用指令。FX3U 系列 PLC 的基本指令有 29 条，步进顺控指令有 2 条，功能应用指令有 209 条。在模块二、三中将结合相关控制任务来熟悉 29 条基本指令功能、用法及在设备控制中的运用。

三菱 FX3U 系列 PLC 的 29 条基本指令见表 2-1。

表 2-1　三菱 FX3U 系列 PLC 的基本指令表

序号	指令符	功能	梯形图形式及控制对象	序号	指令符	功能	梯形图形式及控制对象
1	[LD] 取	运算开始 a 触点	XYMSTC D□.b	16	[SET] 置位	线圈接 通指令	SET　YMS D□.b
2	[LDI] 取反	运算开始 b 触点	XYMSTC D□.b	17	[RST] 复位	线圈接 通解除	RST　YMSTCD D□.bRVZ
3	[LDP] 取脉冲	上升沿运 算开始	XYMSTC D□.b	18	[PLS] 脉冲	上升沿 输出	PLS　YM
4	[LDF] 取脉冲（F）	下降沿运 算开始	XYMSTC D□.b	19	[PLF] 脉冲（F）	下降沿 输出	PLF　YM
5	[AND] 与	串联连接 a 触点	XYMSTC D□.b	20	[MC] 主控	公共串 联触点	MC　N　YM

序号	指令符	功能	梯形图形式及控制对象	序号	指令符	功能	梯形图形式及控制对象
6	[ANI] 与非	串联连接 b触点	XYMSTC D□.b	21	[MCR] 主控复位	公共串联 触点解除	MCR N
7	[ANDP] 与脉冲	上升沿串 联连接	XYMSTC D□.b	22	[MPS] 进栈	运算进栈 存储	
8	[ANDF] 与脉冲（F）	下降沿串 联连接	XYMSTC D□.b	23	[MRD] 读栈	存储 读栈	MPS MPD
9	[OR] 或	并联连接 a触点	XYMSTC D□.b	24	[MPP] 出栈	存储读出 和复位	MPP
10	[ORI] 或非	并联连接 b触点	XYMSTC D□.b	25	[INV] 反向	运算结果 取反	INV
11	[ORP] 或脉冲	上升沿并 联连接	XYMSTC D□.b	26	[MEP] *	上升沿 控制	
12	[ORF] 或脉冲（F）	下降沿并 联连接	XYMSTC D□.b	27	[MEF] *	下降沿 控制	
13	[ANB] 电路块与	回路块 串联		28	[NOP] 空操作	无动作	NOP
14	[ORB] 电路块或	回路块 并联		29	[END] 结束	程序结 束标志	END
15	[OUT] 输出	线圈驱 动指令	YMSTC D□.b				

注：①a触点指常开触点，b触点指常闭触点。②控制对象分上下两行，上行兼容FX3U等系列，下行为FX3U支持。③标 *为FX3U支持（相较典型的FX2N系列，FX3U增加了MEP、MEF指令，另外对触点指令、输出等指令操作对象增加了数据寄存器数据位的操作和对X、Y的变址修饰功能）。

任务一　三相异步电动机"启保停"电路的PLC控制安装与调试

任务目的

1. 了解点动控制线路实现PLC控制的梯形图转换方法；借助继电接触控制方式理解梯形图中常闭、常开触点，输出及自锁的含义和用途。

2. 熟悉 LD、LDI，AND、ANI，OR、ORI，OUT 指令格式、功能及用法，让学生初步对梯形图的功能、基本指令的用法形成一定的认知。

3. 熟悉 GX Developer 软件中基本指令输入方法，通过"启保停"控制设备的安装与调试，初步了解 PLC 的运行方式和 PLC 控制任务设计的方法。

在生产设备中，三相异步电动机的启动、停止控制是最基本的控制方式，如图 2-1-1 所示为"启保停"继电接触控制线路，电源通过隔离开关 QS 引入，开关 SB1、SB2 分别为启动、停车按钮，交流接触器 KM 为控制电动机的执行器件，通过热继电器 FR 的常闭触点实现三相电动机过载保护，熔断器 FU1、FU2 分别实现主电路、控制电路的短路保护。

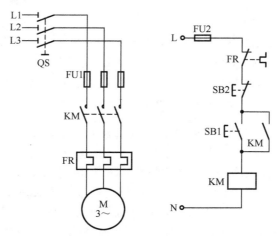

图 2-1-1　三相异步电动机"启保停"控制线路

其基本控制原理：按下启动按钮，接触器线圈 KM 通电，常开主触点吸合，电动机通电运转，同时辅助常开触点吸合，保证线圈能在按钮复位时有电流通过即实现自锁，电动机得以持续通电运转。停止时按下 SB2，当电路过载热继电器 FR 触点断开后，控制线路断电。

想一想： 继电接触控制线路以"启保停"控制为基本控制单元，其基本控制功能如何实现的？运用现代 PLC 如何进行控制，怎样实现？

知识链接一：可编程控制器用户程序的执行方式

可编程控制器作为专为工业现场控制的计算机，其工作原理、工作方式和 PC 基本相似，均是在系统程管理下通过运行用户程序完成一定的控制任务。可编程控制器控制任务的实现是采用循环扫描、顺序执行用户程序的工作方式进行的。PLC 除了正常的内部系统初始化、自诊断检查外，完成用户程序、实现控制任务是按以下 3 个阶段顺序进行的。

① 输入采样阶段：PLC 首先对所有输入端进行顺序扫描，并将扫描瞬间各输入端的状态信息（如按钮 SB 接通为 1、断开为 0）送入内部并寄存在映像寄存器中。需注意的是在同一扫描周期即便输入状态发生多次变化，存入映像寄存器的值只能是扫描到该输入端瞬间的输入状态值。

② 程序处理阶段：PLC 执行用户编写的程序时遵循自上而下、自左而右的顺序，将反映

扫描到输入端状态信息的映像寄存器内的数据，反映各电路状态信息的其他"软元件"（如辅助继电器、计数器、定时器等）等读入，执行用户程序指定的数值、逻辑运算，并将结果存放于程序指定的"软元件"或系统指定的特定"软元件"中，将输出状态信息存放于输出映像寄存器中。其执行程序是按顺序进行的，执行程序产生的逻辑结果也是由前到后逐步产生的，呈现串行方式特征。这种"串行"运行直至遇到 END 指令时该程序处理阶段才暂告结束。

③ 输出刷新阶段：在上述的程序处理阶段执行到 END 指令时，PLC 将输出映像寄存器中的状态值转存至输出锁存器中，并刷新输出锁存器。当输出锁存器为"1"状态时则驱动开关电路使相应输出继电器线圈通电（或可控硅的控制极及晶体管基极加触发导通信号），从而接通外部负载工作回路。

> **注意：** PLC 完成由输入采样、程序处理到输出刷新的 3 个阶段所用的时间称为一个扫描周期。PLC 循环反复地执行上述过程，扫描周期的长短除取决于 PLC 的运算速度及工作方式外，还与用户梯形图程序长短（执行到 END 指令）、指令的种类有关。一般一个扫描周期约几毫秒到几十毫秒。PLC 采用顺序执行用户程序，且采取先执行后输出的处理流程，用户安排工序时需注意。

以如图 2-1-2 所示用户程序的 PLC 执行过程来分析：当 PLC 处于运行状态时，假定输入 X001、X000 均处于断开未动作状态，则在第一个扫描周期内的输入采样阶段沿 X000~X267（FX3U 系列最大输入端扩展点数 184）顺序扫描输入状态，将 X000、X001 的 0 状态送至输入映像寄存器 X0、X1 中；当进入执行用户程序阶段时，根据输入映像寄存器 X0、X1 的状态，Y000、Y001 均不满足动作条件，即用户程序执行后 Y000、Y001 均为 0 状态，并将该结果送至对应的输出映像寄存器 Y0、Y1 中；当执行到输出刷新阶段时，将映像寄存器 Y0、Y1 的状态采用并行方式送至输出锁存器中，并控制对应的 Y000、Y001 输出端的输出状态。

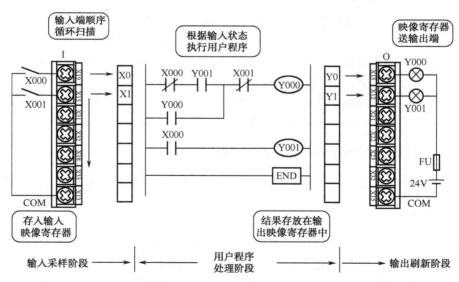

图 2-1-2 用户程序的 PLC 执行过程示意图

当 X000 闭合、X001 断开时开始的扫描周期输入采样阶段，PLC 将扫描到的 X000 的 1 状态、X001 的 0 状态分别送到输入映像寄存器 X0、X1 中；在执行程序阶段，由于映像寄存器中 X0、X1 分别对应为 1、0 状态，当串行顺序执行梯形图程序回路块 1 时 X000 的常闭断开，线圈 Y000 不能得电；当执行到回路块 2 时，X000 闭合，线圈 Y001 得电。执行结果 Y000、Y001 状态被送到输出映像寄存器 Y0、Y1 中（注意：由于程序的顺序串行执行方式，后来的 Y001 不能在同一扫描周期返回到回路块 1 中影响回路块 1 的结果）。当执行到输出刷新阶段时，对应的 Y000、Y001 的状态为 0、1，此时输出才影响到输出状态的变化。

当新一轮扫描周期在输入采样阶段时，PLC 输出映像寄存器 Y1 仍为 1 状态，此时即使输入条件发生变化，如 X000 、X001 均断开，Y1 状态也只能等到当前扫描周期进行到程序执行阶段时才能受到影响。当输入扫描周期输入映像寄存器 X0、X1 均为 0 状态时，在执行程序阶段时由于回路 1 执行在前，此时 Y001 仍为 1 状态，回路块 1 形成通路，Y000 得电为 1 状态；当执行到回路 2 时，此时 Y001 状态则因 X0 的 0 状态而发生变化，但由于回路块 1 已经形成自锁且后者结果对前面已执行程序产生不了影响，程序执行的结果仍然为 Y000 为 1 状态、Y001 为 0 状态并送输出映像寄存器 Y0、Y1。当执行到输出刷新阶段时对外产生相应的输出动作。

显然 PLC 的循环扫描及程序串行执行的工作方式，必然致使当前扫描周期进行到输出刷新阶段前的 PLC 输出取决于前扫描周期的输入状态。也就是说在当前扫描周期的输入采样阶段采集到会导致输出变化的输入状态信息，但在输入采样、用户程序处理这个时间段内，PLC 输出状态仍保持原状态不变，仅在当前扫描周期进入到最后输出刷新时才会引起输出的变化。可见输出状态的变化滞后于输入状态变化一个扫描周期，输出状态维持的最少时间为一个扫描周期。

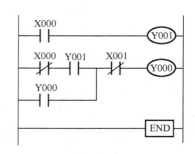

图 2-1-3　梯形图

练一练：为进一步理解 PLC 的周期循环扫描方式及程序串行执行工作方式，试结合上述分析过程及方法来理解如图 2-1-3 所示梯形图的执行过程。

首先观察比较该梯形图与如图 2-1-2 的异同，在 PLC 执行该梯形图程序时，输入 X000 接通运行的结果与如图 2-1-2 所示的结果相同，所不同的是当输入 X000 由接通到断开时会产生 Y001、Y000 均失电断开的结果。如何理解，试自行分析。

知识链接二：FX3U 系列 PLC 的输入/输出继电器

可编程控制器用于工业设备控制，实质是用程序的"软逻辑"替代原先传统继电接触控制线路的"硬逻辑"。而就程序来说，这种软逻辑必须借助于机器内部的具有状态设置、状态存储功能及能够实现逻辑运算、数值运算功能等的单元电子电路。这些单元电路因功能、用途不同，对应电路的结构、形式也有所区别，为便于转换和方便工程技术人员使用，用类似于常规低压电器的名称对上述功能电路命名，如输入继电器、输出继电器、辅助继电器、定时器、计数器等，统称之为"软继电器"或"软元件"（从编程、运用的角度来看无需掌握其物理特性，只需熟悉其功能即可）。为满足复杂逻辑运算及控制需要，PLC 提供大量的各类"软元件"并根据其种类、物理地址分别进行定义编号，"软继电器"的使用体现在设备控制程序和状态监控中。"软继电器"和实际继电器相似，实际继电器的常开、常闭触点状态随线圈状态变化。"软继电器"对应于 PLC 的一些存储器单元，当某个符合条件的指定单元状态转变为 1 时，相当于继电器线圈的"软继电器"存储单元为 1；若条件不满足时，则对应存储单元被置 0，"软继电器"触点反映了对应存储单元状态值的读取。值得注意的是"软继电器"的触点是可以进行无限次地访问，也就是说"软继电器"常开、常闭触点可以任意次使用。另外作为软继电器的存储单元，在实现单一的"位"操作外还可实现多单元组合的"字"操作。

PLC 的软继电器有输入继电器、输出继电器、辅助继电器、定时器、计数器等，要能够正确使用诸多"软继电器"，必须对各类软继电器的适用范围、控制方法、功能参数及掉电特性等有所认识。在本次控制任务中我们首先来认识 FX3U 系列 PLC 的输入、输出继电器。

一、输入继电器

结合三菱 FX3U 型 PLC 基本单元，FX3U 基本单元采用较多的直流开关量（DC）输入方式，其每个输入端口对应于内部一个存储单元，称输入继电器。输入继电器是反映外部输入信号状态的窗口，输入继电器的状态是对外部开关动作信号的映像，外部开关的"接通""断开"映射于 PLC 梯形图中对应输入继电器的"常开触点"闭合、断开（或其"常闭触点"呈相反的状态）。不同于 PLC 的其他"软元件"，输入继电器的状态只能由外部信号驱动，而不能在用户程序中采用内部条件进行驱动。

FX3U 系列 PLC 基本单元的输入继电器编号范围为 X0～X367，采用八进制编号，共计 248 点，输入 I 和输出 O 点数合计为 256 点。FX3U 基本单元最多提供 64 点物理输入端，全部采用内部直流电源 24V 保证工作所需电压（I/O 总点数通过 CC-Link 网络扩展可达 384 点）。

二、输出继电器

PLC 的输出端口对外提供开关量输出信号，由输出端口、外部设备、外部电源及相对应的 COM 端构成输出回路。每一个输出端对应的存储单元的功能与继电器线圈类似，称为输出继电器。当某一输出继电器存储单元置 1 时，称该输出继电器线圈得电（或被驱动），在输出刷新阶段通过端口具有触点动作性质的内部器件（如继电器触点闭合、开关晶体管或可控硅导通）接通外部电路。输出继电器是 PLC 中唯一具有外部触点性质的软元件，而输出继电器的"线圈"只能在 PLC 内部通过用户程序设置的条件进行驱动。与输入继电器类似，用于反映存储单元工作状态的常开、常闭触点可以无限次用于内部逻辑运算与控制。另外，FX3U 系列 PLC 所有的输出继电器均不具有掉电保持功能，也就是说在 PLC 运行状态下，用于控制输出继电器的条件满足时输出继电器动作向外产生输出信号；当控制条件不满足、PLC 断电或处于 STOP 状态时输出复位回到 0 状态。

FX3U 系列 PLC 输出继电器与输入继电器一样采用八进制编号，编号范围为 Y0～Y367，共计 248 点。FX3U 基本单元输出分继电器输出、晶体管输出及可控硅三种形式，电路结构各不同、其外部工作电压、电流及接法要求均有所区别，相关技术参数见表 2-1-1。

表 2-1-1　三种输出主要技术规格表

项目 \ 类别		继电器输出	可控硅输出	晶体管输出
外接电源		AC250V，DC30V 以下	AC85～242V	DC5～30V
最大负载	电阻性	2A/1 点	0.3A/1 点；0.8A/4 点；1.6A/8 点	0.5A/1 点；0.8A/4 点；1.6A/8 点
	电感性	80VA	15VA/AC100V 30VA/AC200V	1 点输出：12W/DC24V 4 点输出：19.2W/DC24V 8 点输出：38.4W/DC24V

继电器和可控硅输出方式适用于较高电压、较大输出功率负载的输出驱动；晶体管和可控硅输出方式适用于快速、频繁动作的场合。由于 PLC 的输出公共端 COM、输出接口电路中未设有短路保护措施，故在输出电路中均需设置安装相应的保护性器件。

专业技能培养与训练一："启保停"电路 PLC 控制任务的设备安装

任务阐述：在继电—接触控制线路典型电路之一——"启保停"控制线路基础上，采用继电—接触控制线路的等效逻辑转换方法，实现向 PLC 控制的程序梯形图的转换，并进行该任务的设备安装与程序调试。"启保停"PLC 控制任务设备安装清单见表 2-1-2。

表 2-1-2 "启保停"PLC 控制任务设备安装清单

序号	名称	型号或规格	数量	序号	名称	型号	数量
1	PLC	FX3U-48MR/ES	1	7	启动按钮	绿	1
2	PC	台式机	1	8	停止按钮	红	1
3	三相异步电动机	Y132M2-4	1	9	交流接触器	CJX2-09	1
4	断路器	DZ47C20	1	10	热继电器	JR16B	1
5	熔断器	RL1	4	11	端子排		若干
6	编程电缆	FX-232AW/AWC	1	12	安装轨道	35mm DIN	

一、实训任务准备工作

结合"启保停"继电接触控制线路原理图，明确该控制任务中控制器件的作用：SB1 为启动按钮、SB2 为停止按钮；交流接触器 KM 为执行器件，热继电器 FR 对设备进行过载保护；短路保护通过熔断器 FU1、FU2 实现。三相异步电动机 M 的运行与停止控制是通过 KM 主触点的接通与断开实现的。

二、继电接触控制线路向 PLC 控制梯形图的转化

三相异步电动机的典型工作方式有：启动、正反转、制动及调速等，在采用 PLC 进行控制时，驱动三相交流异步电机的主电路与传统继电接触控制主电路完全相同。用 PLC 控制取代继电接触控制，仅需要考虑如何用 PLC 程序来替代控制部分的"硬"接线，即将控制部分线路转化为 PLC 控制程序的梯形图形式。

基于 PLC 的工作方式特点，决定了 PLC 梯形图的画法不同，程序运行结果也会有所变化。故对 PLC 控制梯形图的绘制需遵循一定的规定及要求，梯形图的左右两边分别对应的左母线、右母线须采用竖直线，左母线必须画出，右母线在绘制时可以省略。除组成梯形图的回路块自上而下排列的顺序应依据动作的先后顺序外，还需注意以下几个方面的要求。

① 梯形图中的连接线可看作电路中的连接导线，但不允许交叉且只能采取水平或竖直画法。

② 梯形图中的触点（或称接点）一般只能水平绘制，不允许采用竖直画法（前述的主控指令 MC 为特例）。

③ 各类软继电器（如输出继电器、辅助继电器、定时器等）的线圈只能与右母线连接，不能与左母线相接；而各类反映存储单元状态的触点不允许与右母线相连。

④ 各类触点或"导线"中的"电流"自左向右单方向流动，不能出现反向流动现象。

结合梯形图画法要求，可分别对如图 2-1-4（a）所示"启保停"原理图的控制部分作如下等效变化。

① 图（a）中原控制线路中的熔断器在等效变换中不作考虑，该保护作用在 PLC 控制线路连接时通过输出部分的电源保护实现。从符合梯形图的画法规范达到简化 PLC 控制程序触点的逻辑运算目的，根据电路中改变器件串联顺序而原有功能不变的特点，将控制器件的连接顺序进行调整，如图（b）所示。

② 结合梯形图自上而下，自左而右的画法布局，将图（b）旋转 90°呈水平方向，如图（c）所示。图（c）中启动、自锁条件对应常开触点，停止按钮、保护措施的热继电器触点为常闭触点形式；前边的条件用于驱动控制执行器件接触器线圈。分别将图中所有常开、常闭触点及线圈用 PLC 的常开触点符号 ┤├、常闭触点符号 ┤╱├ 及输出线圈符号 —○ 替换。

③ 输入/输出端定义：启动按钮 SB1 与输入继电器 X000 对应，停车按钮 SB2 对应输入继电器 X001，热继电器常闭触点 FR 对应于 X002；接触器线圈 KM 对应于输出继电器 Y000，KM 的常开辅助触点对应反映输出继电器状态的常开触点 Y000。在对应的梯形图符号旁标注各自的输入、输出继电器编号，如图（d）所示。

图（d）为"启保停"控制任务的 PLC 控制梯形图，至此梯形图的转换完成。

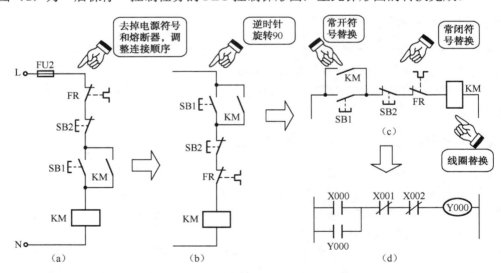

图 2-1-4 "启保停"电路的梯形图转化方法

将该梯形图形式与原控制线路进行比较：在功能分析时，梯形图的左母线对应原线路的相线 L、右母线对应零线 N；在左、右母线之间，触点在水平方向实现逻辑串联，竖直相邻触点通过竖线连接形成逻辑并联（触点的串、并联对应电路中开关的串、并联）。梯形图始于触点连接的左母线，终止于线圈连接的右母线，构成相应的"回路块"。

显然，这种等效变换的梯形图印证了假想 "能流"概念来理解梯形图程序控制功能的方法，把左母线假想为直流电源"正极"，而把右母线假想为电源"负极"。只有当相应触点（开关）处于接通状态时，才有相应有"能流"从左至右流向输出线圈，则线圈被激励。如不满足接通条件则没有"能流"，线圈未被激励。

三、"启保停"PLC 控制电路的连接

三相异步电动机主电路的接法与传统继电接触控制线路的接法相同，只需改变控制部分接法。结合梯形图变换时对各控制器件进行输入继电器、输出继电器的定义说明可绘制出 PLC 的控制连接图， I/O 定义是 PLC 控制设计与设备安装必备的技术文件。

"启保停"控制任务的 I/O 分配见表 2-1-3。

表 2-1-3 "启保停"PLC 控制任务的 I/O 分配表

I 端口		O 端口	
SB1	X000	KM1	Y000
SB2	X001		
FR	X002		

作为初学者需要特别注意的是：原继电—接触控制任务中的停车按钮 SB2、过载保护的热继电器常闭触点 FR 分别对应梯形图中输入继电器 X001、X002 的常闭触点，但在绘制 PLC 控制连接图时，对应的停车按钮、热继电器则需以常开触点形式连接。究其原因是 PLC 采用对输入扫描检测 ON/OFF 状态的工作方式决定的，若 SB2、FR 采用常闭（即 ON）形式则被当作有输入信号到来，结合梯形图形成"能流"的条件不能成立，不能产生输出结果；而采用常开触点形式，输入采样阶段没有检测到闭合信号，与线路中未发出停车控制、线路没有过载相吻合，各自对应的常闭触点处于接通状态，当启动 X000 接通时满足"能流"的条件。

通过上述分析,该控制任务的 PLC 控制电路连接采用如图 2-1-5(a)所示的 FX3U-MR/ES（AC 电源、DC 输入、继电器输出）的漏型输入接法，如图（b）所示为源型输入接法、如图（c）所示为 FX2N 系列 PLC 输入接法。继电器输出的短路保护通过回路中的熔断器 FU 实现。

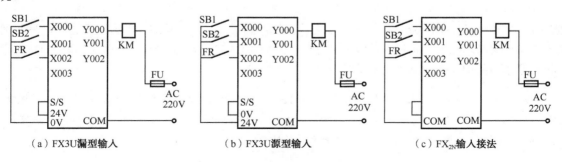

图 2-1-5 PLC 控制电路连接

四、梯形图中的指令用法

和梯形图一样，指令表也是 PLC 最基本的编程语言之一，指令助记符可帮助用户特别是初学者对编程指令的理解和记忆，指令的格式有助于对用法的掌握。上述梯形图对应的指令见 STL 2-1-1。

STL 2-1-1

步 序 号	助 记 符	操 作 数	步 序 号	助 记 符	操 作 数
0	LD	X000	3	ANI	X002
1	OR	Y000	4	OUT	Y000
2	ANI	X001	5	END	

指令表与梯形图的对应关系是由 PLC 指令及指令格式确定的。

指令链接一：逻辑取及逻辑取反指令（LD、LDI）

三菱 PLC 基本指令的说明由名称、指令助记符、功能、梯形图符号、操作对象（格式）及程序步数组成。

1. 逻辑取指令—LD（Load）

指令格式、操作对象及功能说明如下：

名 称	指 令	功 能	梯形图符号	操 作 对 象	程序步数及说明
取指令	[LD]	运算开始a触点	┤├─┤├─( )	X、Y、M、S、T、C D□.b	* 对 I/O 可用变址 V、Z 修饰

说明：用于直接与母线相连的首个常开触点或块逻辑运算开始的常开触点。该指令操作的对象有输入继电器 X、输出继电器 Y、辅助继电器 M、状态继电器 S、定时器 T、计数器 C 及数据寄存器 D□.b（b 从低位用 0、1、2、……9、A、……F 编号）。

取指令 LD 的用法如图 2-1-6 所示，各梯形图中手指位置的触点为取指令 LD 的用法。图（a）中常开触点 X000 是与母线直接相接的首个常开触点，对应指令 LD X000；图（b）中 X000 是与母线相接的首个常开触点，X001 是作为并联逻辑块开始的常开触点，分别对应指令 LD X000、LD X001；图（c）中 X000 仍是与母线相接的首个常开触点，Y000 是串联块开始的常开触点，分别对应指令 LD X000、LD Y000。图（d）梯形图中 X000V0 称变址修饰，采用变址寄存器 V0～V7、Z0～Z7 可对 X、Y 进行修饰：将 V 或 Z 中的数据转换为八进制数后与所修饰对象（例如 X000）相加，若 V0 中为十进制数 10，转换为（12）$_8$，与 000 相加指向 X012（变址操作后的 I/O 端口地址必须存在否则会出错）。

> 数据寄存器：是保存数值、数据的软元件。由 16 位二进制数据构成（最高位为正负符号位），由低位到高位按 b0、b1、…b9、bA、…bF（十六进制）排序。变址寄存器除与数据寄存器有相同的用法外，常用于与指令操作数组合实现在程序运行中改变软元件的编号或数值内容。

2. 逻辑取反指令—LDI（Load Not）

指令格式、操作对象及功能说明如下。

名　称	指　令	功　能	梯形图符号	操作对象	程序步数及说明
取反指令	[LDI]	运算开始 b 触点	‖ ⊣/⊢ ⊣⊢ ◯	X、Y、M、S、T、C D□.b	* 对 I/O 可用变址 V、Z 修饰

*该指令的操作对象及指令的程序步数查阅本模块附表：FX3U 基本指令程序步数速查表与 FX3U 软元件编号的分配及功能概要

说明：用于直接与母线相连的首个常闭触点或块逻辑运算开始的常闭触点。操作对象与 LD 相同为 X、Y、M、S、T 及 C。在控制程序中可用于实现对所指定的操作对象对应的存储单元 O 状态的检测。取反指令 LDI 的用法如图 2-1-7 所示。

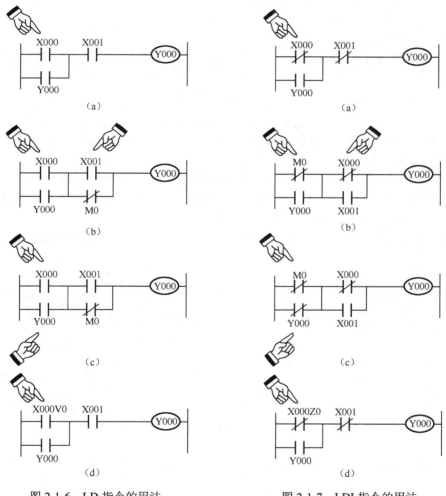

图 2-1-6　LD 指令的用法　　　　图 2-1-7　LDI 指令的用法

练一练： 在 GX Developer 梯形图窗口中练习如图 2-1-6 和图 2-1-7 所示梯形图的编辑，并转换成指令表比较 LD、LDI 指令的格式与用法。

指令链接二：触点串联指令（AND、ANI）

1. 常开触点串联与指令—AND

指令格式、操作对象及功能说明如下。

名　称	指　令	功　能	梯形图符号	操　作　对　象	程序步数及说明
与指令	[AND]	串联连接a触点	─┤├─┤├─（　）─	X、Y、M、S、T、C D□.b	* 对X、Y可进行变址修饰

说明：AND 指令用于实现常开触点的串联连接，即实现常开触点与其左侧触点间的与逻辑关系。与指令 AND 的常见用法如图 2-1-8 所示。

2. 常闭触点串联与非指令—ANI（AND NOT）

指令格式、操作对象及功能说明如下。

名　称	指　令	功　能	梯形图符号	操　作　对　象	程序步数及说明
与非指令	[ANI]	串联连接b触点	─┤├─┤/├─（　）─	X、Y、M、S、T、C D□.b	* 对X、Y可进行变址修饰

说明：ANI 指令用于实现常闭触点的串联连接，与 AND 相反的是实现常闭触点与其左侧触点间与逻辑关系。串联常闭触点指令的常见用法如图 2-1-9 所示。

触点串联指令 AND、ANI 的操作对象与逻辑取指令 LD、逻辑取反指令 LDI 的操作对象相同。

练一练：（1）运行 GX Developer 软件，分别编辑如图 2-1-8 和图 2-1-9 所示的梯形图，并转换成指令表的形式，比较 AND、ANI 指令的格式与用法。

（2）编辑如图 2-1-10 所示梯形图，观察编译转换后的指令表，并对照梯形图比较各触点指令的用法。

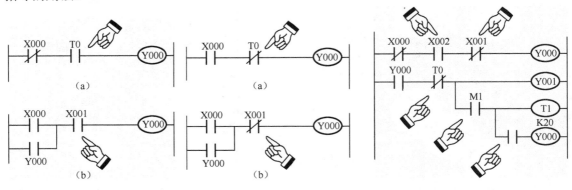

图 2-1-8　AND 指令的用法　　图 2-1-9　ANI 指令的用法　　图 2-1-10　AND/ANI 重复使用与纵接输出形式

注意：①AND、ANI 指令只能用于单个触点间的串联，但依次串联触点的数量不受限制，即该指令可多次使用。②在输出 OUT 指令后通过触点对其他线圈进行 OUT 操作的形式称为纵接输出（如图 2-1-10 所示 Y001、T1 及 Y000），只要纵接顺序正确即可多次进行纵接输出（若在同一条件下对多个线圈进行的驱动方式，称为并行输出）。

指令链接三：触点并联指令（OR、ORI）

1. 常开触点并联或指令 OR

指令格式、操作对象及功能说明如下。

名　称	指　令	功　能	梯形图符号	操作对象	程序步数及说明
或指令	［OR］	并联连接 a 触点		X、Y、M、S、T、C D□.b	* 对 X、Y 可进行变址修饰

说明：用于实现单个常开触点的并联逻辑，即实现常开触点与其上侧触点间的或逻辑关系。用法示例如图 2-1-11 所示。

2. 常闭触点并联或非指令 ORI

指令格式、操作对象及功能说明如下。

名　称	指　令	功　能	梯形图符号	操作对象	程序步数及说明
或非指令	［ORI］	并联连接 b 触点		X、Y、M、S、T、C D□.b	* 对 X、Y 可进行变址修饰

说明：用于单个常闭触点的并联，与 OR 指令的区别在于与上侧并联的是单个常闭触点而非常开触点。OR、ORI 指令的操作对象也均为 X、Y、M、S、T、C 和 D□.b。

或非 ORI 指令的用法示例如图 2-1-12 所示。

练一练：（1）分别编辑如图 2-1-11 和图 2-1-12 所示的梯形图，并编译转换成指令表形式，试比较 OR、ORI 指令的格式与用法。

（2）编辑如图 2-1-13 所示的梯形图，注意比较所指位置处触点指令的用法。

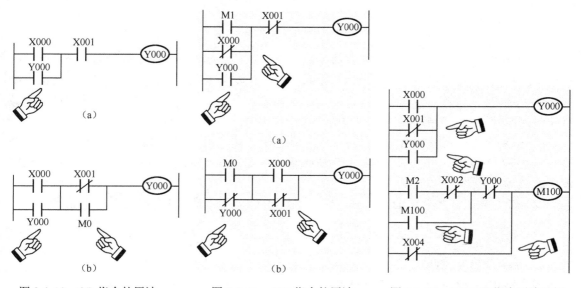

图 2-1-11　OR 指令的用法　　图 2-1-12　ORI 指令的用法　　图 2-1-13　OR/ORI 指令用法示例

注意：OR、ORI 并联触点的数量不受限制，即该指令可多次使用，但建议一般不超过24行。

指令链接四：输出线圈驱动指令（OUT）

指令格式、操作对象及功能说明如下。

名 称	指 令	功 能	梯形图符号	操 作 对 象	程序步数及说明
输出指令	[OUT]	线圈驱动指令	⊣⊢⊣⊢──◯─	Y、M、S、T、C D□.b	* 对 Y 可进行变址修饰

OUT 指令用于对输出继电器、辅助继电器、状态继电器、定时器、计数器线圈及数据寄存器进行实施驱动。用于定时器、计数器的线圈驱动时必须进行参数的设定（或利用数据存储的寄存器地址号间接进行设定）。

OUT 用法如图 2-1-14 所示，图（a）梯形图实现按钮 X000 按下后延时 5s 产生输出动作的功能。图（b）的功能是：X001 开关闭合，按钮 X000 按下 5 次时，Y001 实现输出 3s 停止，再次重复上述过程，X001 起开关作用，并同时对计数器复位。

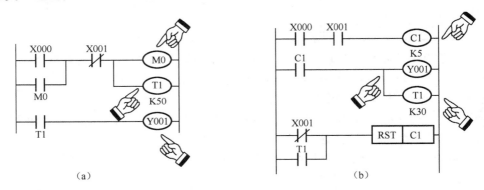

图 2-1-14　OUT 指令的用法

OUT 指令在使用时要避免出现双线圈输出，在同一顺序控制程序中若对同一地址号元件使用两次及以上 OUT 指令进行驱动称为双线圈输出。双线圈输出比较复杂，被驱动线圈的输出取决于最后使用 OUT 驱动后的状态，程序检查功能中含有双线圈输出检查，出现此种现象会使得程序难以掌控。另外，输入继电器不能用 OUT 指令进行驱动。

练一练：（1）分别编辑如图 2-1-14 所示的梯形图，并编译转换成指令表，结合指令表分析比较 OUT 驱动输出继电器、定时器及计数器线圈时的指令格式、用法、所占程序步数。

（2）能否找出较为合适的办法进行如图 2-1-14（b）所示梯形图的程序功能的验证。

指令链接五：空操作指令（NOP）与程序结束指令（END）

1. 空操作指令-NOP

指令格式、操作对象及功能说明如下。

名　称	指　令	功　能	梯形图符号	操 作 对 象	程序步数及说明
空操作	[NOP]	无动作	─── NOP ───	无操作对象	1

空操作指令，顾名思义就是让 PLC 不进行任何运算操作，但仍然占据 PLC 的扫描时间。NOP 指令的作用：可利用 NOP 指令实现对 PLC 内部存储器的清空处理，也可以通过程序中添加一定数量的 NOP 指令达到延长顺序扫描时间的目的。

NOP 指令的插入：若插入梯形图，在两回路块中间执行【编辑】→【行插入】菜单命令，编辑指令格式中的 NOP 梯形图形式即可；若在指令表程序中实现指令与指令间插入 NOP 的操作，首先执行菜单【显示】→【工程列表】命令，再执行【编辑】→【NOP 批量插入】命令，在弹出的【NOP 批量插入】对话框中输入需要插入的 NOP 个数（最多 7970 个），单击【确认】即实现 NOP 的插入操作。无论 NOP 数量有多少，程序均不进行任何运算操作，而只能改变程序的步号；若将指令改为 NOP（即 "用 NOP 覆盖写入"）则程序结构会发生变化，对程序结构熟悉和操作熟练的人员可结合 NOP 进行程序调试，一般初学者轻易不要进行该操作。

2. 程序结束指令-END

指令格式、操作对象及功能说明如下。

名　称	指　令	功　能	梯形图符号	操 作 对 象	程序步数及说明
结束指令	[END]	程序结束标志	─── END ───	无操作对象	1

END 为 PLC 用户程序结束的指令。在可编程控制器的输入扫描采样、程序执行、输出刷新循环工作方式中，在 SWOPC FXGP/WIN-C 版本下若用户程序中没有使用 END 指令，则可编程控制器在程序执行阶段将从用户程序的第一步一直扫描完整个程序存储器。若使用了 END 指令，则 PLC 执行的是从第 0 步到 END 指令间的程序，END 以后的程序将不再扫描，而直接进入输出刷新处理，可有效减少扫描时间，提高执行速度。随编程维护软件的版本升级，这个问题已经解决，在 GX Developer 环境中 END 指令是系统自动追加的，不需要用户再去专门考虑该指令的编辑。

> 程序调试技巧：使用 END 指令插入程序的适当位置可实现程序的分段调试，当调试段无误时可删除该调试 END 指令。需要注意的是：GX Developer 环境下 END 指令的插入操作只能在指令表（工程列表）方式下操作，梯形图方式下无法进行。

练一练：（1）结合如图 2-1-15 所示的梯形图，在"指令表"窗口分别执行① "行插入"、② "NOP 批量插入"，③ "用 NOP 覆盖写入"操作，观察每次执行后梯形图的变化，并分析不同情况下 NOP 指令的作用。

（2）编辑并运行如图 2-1-16 所示程序：①结合各输入按钮 X000、X001、X002 及 X003 功能进行控制并观察程序功能；②在所指位置插入 END 指令，运行观察程序执行的结果。试结合 END 指令及 PLC 程序控制流程说明原因。

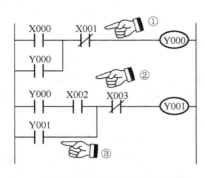

图 2-1-15　NOP 用法训练

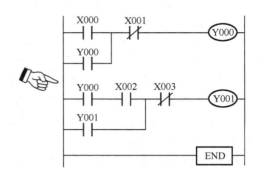

图 2-1-16　END 用法训练

五、设备安装与调试训练

（1）根据设备清单表，检查所选取的元器件，部分器件可使用万用表进行必要的检测，注意所选交流接触器的线圈电压为 220V（或直流 24V、需配 24V 开关电源）。

（2）根据 PLC 的安装要求、"启保停"控制线路的主电路及安装基板，对元器件进行布局设计并画出元件布局图、主电路安装接线图、PLC 控制电路连接图。

（3）按工艺规范要求进行 PLC 及配套元件的安装，并按先控制电路、后主电路的安装顺序进行线路连接，最后用 RS422/232C 电缆连接 PC 与 PLC。

（4）检查上述电路无误后，将 PLC 功能选择开关置于 STOP 位置，仅接通 PLC 电源。利用编程软件采用梯形图编辑输入方式完成控制任务梯形的编辑与编译如图 2-1-4（d）所示，利用 RS422/232C 数据线传输至 PLC。

（5）在监控状态下进行程序调试。空载调试时保证输出回路、主电路均不通电，将 PLC 功能选择开关置于 RUN 位置，按下 SB1 按钮，观察监控状态下 PLC 输出继电器 Y000 的工作状态；在 Y000 有输出时分别按下 SB2 及 FR 的测试钮，观察输出继电器 Y000 是否停止（设备调试是 PLC 程序设计至关重要的一个环节，必须充分理解控制任务并设计完善的调试步骤）。

（6）在程序调试正确的情况下，具备了带负载运行的条件。对于通过接触器类器件控制三相异步电动机运行的设备，带负载运行可分两步进行：①三相主电路不通电，仅接通接触器线圈回路电源进行试运行，观察是否能实现预想的启动吸合、停止及过载断开动作；②在上述接触器正常工作的情况下，等按下停止按钮后，接通主电路电源，观察控制状态下电动机的状态。

思考与训练

（1）改变"启保停"电路的 PLC 接线图，将热继电器常闭触点串接于接触器线圈电路如图 2-1-17 所示，改为梯形图如图 2-1-18 所示，注意功能上与如图 2-1-4（d）所示梯形图的异同，试写出该梯形图对应的指令表，练习编辑试运行。

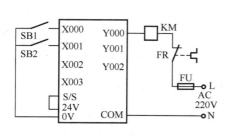

图 2-1-17　PLC 控制电路连接

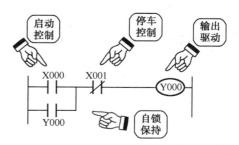

图 2-1-18　"启保停"电路的梯形图

（2）比较如图 2-1-5 和图 2-1-17 所示热继电器两种接法的 PLC 控制电路，说明过载保护实现方法的区别？若停车按钮（非复合按钮）仅有常闭触点，如何实现上述控制任务，试画出梯形图并验证。

（3）在编程软件的指令表窗口下，练习指令表的输入，并思考由指令表实现梯形图的方法。

阅读与拓展一：图解 PLC 的"自上而下""自左而右"的程序执行方式

对 PLC 顺序循环扫描的工作方式和"自上而下""自左而右"的用户程序串行执行方式的正确理解，是能够根据控制任务进行方案设计及合理设计 PLC 用户程序的前提。前面分析了梯形图总体的"自上而下"的执行方式，以及在回路块中特别是复杂回路块中程序是如何执行的，其执行方式决定了逻辑功能的设计。针对如图 2-1-18 所示逻辑关系较为复杂的 PLC 梯形图回路块采用图解的形式进行分析。

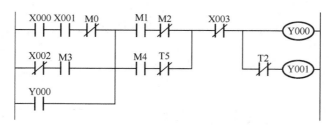

图 2-1-18　具有复杂逻辑关系的梯形图

如图 2-1-19（a）所示第 1 步执行从母线开始的，指令对象为 X000 的取指令，与 X001 常开触点及 M0 常闭触点的串联逻辑运算结果的判断；第 2 步执行 X002 从母线开始的取反指令，与 M3 常开触点的串联运算；第 3 步将上述两部分（或称块）运算结果进行"块"的相或。图（b）中第 4 步是在图（a）执行结果的基础上执行 Y000 常开触点相或的功能。图（c）先执行第 5 步 M1 常开触点、M2 常闭触点的串联逻辑的运算；第 6 步执行 M4、T5 常开触点的串联逻辑运算；两者运算结果再进行图（d）中第 7 步的"块"相或运算；……以此类推。此过程体现的是 PLC 的自上而下、自左而右的梯形图顺序执行的特征。

程序清单：显然 PLC 采取顺序执行梯形图程序，PLC 的指令表同样沿续此流程进行编码，STL 2-1-2 为如图 2-1-19 所示梯形图的指令表形式。描述指令表时一般应给出步序号、助记符及操作对象。试结合编程软件进行验证。

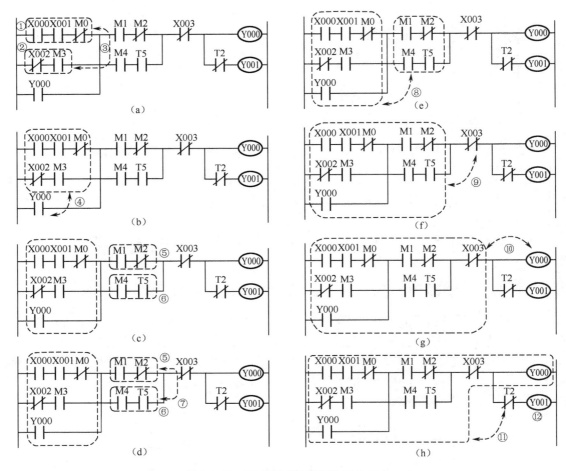

图 2-1-19　PLC 顺序梯形图执行的方式

STL 2-1-2

步 序 号	助 记 符	操作对象	执行顺序	步 序 号	助 记 符	操作对象	执行顺序
0	LD	X000	①	9	LD	M4	⑥
1	AND	X001		10	AND	T5	
2	ANI	M0		11	ORB		⑦
3	LDI	X002	②	12	ANB		⑧
4	AND	M3		13	ANI	X003	⑨
5	ORB		③	14	OUT	Y000	⑩
6	OR	Y000	④	15	ANI	T2	⑪
7	LD	M1	⑤	16	OUT	Y001	⑫
8	ANI	M2		17			

任务二 三相异步电动机双重联锁正反转PLC控制电路的安装与调试

 任务目的

1. 通过正反转的继电—接触控制线路向PLC控制任务的转换与实训，在梯形图基本控制单元的基础上理解和掌握PLC多任务控制和设备控制中联锁措施的实现。

2. 通过PLC输出驱动和设备控制方法的研究，熟悉和掌握置位SET、复位RST指令的格式及用法；了解和熟悉辅助继电器、定时器的作用和基本运用方法。

3. 通过PLC双重联锁控制任务设计与设备安装的训练，加强对PLC控制中联锁必要性的认识，掌握PLC程序设计逻辑联锁及设备安装电气联锁的方法。

如图2-2-1所示为三相异步电动机复合按钮及接触器双重联锁正反转继电接触控制线路，当正向启动按钮SB1按下时线圈KM1得电，KM1主触点闭合接通三相正序交流电，电动机正转；当反向启动按钮SB2按下时线圈KM2得电，KM2主触点闭合接通三相反序交流电，电动机反转；若KM1、KM2同时接通时则出现短路现象。线路中KM1、KM2线圈电路除利用各自的常开触点与启动按钮并联实现自锁外，还在各自支路中串入对方接触器、控制按钮的常闭触点，利用"机械触点的先断后合"实现相互锁定，确保两条支路中线圈不能同时得电的现象称联锁。联锁是电路安全保护措施之一，是电气系统设计安装、运行维护必须考虑的因素。

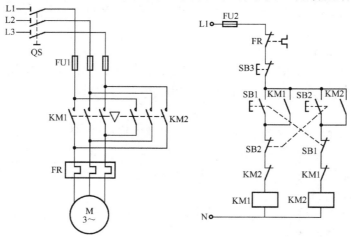

图2-2-1 复合按钮、接触器双重联地的正反转控制线路

 **想一想：**结合任务一 "启保停" PLC控制的实现方法，实现一个控制任务只需一个梯形图控制回路块的方法，若需实现两个控制任务且任务间不能同时进行，如何在PLC控制系统中实现？

知识链接三：FX3U 系列 PLC 的辅助继电器和定时器

所有 PLC 的控制功能最终是通过输出继电器实现的，输出继电器在用 OUT 指令驱动时，需要保证"能流"的持续，典型的实现方法是按钮开关的"启保停"梯形图结构，除此之外还可采用具有切换开关性质的器件进行直接控制，或利用其他软元件间接进行控制，保持回路块的通路。除用 OUT 指令驱动外，PLC 还提供了一对置位 SET、复位 RST 指令实现对输出继电器的触发驱动和复位处理。输出继电器只是这对指令的操作对象之一，一个功能完善的 PLC 控制任务需要结合其他软元件进行设计。

一、辅助继电器

FX3U 系列 PLC 内部辅助继电器有通用辅助继电器、具有掉电保持功能的辅助继电器和特殊辅助继电器 3 大类。

（1）通用型辅助继电器。

通用型辅助继电器的用途和继电接触控制线路中的中间继电器相似，用于实现中间状态的存储及信号转换，但其线圈不能像输出继电器一样直接驱动外部负载，其状态只能由程序设置。通用辅助继电器的编号范围是 M0～M499（共计 500 点，十进制编号）。

（2）具有掉电保持功能的辅助继电器。

掉电保护指在 PLC 的外部工作电源异常断电（停电）情况下，机器内某些特殊的工作单元依靠机器内部电池的作用，将掉电时这些单元的状态信息保留下来。具有能够实现掉电保持的辅助继电器的编号范围为 M500～M7679，其中在电源断电时仍保持原态的通用掉电保持辅助继电器的编号范围为 M500～M1023（共计 524 点），而 M1024～M7679 共 6656 点为专用断电保持辅助继电器。

（3）特殊辅助继电器。

所谓特殊辅助继电器是指具有某些特定功能的辅助继电器，主要用于反映或设定 PLC 的运行状态，其编号范围为 M8000～M8511（其中有些未作定义也不可用）。其中又分为以下几种类型。

① 触点型（只读型）特殊辅助继电器：该类继电器在梯形图中只能以触点形式出现，不能出现用户控制的输出线圈形式，常用的有以下几种。

M8000：运行标志继电器，用于反映 PLC 的运行状态。当 PLC 处于 RUN 状态时 M8000 为 ON，处于 STOP 状态时 M8000 为 OFF。

M8002：初始脉冲继电器，仅在 PLC 运行的第一个扫描周期内处于接通状态，用于产生一个扫描周期宽度的初始脉冲。

M8011～M8014：分别对应产生周期为 10ms、100ms、1s、1min 的时钟脉冲，输出脉冲的占空比均为 0.5。以 M8013 输出 1s 的时钟脉冲为例，其接通和断开时间均等于 0.5s。

② 线圈型（可读可写）特殊辅助继电器：该类辅助继电器可由用户视需要进行设置以实现某种特定功能，常用的有以下几种。

M8030：用于设置锂电池欠压时指示灯（BATT LED）亮还是熄灭。当 M8030 为 ON 时，面板上用于反映电池电压不足的指示灯熄灭。

M8033：用于实现 PLC 停止时的状态保持，当 M8033 为 ON 时，PLC 状态开关处于 STOP

状态下，PLC 内部的各元件（如 M、C、T、D 及 Y 映像寄存器）状态仍然被保持住。

M8034：禁止全部输出。当 M8034 为 ON 时，PLC 的全部输出继电器被强迫停止输出。

M8039：用于实现定时扫描方式。当 M8039 为 ON 时，PLC 以指定的扫描时间工作。

二、定时器

PLC 内部定时器相当于继电接触控制线路中的时间继电器，在程序中用于实现延时控制。FX3U 系列 PLC 为用户提供了编号为 T0～T511 的共计 512 个定时器，并分以下 5 种类型。

100ms 定时器：编号 T0～T199，共 200 点，计时范围在 0.1～3276.7s（其中 T192～T199 为子程序用）。

10ms 定时器：编号 T200～T245，共 46 点，计时范围在 0.01～327.67s。

1ms 定时器：编号 T256～T511，共 256 点，计时范围在 0.001～32.767s。

以上均属于通用定时器。通用定时器是指在失电时，其状态被清除恢复到初始零值。相对于通用定时器具有掉电保持功能的是积算定时器，此类定时器对通电时间具有累积功能，体现在从驱动条件成立（定时器线圈通电）时开始定时，断电时计时数值被保持下来，再次通电时在原计时基础上计时。

1ms 积算定时器：编号 T246～T249，共 4 点，计时范围在 0.001～32.767s，此类定时器用于中断方式。

100ms 积算定时器：编号 T250～T255，共 6 点，计时范围在 0.1～3276.7s。用户程序中用于实现掉电保持功能。

积算型与非积算型（通用）定时器的区别在于：对于非积算型定时器，当定时条件满足时，定时器开始计时，若计数过程中失去计时条件或断电则计时停止且当前寄存器复位；而积算型定时器，若在计时的过程中发生上述情况，定时器计时当前值或触点状态均被保持下来，而且计时器若要返回初始零值，也必须通过用户程序设置的复位指令实现。

PLC 定时器的定时实现，实质是对系统内时钟脉冲进行计数实现的，时钟脉冲有 1ms、10ms、100ms 等规格。当指定定时器计时条件满足时，相应电路开始对脉冲计数，仅当脉冲计数对应换算时间值与设定值相等时定时存储器动作（定时器常开触点接通，常闭触点断开），与通电延时时间继电器工作方式相同，在用户程序中利用定时器的触点实现时间量控制。

定时器时间值常用十进制形式进行设定（K 表示十进制），若选用 T0～T199 范围内的定时器，如 K250 对应的设定时间为 250×100ms=25s；若选用 T200～245 范围内的定时器则仅为 250×10ms=2.5s。定时器定时值取决于设定数值和相应定时器的计数时钟脉冲。

指令链接七：线圈置位指令（SET）与复位指令（RST）

置位指令 SET 及复位指令 RST 用于状态的自保持及状态复位，SET 指令与 RST 指令在控制程序中一般需配合使用才能达到功能控制的目的。置位指令 SET 的使用是对操作对象实施触发使其接通（ON）并保持。复位指令 RST 对操作对象实施强制复位，使其停止工作呈 OFF 状态。

1. 置位 SET 指令

指令格式、操作对象及功能说明如下。

名　称	指　令	功　能	梯形图形式及操作对象		程序步数及说明
置位指令	［SET］	线圈接通指令	├─┤ ├─	SET ×××┤	Y、M、S、D□.b	* 对 Y 可进行变址修饰

2. 复位 RST 指令

指令格式、操作对象及功能说明如下。

名　称	指　令	功　能	梯形图形式及操作对象		程序步数及说明
复位指令	［RST］	线圈接通解除	├─┤ ├─	RST ×××┤	Y、M、S、T、C、D、R、 V、Z、D□.b	* 对 Y 可进行变址修饰

SET 操作对象为输出继电器 Y、辅助继电器 M（含特殊功能辅助继电器）、状态继电器 S 3 种；而 RST 的操作对象有 Y、M、S、T、C、D、V、Z、D□.b。RST 除可对 SET 置位的软元件进行状态解除外，还可用于定时器 T、计数器 C、数据寄存器 D 及变址寄存器 V、Z 的内容清零。RST 复位操作并不仅局限于对置位指令执行后状态的复位，同样可以对 OUT 指令及其他功能指令的结果进行复位，若出现同时对同一元件的置位、复位操作，复位 RST 具有优先权。

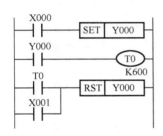

图 2-2-2　置、复位示例

如图 2-2-2 所示梯形图，当按钮 X000 按下时，Y000 被置位产生输出；Y000 常开触点闭合，定时器 T0 开始计时 60s，到 60s 或中途按下按钮 X001 时，执行 Y000 的 RST 复位动作，Y000 停止输出。

有关 SET/RST 变址、位操作的指令用法参见附录 B。

练一练：（1）试编辑如图 2-2-2 所示的梯形图，编译转换观察 STL 2-2-1 指令表中 SET、RST 指令的用法，运行验证程序的功能。

STL 2-2-1

步 序 号	助 记 符	操 作 数	步 序 号	助 记 符	操 作 数
0	LD	X000	6	LD	T0
1	SET	Y000	7	OR	X001
2	LD	Y000	8	RST	Y000
3	OUT	T0			
		K600			

（2）编辑如图 2-2-3 所示梯形图，调试运行：先按按钮 X000，然后按下 X001 或 X002，观察比较任务一中的"启保停"控制任务的作用效果。

显然两梯形图动作效果相同，该梯形图"启保停"控制任务采用置、复位指令的形式，该程序中尽管 X000 为按钮，实现 Y000"长动"采用 SET 指令无需自锁，停止、过载必须采用 RST 复位。

用户程序中对积算定时器 T246～T255 和对计数器 C 的复位清零均需通过 RST 指令实现。试编辑如图 2-2-4 所示的梯形图，监控状态下调试程序并进行观察比较：①按钮 X001 连续动作，观察 T246 计时值的变化，到 20s 时，Y001 的输出及按下 X000 时的变化；②间断性按下

X001，观察 T246、Y001 的变化。

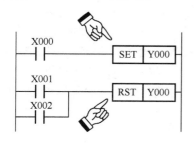

图 2-2-3　SET/RST 指令的用法

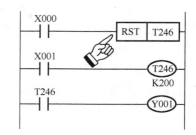

图 2-2-4　RST 指令用于积算定时器清零复位

> 在工程设计中，为保障设备正常可靠地运行，需要在设备启动时进行初始状态的检测与设置，利用 RST 可对程序中的定时器 T、计数器 C、数据寄存器 D、变址寄存器 V、Z 及特殊数据寄存器 D 进行初始复位、清零操作。

专业技能培养与训练二：双重联锁正反转 PLC 控制电路的设备安装与调试

　　任务阐述：结合继电—接触控制线路典型电路之一——三相异步电动机正反转控制的 PLC 控制方式的实现，采用等效逻辑转换方法实现继电—接触控制线路向 PLC 控制的梯形图过渡，并结合 PLC 控制特点、要求完成该控制任务电气设备的安装与调试。

　　双重联锁正反转 PLC 控制设备安装清单如表 2-2-1 所示。

表 2-2-1　双重联锁正反转 PLC 控制设备安装清单

序　号	名　称	型号或规格	数　量	序　号	名　称	型　号	数　量
1	PLC	FX3U-48MR	1	7	启动按钮	绿	2
2	PC	台式机	1	8	停止按钮	红	1
3	三相异步电动机	Y132M2-4	1	9	交流接触器	CJX2-09	2
4	断路器	DZ47C20	1	10	热继电器	JR16B	1
5	熔断器	RL1	4	11	端子排		若干
6	编程电缆	FX-232AW/AWC	1	12	安装轨道	35mm DIN	

一、实训任务准备工作

　　根据双重联锁正反转继电接触控制线路原理图，明确该控制任务中各器件的控制性能：SB1 为正转启动按钮，SB2 为反转启动按钮，SB3 为停车按钮；执行器件：交流接触器 KM1，驱动电机正转，KM2 驱动电动机反转；热继电器 FR 实现过载保护，熔断器 FU1、FU2 分别实现主、控制电路的短路保护。

二、继电接触控制线路实现 PLC 控制梯形图的转化

　　正反转控制线路转换梯形图的方法与"启保停"控制线路的梯形图变换基本相同。不同的是正、反转控制任务，正、反转继电接触控制线路有两条控制支路，采用 PLC 实现该控制

任务同样对应于两个回路块，这个基本特点在后续任务中同样会得以体现。为获得与正、反转任务控制的两条独立的支路相对应的梯形图，将控制部分中电路作如下转换：在控制部分中略去熔断器及相、零线标记，得到如图 2-2-5（a）所示的形式。为使梯形图更加合理、编程更简洁，结合 PLC 的软元件触点无限使用的特征，将热继电器 FR、停车按钮 SB3 的常闭触点进行拆解，视作分别串于正、反转支路的两组同步触点，将图（a）转换成图（b）形式，可见此种转换前后的线路控制功能并未发生变化，需注意的是此处突破实际器件触点的概念，以 PLC 存储单元读取来理解是关键。

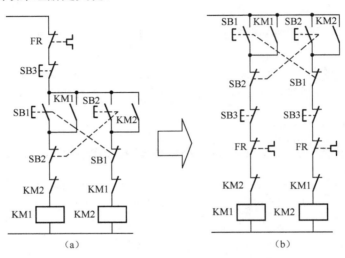

图 2-2-5　正反转控制电路等效转换示意图

根据电路功能及功能实现必备的控制器件、执行器件，PLC 输入、输出端口定义见表 2-2-2。

表 2-2-2　双重联锁正反转 PLC 控制 I/O 分配表

I 端　口		O 端　口	
SB1	X000	KM1	Y000
SB2	X001	KM2	Y001
SB3	X002		
FR	X003		

结合 I/O 端口定义，同"启保停"梯形图转换一样，对图（b）作逆时针旋转处理呈水平后，将各控制器件的常闭、常开触点及接触器线圈分别以梯形图常闭、常开触点符号及输出继电器线圈的形式替换，并结合 I/O 定义标注对应的 PLC 软元件编号，可得出如图 2-2-6 所示的 PLC 控制梯形图。

结合 PLC 梯形图基本控制单元"启保停"的结构形式，输出继电器 Y000、Y001 分别用于实现正、反转控制；X000、X001 分别为实现正、反转控制回路块 1、2 的启动触点；回路块 1 中 Y000 常开触点、回路块 2 中 Y001 常开触点分别为各自输出继电器的自锁触点；X002、X003 的常闭触点实现对正、反转的停车控制和过载保护；X001 串于回路块 1 中的常闭触点、X000 串于回路块 2 中的常闭触点用于实现互锁，实现两个控制回路块不同时通电，有同样功能还有 Y001、Y000 常闭触点的接法。除启动、自锁外，串联于回路块中的常闭触点均有停止所在回路输出的功能，不论数量多少，其结构形式仍然与"启保停"梯形图结构一致，"启保停"形式为 PLC 程序的基本单元，其中的启动、停止、自锁是 PLC 程序控制单元的三要素。

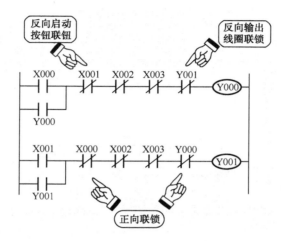

图 2-2-6　正反转控制电路梯形图

三、正反转控制 PLC 控制电路

如图 2-2-7 所示的 PLC 控制连接图是参照输入/输出（I/O）端口的定义绘制的，正转控制按钮 SB1 接 X000，反转按钮 SB2 接 X001，停止控制 X002、过载保护 FR 均以常开触点分别接至 X002、X003 端；用于正序控制的 KM1、反序控制的 KM2 线圈分别接至 Y000、Y001。结合 FX3U 输出结构形式分类及继电器输出回路交流工作电压低于 250V 的限制，选取 220V 线圈电压的交流接触器可直接利用市电提供电源。在安全系数要求较高的场合常采用线圈电压 24V 的接触器，则需考虑提供 24V 交流或直流电压的措施。不管采用何种电源供电，在输出回路中均需在输出公共端或设备连接并接端安装熔断器 FU。

上述控制连接图从理论上来讲是符合设计要求的，按该连接电路进行设备空载调试时能正常工作，且符合设计要求。但在带负载调试时（主电路通电）则会出现主电路短路跳闸现象。

结合 PLC 程序执行的三个阶段，设想电动机处于正转运行时按下反转控制按钮 SB2，当前输入采样阶段检测到 X001 接通，在执行程序阶段回路块 1 的 Y000 状态由 1→0，当执行到回路块 2 时，Y001 状态由 0→1，结果被送至映像寄存器；当执行到第三阶段输出刷新时，由于输出映像寄存器状态并行方式送至输出端，有输出端口的 Y000 由 1→0、Y001 由 0→1 同时动作。

在反转状态下按下正转按钮 SB1，可发现 Y000 的输出变化滞后 Y001 的变化一个扫描周期。由于 PLC 的扫描周期仅有几十 ms，输出刷新更是瞬间完成，尽管内部程序保证 Y000、Y001 不能同时为 0 或同时为 1，但外部所接设备动作时间远大于此时间值，必然导致切换瞬间出现同时接通状态而导致短路故障。为此仅有程序中的逻辑联锁（含双重联锁）难于保证外部设备的联锁，故必须在外部利用接触器的常闭触点进行电气联锁。该控制任务的 PLC 控制电路需采用如图 2-2-8 所示的控制连接图。

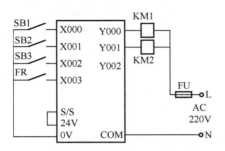

图 2-2-7　正反转 PLC 控制连接图

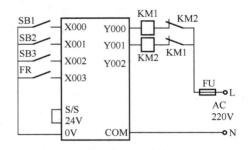

图 2-2-8　PLC 控制连接图

四、程序识读训练

1. 置位、复位指令在正反转控制任务中的运用

结合上述正反转的控制方式，试编辑如图 2-2-9 所示的梯形图，并调试运行，分别观察：按下 X000、X001 时，输出状态的变化；在 Y000 或 Y001 输出时，按下 X002 或 X003，输出状态的变化；同时按下 X000、X001 时观察输出现象。结合观察现象和所学指令分析该梯形图的控制原理。

2. 利用辅助继电器、定时器切换延时的正反转 PLC 控制梯形图

外部设备的电气联锁尽管可靠性高，但控制线路复杂，而 PLC 控制程序中利用软元件实现的"软联锁"则由于输出继电器的并行刷新方式、输出动作速度快与外部设备切换速度慢的矛盾是难于解决的，软联锁只能是辅助性手段。

内、外部动作速度差异是导致故障的原因，可以利用 PLC 的定时器实现正反转"断"与"合"的切换延时预防线路短路，该方法可用于不方便实现外部电气联锁的场合。该控制方式的缺陷是：①状态间切换的连续性不如原控制方式；②若出现接触器卡塞不能复位仍会出现短路现象。

第二种方法可以通过对接触常开触点的检测等相应措施解决，且可以提高电气运行的安全性。所以对于某一控制任务 PLC 的实现方式、方法多种多样，它取决于对任务的分析理解和对 PLC 指令功能、指令用法的理解。试讨论分析如图 2-2-10 所示梯形图的工作原理。

五、设备安装与调试训练

（1）根据设备清单表，选取实训设备、元器件。做好必要的检查、检测及记录工作，确保设备性能、参数符合实训、安全要求。

（2）根据 PLC 的安装要求、双重联锁正反转控制线路的主电路及安装基板的规格，设计元器件布局，画出元件布局图、主电路安装接线图、PLC 控制连接图。

（3）按工艺规范要求进行 PLC 及配套元器件安装，并按先控制电路、后主电路的安装顺序进行线路连接。

（4）上述电路检查无误后，连接 PC 与 PLC。将 PLC 功能选择开关置于 STOP 位置，接通 PLC 电源。利用编程软件采用梯形图编辑方式完成如图 2-2-6 所示梯形图的编辑，利用 RS-422/232C 数据线传输至 PLC。

（5）根据控制任务的要求合理设计调试方案，在监控状态下：按先空载、后负载的要求进行程序调试和设备调试，以验证 PLC 控制程序的控制功能。

（6）结合实训线路，分别编辑如图 2-2-9 和图 2-2-10 所示控制梯形图，按设备调试要求进行程序调试和设备调试。

（7）针对程序调试过程中存在的问题，在确保人身、设备安全的前提下探讨存在问题的原因、解决方法，并经教师审核认可后采取相应的措施解决。

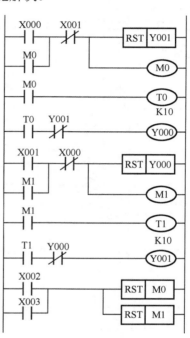

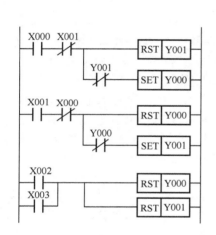

图 2-2-9　SET/RST 的正反转控制梯形图　　　　图 2-2-10　定时器延时的正反转控制

思考与训练

（1）在继电—接触控制线路中，停止按钮、过载保护的热继电器采用的是常闭触点接法，若因常闭触点故障只能采用常开接法，则 PLC 的控制如何实现，试画出梯形图及 PLC 控制接线图。

（2）若两只交流接触器中有一只损坏，现仅备有一只 24V 交流接触器及控制用变压器（输入 220/380V，输出有 6.3V、12V、24V、36V 及 110V），试提出解决方案。（注意：原输出 Y000、Y001 所在输出端的分组）

阅读与拓展二：定时器的用法与状态指示的实现

三菱 FX3U 系列 PLC 的积算定时器与非积算（通用）定时器都属于接通延时型定时器，但两者工作方式及要求上有区别，下面结合示例说明。

如图 2-2-11 所示梯形图为通用定时器最基本的应用方

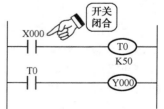

图 2-2-11　通用定时器使用示例

法，当 X000 闭合时，定时器 T0 开始计数；当 X000 断开时，定时器 T0 复位。当定时时间到 5s 时，回路 2 中的 T0 常开触点闭合，输出继电器 Y000 动作（若 X000 断开，则 Y000 立即停止输出）。该梯形图对应指令见 STL 2-2-2。

STL 2-2-2

步 序 号	助 记 符	操 作 数	步 序 号	助 记 符	操 作 数
1	LD	X000	5	LD	T0
2	OUT	T0	6	OUT	Y000
		K50			

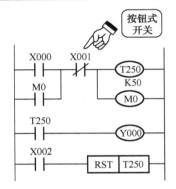

图 2-2-12　积算定时器使用示例

如图 2-2-12 所示梯形图中采用的 T250 为积算定时器，时间参数同样设定为 5s。梯形图程序执行功能：当定时器驱动条件 X000 按下时，定时器 T250 开始计时，辅助继电器 M0 用于实现自锁，当定时器计时 5s 时，输出继电器 Y000 动作；若中途停止按钮 X001 按下，则 T250 保持当前已计时数据并停止计时，当 X000 再次按下时 T250 则在原计时值基础上继续计时。本例中 X001 仅实现停止当前计时（当计时到 5s 时该 X001 动作对结果不产生任何影响），在按下停止按钮 X001 后复位按钮 X002 动作才能对定时器复位，T250 复位 Y000 停止输出。该梯形图对应指令见 STL 2-2-3。

STL 2-2-3

步 序 号	助 记 符	操 作 数	步 序 号	助 记 符	操 作 数
1	LD	X000	6	OUT	M0
2	OR	M0	7	LD	T250
3	ANI	X001	8	OUT	Y000
4	OUT	T0	9	LD	X002
		K50	10	RST	T250

机床设备的工作状态常使用指示灯反映，指示灯除了获取设备工作状态信息外，在控制系统中还可以结合提示灯效果设计引导设备操作，以提高设备操作的安全性。工程技术中对反映设备信息的必要的指示灯的设置也有一定要求，一般设备的指示灯有运行指示灯、停止指示灯、故障指示灯、紧急指示灯及提示操作指示灯等。不同的指示灯作用不同，对颜色的规定不同，一般设备正常运行用绿色，工作准备状态用黄色，而紧急状态采用红色闪烁。不同设备、不同指示灯的含义不同，操作者在操作前应理解各指示灯的工作含义。下面我们主要讨论 PLC 控制中实现不同频率闪烁指示灯的控制。

（1）利用定时器实现指示灯闪烁效果的控制。

如图 2-2-13（a）所示，当开关 X000 闭合，定时器 T0 定时时间 2s 到时，Y000 输出开始且 T1 开始定时，T1 定时时间 1s 到时 T1 常闭触点断开，定时器 T0 被复位，Y000 停止输出。因 T0 的复位致使 T1 定时器工作条件复位，T0 重新开始定时，如此循环往复，T0、T1、Y000

输出波形，如图 2-2-13（b）所示。在梯形图中改变 T0、T1 的设定值可得到不同的输出信号，实现指示灯闪烁频率及亮、暗时间的控制。

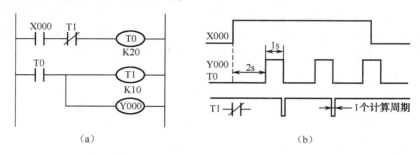

图 2-2-13 定时器的应用

试编辑上述梯形图，设计调试方案，观察工作状态并结合 T0、T1 定时参数的设定观察输出变化。

（2）利用特殊继电器 M8012、M8013 实现的方法。

M8000～M8255 是 FX3U 系列 PLC 中特殊功能辅助继电器，其中 M8011、M8012、M8013、M8014 分别用于实现输出 10ms、100ms、1s、1min 的时钟脉冲，各时间脉冲的占空比均为 50%。

若用于控制输出指示灯则分别可实现 5ms、50ms、0.5s、30s 的通、断的指示效果，在直接用于控制指示灯时由于人眼的视觉暂留生理特性，和 M8011、M8012 闪烁频率过高，指示灯呈持续发光效果，而 M8014 亮、熄时间过长均不适宜直接作状态指示用。而 M8013 可实现 0.5s 接通、0.5s 断开的控制信号，常用于控制输出继电器实现状态指示灯产生 0.5s 间隔的闪烁光效。梯形图如图 2-2-14 所示。

指示灯的光效控制方法多种多样，如 M8013 还可结合其他功能指令实现如 1s 间隔亮、熄的效果等。有关指示的控制在后续章节中还会作以介绍。

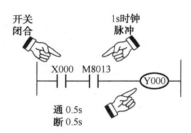

图 2-2-14 特殊继电器 M8013 的用法

任务三 三相异步电动机星形/三角形降压启动的 PLC 控制安装与调试

  任务目的

1. 通过星形/三角形降压启动的继电—接触控制线路实现向 PLC 控制的过渡，强化对梯形图程序结构、设计要求的认知。

2. 理解和掌握串联块并联、并联块串联的逻辑关系，掌握块串联 ANB 指令、块并联 ORB 指令的用法；进一步掌握联锁的实现方法和定时器的运用方法。

3. 结合星/三角控制任务，熟悉 PLC 程序中多重输出结构及多重输出指令的用法。

定子绕组三角形接法的大容量三相异步电动机启动时启动电流较大，为避免启动电流过

大导致对电网电压的影响，电动机启动时常采用定子绕组星形接法降压启动，当转速接近额定转速时自动切换成三角形接法实现全压运行。实现星形/三角形换接启动的继电接触控制线路如图 2-3-1 所示，按下启动按钮 SB1 时，接触器 KM、KM$_Y$ 线圈通电，电动机星形接法启动，同时时间继电器线圈通电开始计时；当电机转速接近额定转速时，时间继电器 KT 的延时动断触点切断 KM$_Y$ 线圈，KT 动合触点接通 KM$_\triangle$ 线圈，三相异步电动机定子绕组改变为三角形接法实现全压运行。

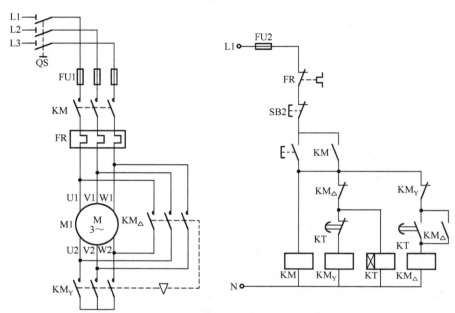

图 2-3-1　三相笼型异步电动机星形/三角形降压启动控制线路

想一想: 继电接触控制线路中利用时间继电器的控制来完成星形接法到三角形接法的转变，那么在 PLC 中利用定时器能否实现以及如何控制，需注意些什么？

知识链接四：块逻辑运算与多重输出形式的编程

在程序设计中，常会遇到运用前面介绍的基本指令解决起来比较麻烦的逻辑运算，如"阅读与拓展一"中梯形图的逻辑运算，三菱 FX 系列 PLC 在处理此类运算时涉及块逻辑运算的概念及处理方法。

指令链接八：并联块串联指令（ANB）

并联块串联 ANB 指令，该指令属于不带操作对象的指令。
指令格式、操作对象及功能说明如下。

名　称	指　令	功　能	梯形图符号	操 作 对 象	程序步数及说明
回路块与指令	［ANB］	回路块串联		—	1

把梯形图中支路的并联形式称为并联回路块,并联回路块与回路块或触点进行串接的形式称作梯形图中的块串联。块串联反映的是块间的逻辑与功能,用 ANB 指令进行编程。

并联块串联梯形图及块串联指令的用法示例如图 2-3-2 所示,相对应的指令表分别见 STL 2-3-1 和 STL 2-3-2。

如图 2-3-2(a)所示梯形图中 X000 与 Y000 常开触点、X001 常闭触点与 M0 常开触点分别构成了两个并联回路块,两个回路块间形成串接关系,用 STL 2-3-1 步序号 0~4 的相关指令来解释两个回路块间的串联关系。T0 的常闭触点与前面块串联部分仅构成触点"与非"运算。如图 2-3-2(b)所示梯形图中 M1 尽管只是一个常开触点,但 X001 与 Y001

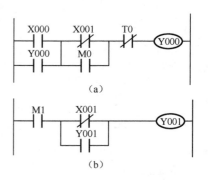

图 2-3-2　ANB 指令用法示例

常开触点构成并联回路,该回路与前面的 M1 构成并联块间的串联关系。若将前后顺序颠倒,回路实现的逻辑功能并没有变化但并联块串联的结构被改变,所对应的基本指令及所占步数均减少了,在编程或转换指令表时需要注意这种逻辑结构的优化。对于回路块的定义通过起始触点来体现,回路块特征起始触点前面已介绍过用取指令 LD 或取反指令 LDI(含后续 LDP、LDF 等指令)进行编程。

STL 2-3-1

步 序 号	助 记 符	操 作 数	步 序 号	助 记 符	操 作 数
0	LD	X000	4	ANB	
1	OR	Y000	6	ANI	T0
2	LDI	X001	7	OUT	Y000
3	OR	M0	8		

STL 2-3-2

步 序 号	助 记 符	操 作 数	步 序 号	助 记 符	操 作 数
0	LD	M1	3	ANB	
1	LD	X001	4	OUT	Y001
2	OR	Y001	5		

指令链接九:串联块并联指令(ORB)

串联块并联指令 ORB 和 ANB 指令一样为不带操作对象的指令。两个以上的触点串联连接的电路为串联回路块,将串联回路块进行并联使用时实现块相或功能,这种相或功能通过指令 ORB 编程实现。

指令格式、操作对象及功能说明如下。

名　称	指　令	功　能	梯形图符号	操 作 对 象	程序步数及说明
回路块或指令	[ORB]	回路块并联		—	1

串联块并联梯形图及块相或指令的用法示例如图 2-3-3 所示，相对应的指令表分别见 STL 2-3-3 和 STL 2-3-4。

STL 2-3-3

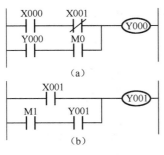

步 序 号	助 记 符	操 作 数	步 序 号	助 记 符	操 作 数
0	LD	X000	3	AND	M0
1	ANI	X001	4	ORB	
2	LDI	X001	5	OUT	Y000

STL 2-3-4

步 序 号	助 记 符	操 作 数	步 序 号	助 记 符	操 作 数
0	LD	X001	3	ORB	
1	LD	M1	4	OUT	Y001
2	AND	Y001	5		

图 2-3-3　ORB 指令用法示例

如图 2-3-3（a）所示梯形图中 X000 常开触点与 X001 常闭触点、Y000 与 M0 常开触点分别构成了两个串联回路块，两个串联回路块间形成的是并联形式，结合 STL 2-3-3 指令表步序号 0～4 步的相关指令用法解释这种并连接法。如图 2-3-3（b）所示梯形图中 X001 常开触点支路，常开触点 M1、Y001 构成串联块支路，构成图示的串联块并联的结构形式，指令表表述形式及 ORB 用法见 STL2 -3-4。该梯形图上、下支路调整后也会出现指令用法的变化，但仅限于含单个触点的支路结构。

> 由于串联回路块、并联回路块的起始是以 LD、LDI 标识的，而 LD、LDI 指令在一个由反映左母线起始的指令（LD、LDI、LDP 及 LDF）到线圈输出或功能指令的输出回路块中有使用不超过 8 次的限制，故使用 ANB、ORB 指令时或画梯形图时要考虑此因素。

指令链接十：多重输出指令（MPS、MRD 及 MPP）

多重输出指令包含三条指令：①MPS（MEMORY-PUSH）为进栈指令，用于将当前的操作结果存储到栈；②MRD（MEMORY-READ）为读栈指令，用于读出执行 MPS 存储的操作结果；③MPP（MEMORY-POP）为出栈指令，用于清除栈内由 MPS 存储的操作结果。

MPS、MRD、MPP 指令格式、操作对象及功能说明如下。

名　称	指　令	功　能	梯形图符号	操 作 对 象	程序步数及说明
多重输出指令	[MPS]	运算进栈存储		—	1
	[MRD]	存储读栈（读栈）		—	1
	[MPP]	存储读出和复位（出栈）		—	1

如图 2-3-4 所示梯形图，为一个多重分支输出的梯形图程序，相应的指令表见 STL 2-3-5。

STL 2-3-5

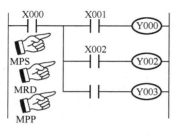

图 2-3-4 多重输出指令

步 序 号	助 记 符	操 作 数	步 序 号	助 记 符	操 作 数
0	LD	X000	5	AND	X002
1	MPS		6	OUT	Y002
2	AND	X001	7	MPP	
3	OUT	Y000	8	OUT	Y003
4	MRD				

结合上图说明各指令的含义：当程序执行到 X000 闭合时有三条支路输出，三条支路产生输出均是以 X000 闭合为前提条件，通过 MPS 将 X000 条件信息存放进一个称作"栈"寄存器的特殊存储单元中，第一路输出 Y000 的其他条件 X001 直接与"栈"信息相"与"；执行到第二路输出 Y002，通过 MRD 读取"栈"中信息与 X002 相"与"从面判定输出的有无；当执行到最后一路输出时，一方面要读取该"栈"信息用于与该支路输出条件逻辑判断，另一方面清除该"栈"中信息为其他多重分支操作留下存储空间。其操作顺序先执行进栈 MPS、后执行出栈 MPP，中间进行读栈 MRD，读栈可进行多次。相关"栈"操作的知识在阅读与拓展中再进一步探讨。

专业技能培养与训练三：星/三角降压启动 PLC 控制电路的设备安装与调试

任务阐述：本控制任务是结合继电—接触控制线路典型电路之一——三相异步电动机星/三角换接启动控制，采用继电接触控制线路的逻辑变换方法，实现向 PLC 控制的转化，并完成该控制任务电气设备的安装与设备调试。

表 2-3-1 为星/三角换接启动 PLC 控制设备安装清单。

表 2-3-1　星/三角换接启动 PLC 控制设备安装清单

序号	名称	型号或规格	数量	序号	名称	型号	数量
1	PLC	FX3U-48MR/ES	1	7	启动按钮	绿	1
2	PC	台式机	1	8	停止按钮	红	1
3	三相异步电动机	Y132M2-4	1	9	交流接触器	CJX2-09	3
4	断路器	DZ47C20	1	10	热继电器	JR16B	1
5	熔断器	RL1	4	11	端子排		若干
6	编程电缆	FX-232AW/AWC	1	12	安装轨道	35mm DIN	

一、星/三角换接启动控制线路的等效转换

相比前面介绍的电路，星/三角换接控制电路略显复杂。但等效变换方法基本相同，结合控制器件连接位置、相互关系和控制功能及 PLC 触点无限次使用的特点，首先分别将 KM△ 常闭触点、FR 常闭触点及停车按钮 SB2 拆解到各条控制支路中。将如图 2-3-5（a）所示的星/三角控制电路转换成如图 2-3-5（b）所示的形式；进一步将启动按钮与实现线路自锁的 KM 辅助常开触点并联部分拆解到各条支路中,通过一系列转换后可得出如图 2-3-6 所示的等效电路。

将熔断器去除，相线、零线分别对应左、右母线。

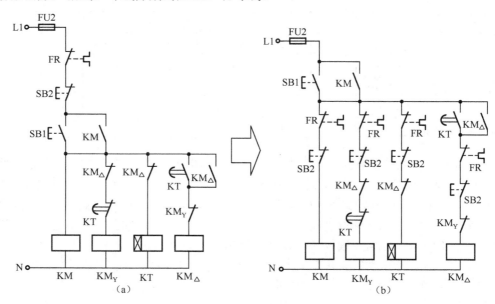

图 2-3-5　星/三角控制电路的等效变化过程图

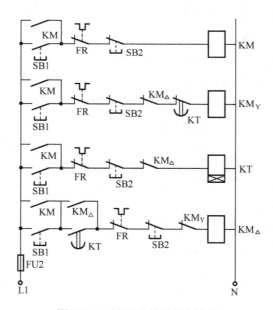

图 2-3-6　星/三角等效控制电路

　　严格意义上规范的继电—接触控制线路原理图中各控制支路的排列遵循依工作先后自左而右的规则，转化梯形图时也需考虑到 PLC 串行工作方式对动作先后顺序的影响，故转换过程中应尽最大限度地保持原有的排列顺序。

二、PLC 控制梯形图的实现

星/三角降压启动的 PLC 控制输入、输出端口分配见表 2-3-2。

表 2-3-2　星/三角降压启动 PLC 控制 I/O 分配表

I 端 口		O 端 口	
SB1	X000	KM	Y000
SB2	X001	KM_Y	Y001
FR	X002	$KM_\triangle$	

本控制任务特殊软元件定时器 T0 实现自动切换控制功能，其时间的设定参照实验法测定星形启动到转速接近额定转速所需的时间。

结合如图 2-3-6 所示转换后的画法形式和 PLC 的 I/O 端口的设置，按常开触点、常闭触点、输出继电器对应转化的方法，KT 用定时 K30 的定时器 T0 替换，可得出如图 2-3- 7 所示的控制梯形图，该梯形图的指令表见 STL 2-3-6。

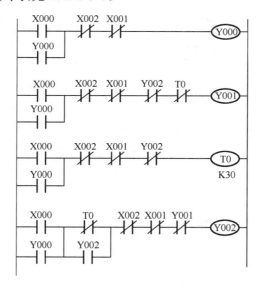

图 2-3-7　星/三角控制梯形图

STL 2-3-6

步 序 号	助 记 符	操 作 数	步 序 号	助 记 符	操 作 数
0	LD	X000	14	ANI	X002
1	OR	Y000	15	ANI	X001
2	ANI	X002	16	ANI	Y002
3	ANI	X001	17	OUT	T0
4	OUT	Y000			K30
5	LD	X000	20	LD	X000
6	OR	Y000	21	OR	Y000

步 序 号	助 记 符	操 作 数	步 序 号	助 记 符	操 作 数
7	ANI	X002	22	LD	T0
8	ANI	X001	23	OR	Y002
9	ANI	Y002	24	ANB	
10	ANI	T0	25	ANI	X002
11	OUT	Y001	26	ANI	X001
12	LD	X000	27	ANI	Y001
13	OR	Y000	28	OUT	Y002

针对上述星/三角控制梯形图的特征，可结合多重输出指令简化为如图 2-3-8（a）所示的梯形图。为能体现 PLC 梯形图的简洁性，借助辅助继电器 M0 作用，可进一步转换梯形图，如图 2-3-8（b）所示。

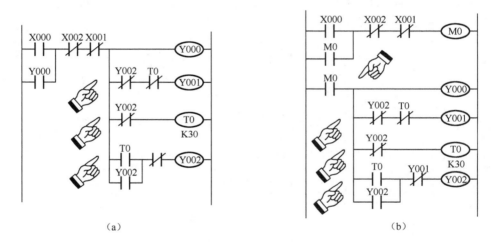

图 2-3-8　星/三角控制梯形图

三、PLC 控制电路

根据 PLC 的 I/O 端口定义及该控制任务中对星形、三角形控制顺序的要求，可画出星/三角降压换接启动的 PLC 控制连接图如图 2-3-9 所示，该控制任务除程序联锁措施外，在输出端需对 KM△、KMY 采用外部电气联锁措施。

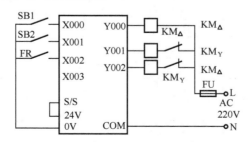

图 2-3-9　星/三角换接启动 PLC 控制电路

四、设备安装与调试训练

（1）结合实训任务要求和设备清单表，选取元器件并进行必要的检查、检测，确保设备、器件性能和参数符合实训要求。

（2）根据 PLC 的安装要求和星/三角换接启动主电路及安装基板规格，设计元器件布局并画出元件布局图、主电路安装接线图和 PLC 控制连接图。

（3）按工艺规范要求进行 PLC 及配套元件的安装，并按先 PLC 控制电路，后星/三角换接启动主电路的安装顺序进行线路连接。

（4）仔细检查上述电路并重点检查电气联锁措施，将 PLC 功能切换开关置于 STOP 位置，接通 PLC 电源。编辑如图 2-3-7 所示的控制梯形图，完成程序检查、转换编译和传输。

（5）试根据控制任务的要求合理设计调试方案，在监控状态下按程序、设备调试的方法，进行程序、设备调试，以检验 PLC 控制功能的实现。设备调试过程中注意观察启动过程中接触器 KM、KM_Y 及 $KM_\triangle$ 的动作情况。

（6）试分别编辑如图 2-3-8（a）、（b）所示的梯形图，并进行设备调试，以验证两种多重输出控制程序的功能，加强对多重输出的 MPS、MRD、MPP 指令用法的认识。

思考与训练

（1）根据任务二中双重联锁正反转控制电路梯形图，试结合多重输出结构及指令用法进行梯形图的改写，并列写指令表，结合软件编辑进行验证。

（2）机床电气设备中一般均设置有急停开关，用于在人身安全受到威胁、设备异常故障时采取紧急停车措施。而 PLC 应用电路中急停功能的实现要求是 PLC 的输出立即停止，但控制设备 PLC 设备不能断电。试在星/三角控制任务中探讨急停措施的实现方法，画出梯形图及 PLC 控制接线图。

阅读与拓展三：多重输出指令与"栈"概念

以如图 2-3-4 所示梯形图为例，进一步研究多重输出指令中"栈"操作执行的物理过程。FX3U 系列 PLC 内部设置了 11 个自上而下排列的存储区，专门用于存储运算的中间结果，称作栈存储器（简称"堆栈"），栈存储器的排列如图 2-3-10 所示。执行如图 2-3-4 所示的梯形图，当程序执行 MPS 进栈操作指令时，先将连接点 X000 的接通状态信息存储在堆栈的第 1 层，而将原存放于第 1 层的数据向下移到堆栈的第 2 层，第 2 层下移到第 3 层……各层依次下移，如图 2-3-10（a）、（b）所示；当执行 MRD 读栈指令时，读取栈存储器中最上层的新数据（X000 的闭合状态），而此时的栈内数据不移动、保持不变，如图 2-3-10（c）、（d）所示；当执行到 MPP 出栈指令时，最上层数据（X000 闭合状态信息）被读取且向外移出，而栈内其余各存储单元数据则依进栈的相反顺序向上一层各移动一次，最上层随 MPP 读出数据并从栈内消失（显然 MPP 兼具读栈 MRD 功能）。栈操作的示意如图 2-3-10（e）、（f）所示。

MPS、MRD、MPP 均属不带软继电器的指令。栈操作特点是数据的"先进后出"。MPS 和 MPP 必须成对使用，但连续使用次数应少于 11 次，在栈操作中 MRD 不受次数限制。

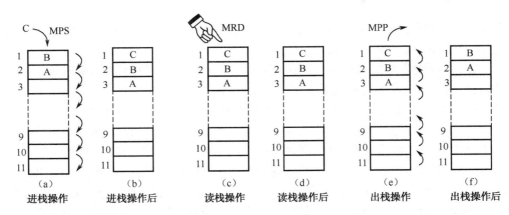

图 2-3-10　多重输出指令的"栈"操作示意图

在多重输出指令编程时，以下几种形式需注意。

多重输出编程中串并联触点、串并联回路块逻辑运算的处理。如图 2-3-11 所示梯形图中第一路输出中常闭触点 M0 与 Y000 的并联回路块与"栈"形成回路块串联；第二路输出中 T0、X001 及 Y001、M1 构成的串联块并联相或运算再与"栈"形成块串联。该多重输出程序对应的块逻辑运算指令、用法见指令表 STL 2-3-7。

STL 2-3-7

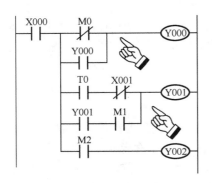

图 2-3-11　多重输出结构中的块运算

步　序　号	助 记 符	操 作 数	步　序　号	助 记 符	操 作 数
0	LD	X000	8	LD	Y001
1	MPS		9	AND	M1
2	LDI	M0	10	ORB	
3	OR	Y000	11	ANB	
4	ANB		12	OUT	Y001
5	MRD		13	MPP	
6	LD	T0	14	AND	M2
7	ANI	X001	15	OUT	Y002

多重输出的并行分支运用：在 PLC 梯形图的多重输出结构中，若出现连续使用 MPS（两个 MPS 指令间未出现出栈 MPP 指令）则称多分支结构，如图 2-3-12 所示在位置①、②连续两次使用 MPS 指令则称两分支结构，以此类推。如图 2-3-13 所示尽管两次用到多重输出指令 MPS，但仍然属一分支电路，其 M10、M11 工作状态信息两次均只存储于栈存储器的最上层。

如图 2-3-12 所示的多重输出的多分支结构梯形图所对的应指令表见 STL 2-3-8。

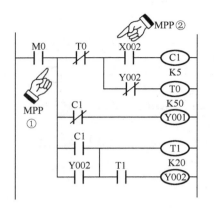

图 2-3-12　多分支结构的编程

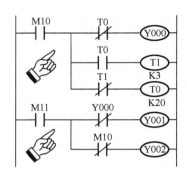

图 2-3-13　多重输出一分支电路编程

STL 2-3-8

步 序 号	助 记 符	操 作 数	步 序 号	助 记 符	操 作 数
0	LD	M0	10	ANI	C1
1	MPS		11	OUT	Y001
2	ANI	T0	12	MPP	
3	MPS		13	LD	C1
4	AND	X002	14	OR	Y002
5	OUT	C1	15	ANB	
		K5	16	OUT	T1
8	MPP				K20
8	ANI	Y002	19	AND	T1
9	MRD		20	OUT	Y002

以如图 2-3-12 所示梯形图为例，结合堆栈存储器"进栈""读栈"和"出栈"的工作方式不难理解，当执行程序中进栈操作①MPS 指令时，将 M0 状态信息"1"先存放于第 1 层，当执行进栈操作②MPS 指令时，M0 状态信息被向下移入第 2 层，而此时存放于第 1 层的信息是M0、T0 反的相与结果信息。当顺序执行到紧邻的 MPP 指令时，读出的是第 1 层信息并移出该存储单元，相应的第 2 层数据 M0 状态信息上升回到第 1 层，随后 MRD、MPP 则对应此时的数据进行操作，即"先进后出"。

练一练： 在 GX Developer 环境下分别编辑如图 2-3-14（a）、（b）所示的梯形图，结合梯形图与指令表进行对应比较：图（a）中①、②位置处指令用法的区别及输出方式；图（a）中②与图（b）中③位置处梯形图的区别与指令用法。

图（a）中位置①属于纵接输出形式，不属于多重输出形式无需进行"栈"操作；而②则属于多重输出结构，需要在该处进行指令 MPP 的"出栈"操作，Y002 输出同样需"出栈（含读栈）"。图（a）中位置②与图（b）中位置③的区别在于将同一回路中两输出线圈 Y001、Y002的控制支路的上下位置颠倒，颠倒后图（b）位置③则变成并行输出形式，指令表执行步数相应减少，带来的 PLC 扫描周期缩短。这种变化若用于工程控制上，其实际意义是控制的精度得到提高，所以程序的简洁、精练与否是编程能力、运用水平高低的体现。

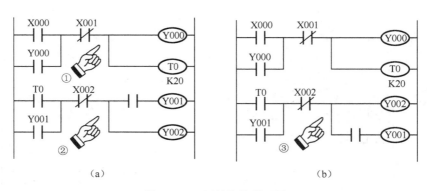

（a）　　　　　　　　　　　　　（b）

图 2-3-14　训练比较梯形图

为进一步分清多重输出与非多重输出结构的区别，试编辑比较如图 2-3-15 所示的 3 种梯形图。观察对应指令表，比较梯形图的输出方式及指令的用法。

显然，这 3 种梯形图形式上相近，但结构不同，图（a）为并行输出形式，图（b）为纵接输出结构形式，图（c）为多重输出结构形式。

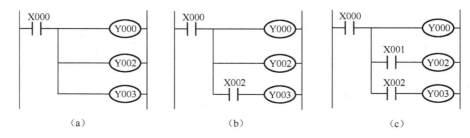

（a）　　　　　　　　　　　（b）　　　　　　　　　　　（c）

图 2-3-15　梯形图的比较

> 运用中注意程序结构中的并行输出、纵接输出及多重输出方式。对于部分多重输出方式可通过转化为纵接输出方式实现程序结构的简化。

任务四　三相异步电动机变极调速的 PLC 控制安装与调试

 任务目的

1. 结合继电—接触控制线路采用逻辑分析的方法实现三相异步电动机变极调速的 PLC 控制，初步熟悉逻辑分析的梯形图的实现方法。

2. 能够结合控制功能的要求熟悉定时器、辅助继电器等软元件在控制程序中的应用；熟练掌握主控指令 MC、主控复位 MCR 指令的功能与用法。

3. 通过相对复杂控制任务的实现，对 PLC 控制功能及梯形图设计要求有进一步的认识，学会任务分析及逻辑分析的方法。

由三相异步电动机的转速公式可知，改变电源频率、电动机极对数或电动机转差率可以改电动机的转速。改变电源频率调速可以通过专用设备变频器来实现，改变转差率调速只适用于三相绕线式电动机。工程上在供电电源、频率不变的情况下，常用具有特殊结构的笼型电机（如双速、三速或多速电机）采用改变磁极对数的方法进行获取高、低挡转速，称变极调速。

如图 2-4-1 所示为三相异步双速电动机变极调速的继电—接触控制线路，该控制线路可实现以下工作：①以低速启动自动切换至高速运行方式；②以低速方式启动、低速运行方式；③低速启动、手动控制延时高速运行方式；④高速运行手动切换至低速运行方式。低速启动自动切换至高速运行方式的实施仅需启动时按下 SB2；低速方式启动、低速运行方式仅在启动时按下 SB1；需要切换到高速模式时再按下 SB2 则进入延时高速运行方式，当高速运行时按下 SB1 可切换至低速状态运行。电机极对数的改变是通过三相绕组的不同接法实现的，KM1 接通时电机极对数是 KM2、KM3 接通时的两倍，而转速仅为后者的约二分之一，KM1 与 KM2、KM3 间存在联锁关系。

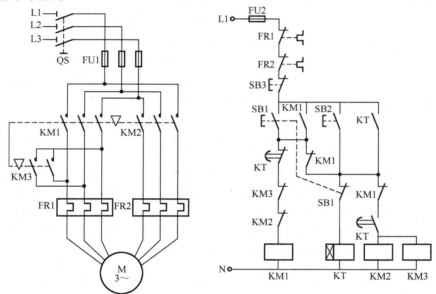

图 2-4-1　三相双极电动机变极调速控制线路

想一想： 若控制线路过于复杂，是否只能利用转换绘图的方法来得到梯形图，这种绘图方法是否方便？

知识链接五：复杂控制电路中总控制的实现方法

上一控制任务中，多重输出梯形图的结构方式，可用于局部总控制或者控制任务不太复杂的总控制的实现，如设备停止、过载保护等具有总控制性质的场合。但对于较为复杂控制任务的总控制，若采用前面所阐述的方法或多重输出方式来实现，则程序结构会显得缺乏必要的合理性。而利用三菱 PLC 的主控指令可有效解决此类控制问题。

指令链接十一：主控指令 MC 与主控复位指令 MCR

MC（Master Control）为主控指令，程序中用于公共串联触点的连接编程。MCR （Master

Control Reset）为主控复位指令，用于对主控指令 MC 的复位处理，即用于解除主控指令触点对后续程序的控制作用。

主控 MC、主控复位 MVR 指令格式、操作对象及功能说明如下。

名　称	指　令	功　能	梯形图符号	操作对象	程序步数及说明
主控指令	[MC]	公共串联触点	MC N ×××	Y、M	*
主控复位指令	[MCR]	公共串联触点解除	MCR N	—	2

主控指令 MC 的操作对象为辅助继电器 M、输出继电器 Y，特殊辅助继电器不能用于主控指令操作对象。操作参数 N 为主控嵌套级数，最多八级，即 N 的编号只能为 N0～N7。

在编程时常会遇到有多个线圈同时受一个触点或同时受到同一种连接形式触点组的控

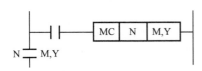

图 2-4-2　MC 指令格式及效能

制，若在每个线圈的控制回路中都采取串入同样的触点，将会占据较多的 PLC 存储单元且会延长 PLC 的扫描周期。而采用 MC 指令可在梯形图中实现了一个与垂直左母线相连的常开触点，实现对主控复位 MCR 指令执行前的程序段的总控作用。在 SWOPC FXGP/WIN-C 编程界面梯形图形式如图 2-4-2 所示，主控指令 MC 相当于在梯形图母线上安装了一个由控制条件决定的常开触点总开关，总开关的解除由 MCR 实现。

在不同版本的 PLC 编程软件中，主控命令 MC 及主控复位命令 MCR 的梯形图格式会有所不同，如图 2-4-2 所示则是在 SWOPC FXGP/WIN-C 版本中的主控 MC 指令形式，体现出母线串联的常开触点控制特征。而 GX Developr 版本的输入形式并未出现该母线触点，但功能上与如图 2-4-2 所示形式没有区别，使用时需注意该指令执行后到主控复位 MCR 指令间的程序段均受 MC 指令中触点总控。为强化主控指令功效及延续低版本的程序格式，本书梯形图中仍延续原有格式，在使用时注意区别。

MC 指令的功效相当于在原梯形图中新构建了一条"子母线"，"子母线"范围被界定于 MC 与 MCR 指令间，该"子母线"上所编辑的梯形图被执行条件是 MC 指令中定义的触点闭合。在 MC 定义的子母线上起始的触点同样须以 LD 或 LDI 等指令开始。MCR 指令表示"子母线"的结束并返回原母线。

如图 2-4-3 所示梯形图及 STL 2-4-1 中的指令表，是主控 MC 与主控复位 MCR 指令在前述三相电动机正反转控制中的运用形式，将停车按钮 X002、过载保护 X003 的作用定义为一个主控辅助继电器 M100，当 X002、X003 没有动作时，则"垂直触点"M100 闭合，中间的两个梯形图回路块能够被执行；只要 X002 或 X003 中任何一个触点有动作，"垂直触点"M100 即断开，执行主控复位指令 MCR，中间两回路块停止工作且 PLC 执行程序时绕过该部分程序。

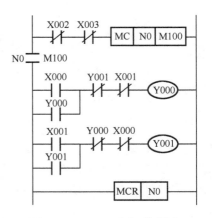

图 2-4-3　MC、MCR 的用法

若在 MC 与 MCR 指令间通过更改级数 N、软继电器 Y、M 的地址，再次或多次使用 MC 指令，从而形成了主控 MC 的嵌套。嵌套级数 N 的编号要求从小到大，MCR 返回则对应由大到小逐级解除嵌套（MC 指令后的软元件号也应避免出现相同的双线圈输出现象）。主控指令的嵌套，嵌套级数最多为 8 级，N 的编号只能在 N0～N7 之间，且由小到大编号，不能重复。若主控指令使用中不形成嵌套而呈并列结构关系时，则 N0 可重复使用，但 Y、M 不能重复使用。

STL 2-4-1

步 序 号	助 记 符	操 作 数	步 序 号	助 记 符	操 作 数
0	LDI	X002	9	OUT	Y000
1	ANI	X003	10	LD	X001
2	MC	N0	11	OR	Y001
		M100	12	ANI	Y000
5	LD	X000	13	ANI	X000
6	OR	Y000	14	OUT	Y001
7	ANI	Y001	15	MCR	N0
8	ANI	X001	17		

　　如图 2-4-4（a）、（b）所示为简单的主控 MC 嵌套用法示例。

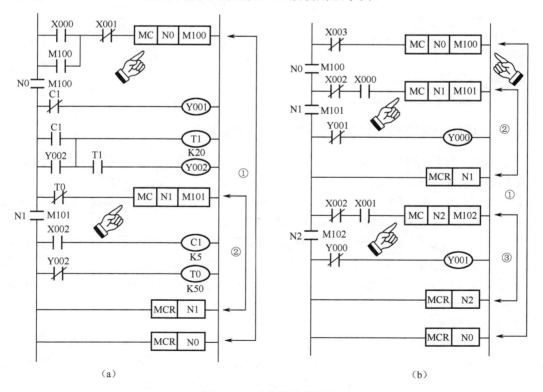

（a）　　　　　　　　　　　　　　　　　　（b）

图 2-4-4　主控指令的嵌套

如图 2-4-4（a）所示梯形图中主控①、主控②间属主控指令嵌套，主控①中嵌套了主控②，当主控①中 MC N0 M100 有效，才能执行到 MC N1 M101，返回母线操作，反过来先执行 MCR N1 由 M101 后二级子母线回到上一级子母线，再通过 MCR N0 回到主母线。图（b）中的主控①与②、③间形成主控指令的嵌套，而主控②、③间仅并没有嵌套关系仅形成主控并列关系。

> 当主控复位指令 MCR 执行后，主控指令 MC 与 MCR 间的用 OUT 驱动的软元件如输出继电器 Y、辅助继电器 M、非积算定时器 T 及计数器 C 等均会变为断开状态；但如果由置位指令 SET 驱动或是采用积算型定时器、计数器则在 MCR 复位后相应状态保持不变，若需复位则要用 RST 指令对其进行复位操作。

专业技能培养与训练四：双速电机变极调速 PLC 控制电路的设备安装与调试

任务阐述：本控制任务是继电接触控制线路典型任务之一——三相异步电动机变极调速控制，通过对控制线路的控制条件与输出驱动的逻辑分析，结合 PLC 基本控制单元及联锁要求实现 PLC 控制梯形图，并完成该控制任务电气设备的安装与调试。

变极调速 PLC 控制设备安装清单见表 2-4-1。

表 2-4-1　变极调速 PLC 控制设备安装清单

序　号	名　称	型号或规格	数　量	序　号	名　称	型　号	数　量
1	PLC	FX3U-48MR	1	7	启动按钮	绿	1
2	PC	台式机	1	8	停止按钮	红	1
3	三相异步电动机	双速电机（型号略）	1	9	交流接触器	CJX2-09	3
4	断路器	DZ47C20	1	10	热继电器	JR16B	1
5	熔断器	RL1	4	11	端子排		若干
6	编程电缆	FX-232AW/AWC	1	12	安装轨道	35mm DIN	

一、变极调速控制线路的控制条件与输出驱动的逻辑分析

对于继电—接触控制线路采用逻辑变换的方法，通过作图实现梯形图的转换，有助于初学者对梯形图含义的理解。但实际应用中此方法很少采用，较多是结合控制线路的功能、要求，采用对原线路的控制逻辑进行分析，判别各控制对象的动作方式、驱动的条件等，结合 PLC 梯形图的基本控制单元及联锁要求进行 PLC 的程序设计。

控制线路逻辑分析的方法是建立在对控制任务功能的分析基础上的，要清楚完成此功能所要产生的动作（输出）、动作的顺序，依据分解动作找出输出的驱动条件：本控制任务实现变极调速是通过 KM1 实现低速接法，通过 KM2、KM3 实现高速接法，低速到高速的切换通过时间继电器控制实现。

1. 低速接法线圈 KM1 的驱动条件分析

启动控制：按钮 SB1 常闭合和 SB2 常开触点在 KM1 线圈未通电时均可驱动 KM1 的线圈。采用带复位功能的启动按钮控制，非点动控制均需利用 KM1 常开触点实现对启动控制的自锁。

KM1 停止（或称复位）条件：按钮 SB3 常闭断开、时间继电器 KT 延时动断触点开路、过载 FR1 或 FR2 常闭断开；设备控制中的联锁：与 KM2、KM3 间存在联锁关系。

2. 高速接法线圈 KM2、KM3 的驱动条件分析

高速时 KM2、KM3 呈并联连接方式故两者的驱动与复位条件相同。

KM2、KM3 启动控制：KT 延时动合触点闭合实现驱动。

KM2、KM3 复位条件：SB3 常闭断开、过载 FR1 或 FR2 常闭断开；设备控制中的联锁：与 KM1 间存在联锁关系。

3. 时间继电器 KT 线圈的驱动条件

按钮 SB2 常开闭合；KT 瞬时常开触点实现自锁。

KT 的复位条件：按钮 SB3、SB1 的常闭断开、过载 FR1 或 FR2 常闭断开。

二、PLC 的 I/O 定义

结合上述控制任务的分析，对 I/O 端口定义见表 2-4-2。

表 2-4-2　I/O 端口定义

I 端　口		O 端　口	
SB1	X000	KM1	Y000
SB2	X001	KM2	Y001
SB3	X002	KM3	Y002
FR1	X003		
FR2	X004		

PLC 的时间控制均利用内部定时器实现，本例定义 PLC 的通用定时器 T0 对应 KT 的作用，通过其延时常开、常闭触点实现低速到高速的切换。由于 PLC 的定时器只有延时触点而无瞬时触点功能，所以本例中的时间继电器 KT 瞬时常开触点自锁的解决方法是定义辅助继电器 M0，其 M0 线圈与定时器线圈并联，其驱动、复位条件和定时器一致，利用 M0 的常开触点解决定时器的自锁问题。

三、控制梯形图的绘制

梯形图的设计可从两个层面上考虑：遵循动作顺序与控制功能相对应的梯形图回路；每一回路结构与"启保停"基本结构形式相对应的"三要素"。本任务中依顺序有 Y000、T0 与 M0 及 Y001 与 Y002 组合的 3 个回路，结合上述驱动条件分析实现梯形图如图 2-4-5 所示。

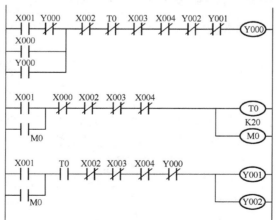

图 2-4-5　双速电机 PLC 控制梯形图

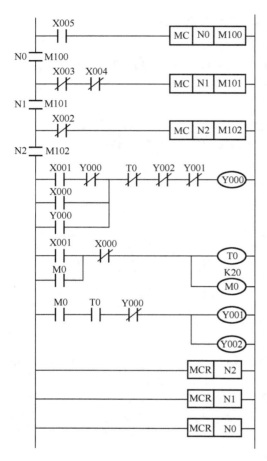

图 2-4-6　主控指令的变极调速控制

梯形图功能分析，低速启动自动切换到高速运行的控制：停止状态下直接按 X001。试结合梯形图分析实现方法。

低速启动低速运行，手动控制至高速的控制：先按下 X000，电机以低速方式启动并一直以低速运行；当需要切换到高速时按下 X001，延时后高速运行。

高速运行到低速运行的控制：只要电机处在高速状态，当按下 X000 即切换到低速状态。

在梯形图中回路三中启动 X001 常开触点，对应所接的具有自动复位功能的按钮开关，因定时器常开触点 T0 闭合前，辅助继电器 M0 已闭合，所以 X001 在此处没有任何意义，可去掉。对于梯形图各回路中均含有编号及形式相同的触点，可尝试借助辅助继电器及多输出方式进行梯形图转化。

四、主控指令下的变极调速的控制

假定在该控制任务中要求提供急停控制：定义输入端口 X005 为急停开关控制端口，接常闭触点形式的急停开关 SB4，结合主控 MC 及主控复位 MCR 指令实现急停控制功能。在原控制程序中对于停止控制、过载保护措施也均可结合主控方式实现。如图 2-4-6 所示为变极调速控制任务采用主控指令 MC 及主控复位指令 MCR 的梯形图形式，试理解其工作原理及嵌套级别安排的合理性。

该梯形图能否用将急停、过载保护及停车控制组合起来采用一级主控指令实现集中控制。试结合控制原理、功能及实际工程控制要求、控制方式等进行分析。

五、双速电机的 PLC 控制电路

结合上述分析及双速电机的控制任务，可画出 PLC 连接电路，如图 2-4-7 所示。

六、设备安装与调试训练

（1）根据双速电机控制的设备清单表，正确选取元器件并进行常规检测。

（2）根据 PLC 的安装要求、变极调速控制主电路及安装基板，设计元器件布局并画出元件布局图、主电路安装接线图、PLC 控制电路连接图。

（3）按工艺规范要求进行 PLC 及配套元件安装，并按先 PLC 控制电路、后主电路的安装顺序进行线路连接。检查线路后注意观察双速电机与普通电机的端盒出线端，正确识别各出线端，确保主电路与电机连接的正确性。

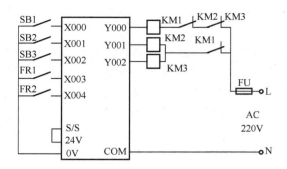

图 2-4-7 变极双速电机 PLC 控制电路

（4）用 RS-422/232C 电缆连接 PC 与 PLC，检查无误后，将 PLC 功能选择开关置于 STOP 位置，接通 PLC 电源。利用编程软件采用梯形图编辑输入方式完成如图 2-4-5 所示控制任务梯形图的编辑、编译，利用 RS-422/232C 数据线传输至 PLC。

（5）根据本控制任务中的低速启动、手动高速运行；低速启动自动切换到高速运行；高速运行到低速运行控制的要求设计调试方案，在监控状态下进行程序调试，以验证 PLC 控制程序。

（6）在上述程序调试正确的情况下，按前述的先空载、后负载进行设备调试，调试过程中注意用电规范；在教师监控下进行负载调试。注意观察启动过程中接触器 KM1、KM2 及 KM3 的动作情况。

（7）试分别结合多重输出、主控指令的转换梯形图，完成程序调试及设备调试，比较程序结构和功能上的区别。

思考与训练

（1）试结合星/三角换接降压启动继电—接触控制线路，采用逻辑分析的方法找出各线圈驱动条件，并画出 PLC 控制梯形图，与等效转换方法的梯形图比较，并设计空载调试方案进行验证。

（2）根据急停控制的功能与要求，试结合星/三角换接启动 PLC 控制任务，讨论实现急停控制的方法，并编辑、模拟调试。

阅读与拓展四：梯形图画法中的注意事项及应对策略

通过前面相关指令格式、用法及典型任务控制梯形图的认知训练，结合对简单任务分析的 PLC 梯形图绘制要求的认识，我们再进一步讨论在梯形图绘制时的一些需注意的细节性、逻辑性转换的问题。

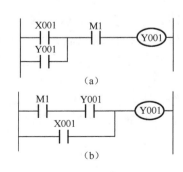

图 2-4-8 不同用法示例

1. 程序结构与程序步数关系

在如图 2-3-2（b）和图 2-3-3（b）所示的并联块串联指令 ANB、串联块并联指令 ORB 用法示例中，对于两梯形图若分别作先后、上下顺序的颠倒可对应得出如如图 2-4-8（a）、（b）所示梯形图，变换前、后梯形图功能没有任何变化，但对应的指令表在变换后块串联、块并联结构发生了变化，成为简单的与、或运算。

进行梯形图设计，若能实现"与"运算则不必采用"块串联"运算，绘制梯形图在出现串联逻辑运算时，将复杂连接部分调整顺序放于回路的左前方；能以"或"运算实现的则不必采用"块并联"结构，在出现并联结构时可将复杂连接支路放在上方；即使对于不能以"与""或"运算解决的，上述处理方法在梯形图设计时仍适用。对含有多输出线圈的驱动设计时，一般按能并行输出不采用纵接输出，能采用纵接输出不采用多重输出的方式，优选顺序中多重输出方式为优选级别最低的方案。

2. 双重线圈输出的问题

如图 2-4-9 所示，对于输出继电器 Y000 在顺控程序中出现了两次（或以上）的做法称作双重输出（或双线圈现象）。即便此种接法不违反逻辑运算及梯形图画法要求，但由于 PLC 程序

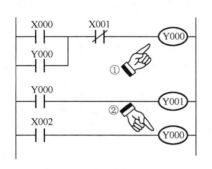

图 2-4-9　双线圈输出问题

串行执行方式决定了双重输出的最终输出状态优先的原则，通常双线圈输出的结果仍然会出乎设计者预料，结合如图 2-4-9 所示梯形图，当 X000 接通、X001 及 X002 断开的状态下，PLC 执行过程：执行梯形图回路 1，输出继电器 Y000 对应的映像寄存器在位置①处为 ON 状态；当执行回路 2 时，Y001 因 Y000 接通处于 ON 状态并存入 Y001 映像寄存器；当执行到回路 3 时则因 X002 断开导致位置②处 Y000 被重新置 OFF 状态。在 PLC 输出刷新阶段有输出继电器 Y000 为 OFF，Y001 为 ON 状态（注意：Y001 并未受位置②处 Y000 的影响，原因是由同一扫描周期 PLC 自上而下的串行工作方式决定的）。而第二个扫描周期若 X000 无输入，则在输出刷新阶段又出现 Y000、Y001 均为 OFF 状态，此时初学者容易被回路 1 中 Y000 "自锁"所混淆。

如图 2-4-10（a）所示为某控制任务的梯形图，其中 Y001 呈现双线圈输出形式，为了避免双线圈输出带来输出状况难以预料的后果，一般顺控程序中可采用以下几种方式加以解决：①图（a）中前面的 Y001 输出梯形图回路（虚线框内程序）由于对输出不能产生影响，其控制作用可忽略，采取删除处理。此处理方式弊端在于可能会出现部分欲实现的控制功能丢失。②按图（b）形式将两部分逻辑合并，将两个回路控制条件合并相或对输出进行控制，此方式建立在扫描周期短可忽略程序执行先后顺序对过程产生影响的前提下。③按图（c）的处理方式，利用 PLC 的辅助继电器作为过程控制的中间量，最终合并进行输出控制，解决了双线圈输出问题同时兼顾 PLC 程序执行的过程。综合比较：方式①不太严谨，方式②体现了控制逻辑的简洁性，方式③体现了控制逻辑的科学性。

除上述方法外，还可利用顺控程序中实施程序流向控制方法如跳转指令，或者利用在模块四中介绍的步进状态程序控制中通过不同状态步实施对同一线圈的控制。

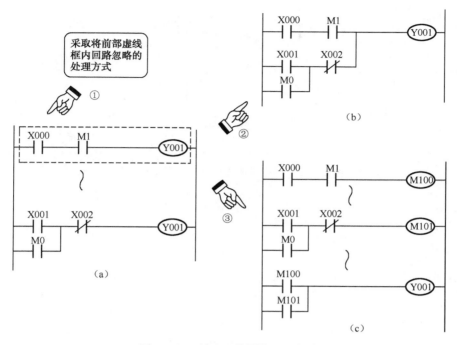

图 2-4-10　输出双线圈的处理方法

3. 桥式逻辑结构的处理

在 PLC 梯形图中，除主控指令在母线上出现垂直串接的触点形式外，其他均不允许在梯形图中出现触点的垂直接法。但在继电器接触控制线路转换时或逻辑关系运算时会出现如图 2-4-11 所示的结构形式称桥式逻辑结构，梯形图中不允许出现桥式结构。对于桥式逻辑结构在绘制梯形图时可结合"能流"概念进行相应的逻辑转换。按照"能流"只能从左到右流动，故只能产生如图 2-4-12（a）所示 4 条路径的"能流"，对 4 条"能流"进行综合分析其等效于图（b）的梯形图形式，解决了桥式逻辑结构问题。显然桥式结构中垂直触点的逻辑关系可参照此办法解决。

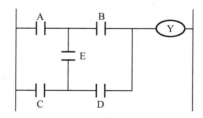

图 2-4-11　桥式逻辑结构

在 PLC 程序中，相同功能的梯形图可采用符合 PLC 梯形图画法要求的不同描述方法（结构画法），而结构简洁，程序所用指令少、程序长度（步数）短具有减少占用 PLC 的有效资源、减少逻辑故障及缩短执行时间（扫描周期）的作用。

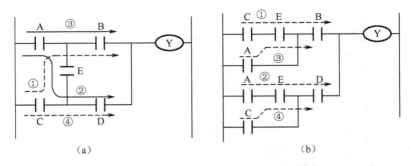

（a）　　　　　　　　　　（b）

图 2-4-12　桥式逻辑结构的梯形图转换方式

检测、变频及气动技术的PLC控制与应用

 教学目的

1. 通过本模块相关任务的学习与实训，结合 PLC 的应用认知和编程方法的训练，熟悉 PLC 应用所涉及的现代检测器件、检测器件的检测与使用方法，了解常见控制设备的功能及控制方法。

2. 理解和熟悉 PLC 的边沿操作、脉冲输出指令、反向指令等功能和用法；进一步熟悉 PLC 常见基本指令的用法和强化编程软件的基本操作。

3. 了解现代气动、液动技术中的控制及执行器件，控制回路组成及控制方法；通过 PLC 对变频器控制运用，了解三菱 E540 变频器的基本用法。

4. 熟悉和了解三菱 GX Simulator 虚拟仿真软件基本组成和虚拟调试方法。

任务一　工作平台自动往返 PLC 控制电路的安装与调试

 任务目的

1. 了解传感器的应用知识；了解接近开关、磁性开关等作用，熟悉常用三端式接近开关的运用及 PLC 的连接方法；熟悉位置检测、限位措施及控制的方法。

2. 熟悉和理解边沿操作指令、脉冲输出指令及反向指令等功能与用法。

3. 熟悉工作平台自动往返控制任务的分析方法，学会该控制设备的安装与调试方法。

**想一想：**现代加工设备中许多工序环节采取自动加工方式，往往一次启动后便会自动进行下去，直到工序完成或执行停止操作。特别是涉及位置控制时的自动运行特征尤为突出，那么如何实现位置的自动控制？

作为一个 PLC 设备管理、系统开发、运行维护人员，不能仅局限于对 PLC 的设备性能、程序编制方法具备一定的认知能力，且须对现代基本机电设备的运行与控制方式有一定的认识。

知识链接一：工作平台自动往返控制的方法

如图 3-1-1 所示为由三相异步电动机通过丝杆拖动往复式平台工作的示意图，当电动机正转时，经联轴器带动丝杆正转，往复式平台左移；电机反转则使平台右移。为保证设备控制及设备安全，往复式平台机构均需采取位置检测措施用以实现位置控制、限位保护等。

图中采用按钮式行程开关 SQ1、SQ2 分别进行工作平台左、右工作位置的检测，从而判断工作状态的切换实现位置控制；行程开关 SQ3、SQ4 分别对工作平台进行左、右极限位置的判断，实施限位保护。如图 3-1-2 所示为利用行程开关实现工作平台的自动往返继电接触控制线路。

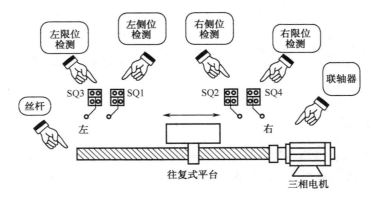

图 3-1-1　三相电机拖动丝杆平台示意图

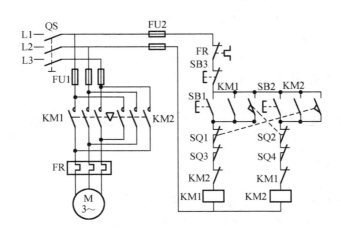

图 3-1-2　工作台的自动往返控制电路

现代控制技术中常用的接近开关，除具有采用非接触性检测方式、全封闭无触点开关形式外，还具有较低的运行故障率、较长的工作寿命及极高的响应速度等优点，被广泛地应用于机床电气、自动流水线及数控系统等设备检测中。接近开关的种类较多，在机床设备中常采用的是电感式或涡流式传感器，该类接近开关可在一定作用距离（一般为几毫米至几十毫米）内检测有无物体靠近。当在作用距离内检测到物体时会向外输出一个检测开关信号，检测物体离开则检测信号停止。接近开关分常开型和常闭型，有检测信号时常开型输出 ON 信号，常闭型则输出 OFF 状态信号，该开关量信号可直接作为 PLC 输入端信号，用于实现物体的位置检测。

三相异步电动机拖动工作平台往复运动机构尽管设备简单、成本较低，但由于控制的精度不高主要用于常规普通机床中。在要求较高的场合，如经济型数控设备中，工作平台的移动则采用步进电动机带动丝杆拖动平台移动，但其硬限位检测方式相同。采用步进电机拖动工作平台的位置还可以通过转数与丝杆螺距换算确定，但其检测与控制仍须通过 PLC 实施。将如图 3-1-1 所示往复式平台位置检测行程开关替换成接近开关，并利用 PLC 实现上述控制功能是本次任务所要探讨的目标。

知识链接二：基本边沿类指令及反向指令的认知训练

指令链接一：边沿操作指令

三菱 FX 系列 PLC 提供了一类根据触点由断开到接通或接通到断开瞬间信号变化的趋势进行控制的边沿操作指令。边沿触发的操作指令只能针对于触点的常开形式，边沿操作指令分为上升沿触发形式、下降沿触发形式两种。边沿触发操作指令有上升沿的 LDP、ORP、ANDP 指令和下降沿的 LDF、ORF、ANDF 指令。

1. 取脉冲上升沿指令（LDP）

指令格式、操作对象及功能说明如下。

名　称	指　令	功　能	梯形图符号	操 作 对 象	程序步数及说明
取脉冲上升沿	[LDP]	上升沿运算开始		X、Y、M、S、T、C、D□.b	*

说明：该指令用于反映与母线相接的常开触点或触点块起始常开触点接通瞬间的上升沿状态变化。

2. 取脉冲下降沿指令（LDF）

指令格式、操作对象及功能说明如下。

名　称	指　令	功　能	梯形图符号	操 作 对 象	程序步数及说明
取脉冲下降沿	[LDF]	下降沿运算开始		X、Y、M、S、T、C、D□.b	*

说明：该指令用于反映与母线相接的常开触点或触点块起始常开触点断开瞬间的下升沿状态变化。

3. 或脉冲上升沿指令（ORP）

指令格式、操作对象及功能说明如下。

名　称	指　令	功　能	梯形图符号	操 作 对 象	程序步数及说明
或脉冲上升沿	[ORP]	上升沿并联连接		X、Y、M、S、T、C、D□.b	*

说明：该指令用于反映与单个触点或触点块并接的单个常开触点的上升沿触发的功能。

4. 或脉冲下降沿指令（ORF）

指令格式、操作对象及功能说明如下。

名　　称	指　令	功　能	梯形图符号	操作对象	程序步数及说明
或脉冲下降沿	［ORF］	下降沿并联连接		X、Y、M、S、T、C、D□.b	*

说明：该指令用于反映与单个触点或触点块并接的单个常开触点的下降沿触发的功能。

5. 与脉冲上升沿指令（ANDP）

指令格式、操作对象及功能说明如下。

名　　称	指　令	功　能	梯形图符号	操作对象	程序步数及说明
与脉冲上升沿	［ANDP］	上升沿串联连接		X、Y、M、S、T、C、D□.b	*

说明：该指令用于反映与其前面触点或触点块相串接的常开触点上升沿触发的功能。

6. 与脉冲下降沿指令（ANDF）

指令格式、操作对象及功能说明如下。

名　　称	指　令	功　能	梯形图符号	操作对象	程序步数及说明
与脉冲下降沿	［ANDF］	下降沿串联连接		X、Y、M、S、T、C、D□.b	*

说明：该指令用于反映与其前面触点或触点块串接的常开触点下降沿触发的功能。

上述 6 条边沿触发指令的程序步数均为 2，边沿触发方式的功能体现在触发软元件接通或断开瞬间，其控制的输出线圈产生一个扫描周期的脉冲输出。如图 3-1-3 所示说明，同为 X001 对 M10、M11、M12 的输出驱动，梯形图回路 1 为非边沿触发方式，M11、M12 分别受 X001 的上升沿、下降沿触发控制，M11、M12 不管 X001 闭合时间的长短均仅输出一个扫描周期的脉冲，而 M10 输出时间的长短取决于 X001 的闭合时间。

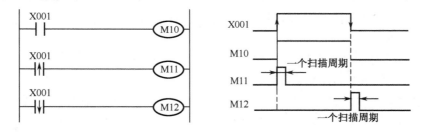

图 3-1-3　边沿触发指令的用法及时序图

边沿触发指令没有常闭触点的形式，程序中可采取边沿触发的常开触点加上取反指令的组合形式，实现常闭触点的边沿控制功能。

指令链接二：脉冲输出指令

PLS 为上升沿脉冲输出指令，PLF 为下降沿脉冲输出指令，上升沿脉冲输出指令 PLS 用于实现利用触发脉冲上升沿控制输出或辅助继电器产生一个扫描周期宽度的脉冲。下降沿脉冲输出指令 PLF 用于实现利用触发脉冲下降沿控制输出或辅助继电器产生一个扫描周期宽度的脉冲。

指令格式、操作对象及功能说明如下。

名　　称	指　令	功　　能	梯形图符号	操作对象	程序步数及说明
上升沿 脉冲输出	[PLS]	输出得电触点 动作一个扫描周期	⊣├─ PLS ×××	Y、M 特殊 M 除外	* 对 Y 可用变址 V、 Z 修饰
下降沿 脉冲输出	[PLF]	输出失电触点 动作一个扫描周期	⊣├─ PLF ×××	Y、M 特殊 M 除外	* 对 Y 可用变址 V、 Z 修饰

脉冲输出指令的操作对象只有输出继电器和辅助继电器（特殊辅助继电器例外，不能用作该指令的操作对象）。

脉冲输出指令 PLS 和 PLF 的功能可结合如图 3-1-4（a）所示的梯形图来说明，如图 3-1-4（b）所示为该例的时序图，程序指令表见 STL 3-1-1。当 X000 闭合瞬间，上升沿脉冲输出指令 PLS 所控制对象辅助继电器 M0 输出一个窄脉冲；X001 在断开瞬间，下降沿脉冲输出指令 PLF 操作对象辅助继电器 M1 输出与 M0 同样宽度的窄脉冲；窄脉冲宽度与 X000、X001 宽度无关只与 PLC 扫描周期有关。输出继电器 Y000、Y001 驱动条件相同但驱动方式不同，工作方式上有区别，试自行分析。

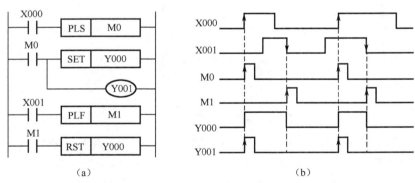

图 3-1-4　脉冲输出指令 PLS 及 PLF 应用示例及时序图

显然：PLS、PLF 可用于将输入宽脉冲转化为 PLC 的一个扫描周期宽度的窄脉冲信号，脉冲宽度取决于扫描周期，而 PLC 扫描周期主要与 PLC 运算速度、工作方式、程序长度及指令种类（不同指令执行时间不同）有关。

STL 3-1-1

步 序 号	助 记 符	操 作 数	步 序 号	助 记 符	操 作 数
0	LD	X000	5	LD	X001
1	PLS	M0	6	PLF	M1
2	LD	M0	7	LD	M1
3	SET	Y000	8	RST	Y000
4	OUT	Y001			

指令链接三：反向指令（INV）

指令格式、操作对象及功能说明如下。

名　称	指　令	功　能	梯形图符号	操 作 对 象	程序步数及说明
反向指令	[INV]	运算结果取反	⊢⊢ ⊢⊣ ◯ ⊢⊢ ⊢⊣ INV	无操作对象	1

逻辑取反 INV 指令用于将以 LD、LDI、LDF、LDP 开始的触点或触点块的逻辑运算结果取相反的状态，即对结果由 ON→OFF、OFF→ON，此指令不需指定软元件及软件元件号。

试分别编辑如图 3-1-5（a）、（b）所示的梯形图，并结合 X000、X001 的各组合状态比较运算结果，显然尽管两梯形图形式不同，但功能相同。可以借助数字逻辑运算关系来理解：在图（b）输出 Y000、Y001 的驱动条件中均用到 INV 指令对从母线开始的触点运算结果进行取反，有逻辑表达式 $Y000 = \overline{X000 \cdot X001}$，其含义是除了 X000、X001 均闭合以外的所有组合，恰恰对应于图（a）回路 1 中 X000、X001 的 3 种串联块组合；同样图（b）中 $Y001 = \overline{X000 + X001}$，说明 Y001 只有在 X000、X001 全部 OFF 时才会有输出，与图（a）回路 2 表述形式不同，含义完全一致。

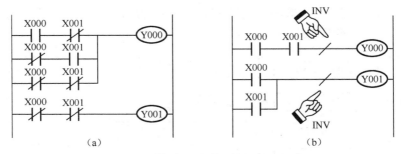

图 3-1-5　与非、或非运算的实现方法

INV 指令的取反逻辑转换在运用于多个控制条件下的实现排除某一特定组合时极为方便，如图 3-1-6（a）所示，该梯形图中有 X001、X002、M0、M1 四个控制条件，显然只有 X001、X002、M1 状态为 1，M0 状态为 0 的条件成立时 Y001 无输出，其余组合均有输出。图（a）中 M10 与图（b）中 INV 指令设计含义是相同的。

为进一步熟悉 INV 指令的用法及规则，仍以上述 X001、X002、M0、M1 驱动条件和输出 Y001 来说明，Y001 的输出条件为 X001、X002 为 ON、ON 状态，M0、M1 不能为 OFF、ON 组合。实现方法如图（a）所示，先对 M0 常闭、M1 常开组合进行取反，用辅助继电器 M11 表示，再让 M11 与 X001、X002 进行相与。而采用图（b）梯形图形式，可以有两种指令表形式与之对应，STL3-1-2 实现的是对从母线开始的所有触点组合的取反；STL3-1-3 中的取反操作仅对 M0 常闭、M1 的常开组合取反，符合控制要求。关键是同一梯形图如何实现对 M0 开始串联块取反，须通过对指令表编辑实现或编辑相对应的梯形图转换处理在指令表窗口修改实现。结合 STL3-1-3 指令表及如图 3-1-7（b）所示梯形图可理解：INV 指令的执行是从 LD、LDI 的指令处开始的。

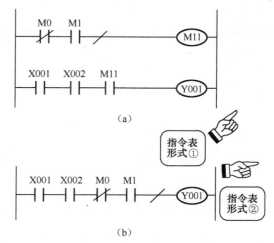

（a）

指令表
形式①

指令表
形式②

（b）

图 3-1-7 同一梯形图不同指令表

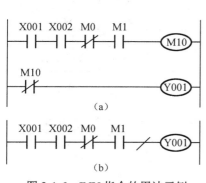

（a）

（b）

图 3-1-6 INV 指令的用法示例

STL 3-1-2

步序号	助记符	操作数	步序号	助记符	操作数
0	LD	X001	3	AND	M1
1	AND	X002	4	INV	
2	ANI	M0	5	OUT	Y001

STL 3-1-3

步序号	助记符	操作数	步序号	助记符	操作数
0	LD	X001	4	INV	
1	AND	X002	5	ANB	
2	LDI	M0	6	OUT	Y001
3	AND	M1	7		

练一练：

（1）尝试编辑如图 3-1-7（b）所示梯形图或指令表，如何才能将一个梯形图分别与指令表
①、②对应起来。

（2）试编辑如图 3-1-3 所示梯形图，监控调试该梯形图，试利用 INV 指令实现常闭触点的
边沿触发，试调试分析其功能。

> 上述同一梯形图不同指令表的实现方法：若以梯形图方式编辑，经编译转换后对应指令表①形式；欲
> 实现指令表②，则需采取指令表方式编辑后转换梯形图或梯形图编辑转换后对指令表进行指令修改。

专业技能培养与训练一：工作平台自动往返的 PLC 控制任务的设备安装与调试

任务阐述： 在如图 3-1-1 所示往复式工作平台基础上利用三端常开型接近开关替代原行程
开关 SQ1～SQ4，SQ1、SQ2 分别实现左侧位检测、右侧位检测，SQ3、SQ4 分别实现左、右
端限位保护功能。利用 PLC 通过对三相异步电动机转向控制实现平台的往返运动。要求能够
实现双向启动、停止控制及具备必要的电气保护。

工作平台的自动往返 PLC 控制设备安装清单见表 3-1-1。

表 3-1-1 工作平台的自动往返 PLC 控制设备安装清单

序号	名称	型号或规格	数量	序号	名称	型号	数量
1	PLC	FX3U-48MR/ES	1	7	启动按钮	绿	2
2	PC	台式机	1	8	停止按钮	红	1

序号	名称	型号或规格	数量	序号	名称	型号	数量
3	三相异步电动机	Y132M2-4	1	9	交流接触器	CJX2-09	2
4	断路器	DZ47C20	1	10	热继电器	JR16B	1
5	熔断器	RL1	4	11	接近开关		4
6	编程电缆	FX-232AW/AWC	1	12	安装轨道	35mm DIN	

一、实训任务准备工作

按设备清单选取器件，对主要器材设备进行检查，对核心控制器件进行必要的检测，观察接近开关形态、安装方式、标识说明及连接线颜色等。

二、任务分析、绘制 PLC 控制梯形图

尽管检测器件由行程开关替换成接近开关，但控制功能、要求与如图 3-1-2 所示继电接触控制线路完全相同，本任务仍沿续模块二中任务四的程序设计方法，在通过继电接触控制线路的逻辑分析基础上实现 PLC 控制的梯形图。

1. PLC 控制的 I/O 端口定义

分析：工作平台的往复是通过电动机的两种工作状态实现的：三相异步电动机正转实现左移运动，电动机反转实现右移运动。正、反序电源是分别通过接触器 KM1、KM2 控制实现的。

正转、反转的控制器件：实现基本正、反转的控制按钮 SB1、SB2，停止按钮 SB3；位置控制器件：正向（左移）位置控制 SQ2，反向（右移）位置控制 SQ1；保护措施：设备的限位保护 SQ3、SQ4，电机过载保护 FR。

各输入控制器件与输出设备的 PLC 输入/输出端口定义如下

I 端口				O 端口	
SB1	X000	SQ1	X003	KM1	Y000
SB2	X001	SQ2	X004	KM2	Y001
SB3	X002	SQ3	X005		
FR	X007	SQ4	X006		

2. 控制逻辑分析与梯形图

（1）输出 Y000 的控制逻辑分析。

左移启动条件：启动控制 SB1（X000）闭合，右侧位置检测开关 SQ2（X004）常开闭合；自锁 KM1 通过对应的 Y000 常开触点实现。

左转停止条件：停车按钮 SB3（X002）断开，左侧位检测 SQ1（X003）常闭断开，左限位 SQ3（X005）、右限位 SQ4（X006）闭合，FR（X007）过载断开。

联锁措施：通过反序输出 KM2（Y001）的辅助常闭触点实现。

（2）输出 Y001 的控制逻辑分析。

右移启动条件：启动控制 SB2（X001）闭合，左侧位置检测 SQ1（X003）闭合；反序输出 Y001 的常开触点实现自锁。

右转停止条件：停车按钮 SB3（X002）断开，左侧位检测 SQ2（X004）常闭断开，左限

位 SQ3（X005）、右限位 SQ4（X006）闭合，FR（X007）过载断开。

联锁措施：正序输出 KM1（Y000）的辅助常闭触点。

（3）结合"启保停"结构、联锁措施和上述逻辑分析，可画出如图 3-1-9 所示梯形图。

> 注意:
>
> 　启动条件采用常开触点形式，若多个条件均能分别实现启动则相应的常开触点间采取相或逻辑，输出常开触点的自锁是通过与启动常开触点相或实现的。
>
> 　停车条件一般采取外部按钮常开而程序中采用对应常闭触点的形式，须与启动条件构成"启保停"中"停"的形式，若停车条件有多个且任意一个均可实现停车控制，则所有停车条件均采取常闭相与的形式。联锁措施均为常闭形式并与各回路停车条件相与。

当工作平台左移失控时 X005 产生动作，此故障与右侧位限位 X006 无关，且 X006 不会产生任何动作，同理，梯形图回路中右移限位 X005 在左移回路中也显得多余。如图 3-1-8 所示采取的是只要有故障信号且无论是哪个方向的故障，设备均应停止等处理后才能运行的控制思路。从设备控制角度来讲更体现事故处理的科学性。

3. 绘制 PLC 控制连接图

绘制的依据是控制任务的 I/O 端口定义和工程中 PLC 控制对输入控制开关、按钮类型的要求（如急停须为常闭触点，一般启动、停止为常开等）。可画出本控制任务 PLC 控制连接图如图 3-1-9 所示，PLC 提供的是对输出端接触器线圈的控制功能，而电动机主电路与何种控制方式无关，仍然与继电接触控制中的三相电动机正反转主电路相同。

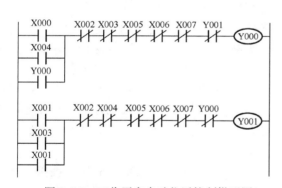
图 3-1-8　工作平台自动往返控制梯形图

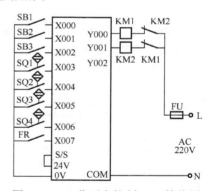
图 3-1-9　工作平台控制 PLC 接线图

4. 功能的延伸与拓展

程序设计过程中，有时采用的方法是首先完成设备的基本控制功能，在此基础上结合一些特殊功能要求采用相应的方法、相关的指令进行补充与修改。结合如图 3-1-8 示梯形图，试实现工作平台移动过程中的手动往返控制，手动往返先断开当前运动再启动相反状态，结合复合按钮常闭触点的联锁功能分别于梯形图回路 1、回路 2 支路中串入对方启动按钮的常闭触点。在实现短行程、近检测点的控制时，可采用边沿类操作指令解决掌控按钮操作时间与输出动作的时间关系。

在如图 3-1-10 所示梯形图中，首先采取过载、限位动作组合的主控指令控制方式，实现系统故障检测与排除处理优先；利用边沿操作指令实现自动、手动往返控制及异常停止于检测位的自动调整的功能。试结合边沿操作指令的控制特征分析程序功能。

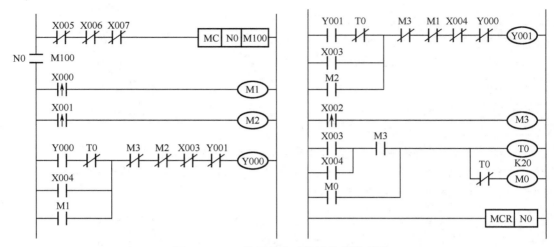

图 3-1-10　工作平台自动往返控制梯形图

三、设备安装与调试训练

（1）结合器件清单表选取并检测器件，结合如图 3-1-2 所示主电路进行器件合理布局，掌握各器件的功能。

（2）根据 PLC 控制连接图连接 PLC 控制部分线路，对于所选用的"三端"接近开关，采取按棕色线接 PLC 输入端"+24V"直流电源，蓝色线接"0V"，而黑色线接 PLC 对应输入端。接近开关的工作电压范围为 18V～35V（工程上采用标准直流 24V 电压）。

（3）编辑如图 3-1-8 所示梯形图，试设计调试方案（工作平台可用一金属块替代、检测距离几个毫米），要求能够完成正反向启动、自动切换，实现正反转、限位保护动作等。结合监控观察程序运行及运行条件的变化关系。

（4）理解如图 3-1-10 所示梯形图的功能，编辑梯形图，并根据控制要求设计调试方案，重复上述要求进行设备调试，观察按下停车按钮时左、右位置检测到信号状态。

（5）结合程序调试、观察到的控制现象，理解和归纳控制逻辑与输出驱动的因果逻辑关系，并理解相关指令的用法和功能。

思考与训练

（1）在进行如图 3-1-8 所示梯形图调试时，某同学发现该程序存在以下问题：当工作平台恰好处于检测位置时按下停车按钮，出现电机停转而松开按钮电机重新启动的现象；当异常断电时工作平台停止在检测位置，当恢复供电时设备会自行启动。该同学利用辅助继电器 M0 对上述梯形图进行改进后梯形图如图 3-1-11 所示。试进行调试并分析其控制原理。

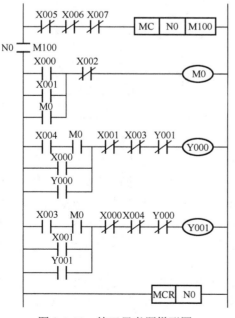

图 3-1-11　练习思考题梯形图

> 提示与要求：
>
> 主控复位命令MCR执行后，除执行SET置位处理的，各继电器恢复到主控命令MC执行前的状态。
>
> 注意输出Y000、Y001驱动条件部分的指令表形式，结合梯形图的编辑、编译转换进行观察对比。

（2）结合本任务控制要求，在PLC启动后前2秒内进行对工作平台位置的检测，若限位开关SQ3、SQ4检测到信号，输出故障显示；若SQ1、SQ2检测到信号，输出左、右位置信号对应到反向启动按钮指示灯，实现提示性正、反转启动操作。

注：选取带指示灯按钮，并阅读说明书，掌握指示灯工作电压及指示灯、按钮的接线。

（提示：可结合PLC运行状态辅助继电器M8002作为触发信号，控制定时器进行定时对SQ3、SQ4状态进行检测，通过结果进行总控。）

阅读与拓展一：常用传感器与FX3U的连接方法

因人体有视、听、嗅、味及触觉等感官系统，将人体的这种感知系统运用于各类检测控制技术中称传感技术。传感技术中的核心部件是一种能将被测的非电量变换成电量的器件，该核心部件被称做传感器。常见传感器有电阻传感器、电感传感器、电容传感器、电涡流传感器、超声波传感器、霍尔传感器、热电偶及光电传感器等。材料不同电阻的特性不同，不同电阻传感器可分别实现气体、温度、压力及湿度等检测；电感传感器能将力、工件尺寸、压力、加速度及振动等转化为小位移变化参数的量进行检测；电容传感器主要用于压力、液位及流量的检测；利用压电效应的压电传感器可用于物体振动及运动设备的加速度检测等；电涡流传感器除主要用于金属探测、转速、表面状态及微小位移等检测外，还常用于无损探伤及制作具有非接触性检测的接近开关，如图3-1-12所示为不同形状、几何尺寸、安装方式的传感器件。

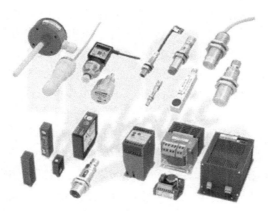

图 3-1-12　常见传感器件

在电气设备检测中常用的是在传感技术上发展起来的接近开关、光电开关及磁性开关等。

一、接近开关

接近开关是一种无触点行程开关，可在一定作用距离（一般为几毫米至几十毫米）内检测有无物体靠近。使用中，在作用距离内检测到物体时，常开型接近开关输出端产生开关ON

信号，常闭型产生输出开关 OFF 信号。近年来绝大部分接近开关采取了将感辨装置与测量转换电路一体化封装，壳体带有螺纹的设计形式，极大地方便了检测机构的安装、调整。现代接近开关的应用已突破了行程开关原先仅限于位置控制、限位保护的范畴，被广泛地应用于生产部件的加工定位、生产零部件的计数、运行机构的测速等领域。

接近开关常根据所作用的检测对象材料性质进行分类，这种分类方式有助于使用者根据所需测量对象进行设备选取。常见的有：只对导电性能良好的金属起作用的电感传感器；对接地导电物体起明显作用或对非金属被测物介电常数敏感而产生动作的电容式传感器；只对强磁性物体起作用的磁性干簧管开关（又称磁性开关或干簧管）；只对导磁性材料起作用的霍尔式传感器等。其他分类方式有：根据触点开关形式分有常开、常闭两种形式；按输出方式分有继电器输出、OC 门输出两种方式。

接近开关由于采用非接触性检测且全封闭无触点开关形式，使其更适宜各种复杂的工作环境，如易燃、易爆、腐蚀性等恶劣环境。其低故障率、较长的工作寿命大大降低了维护作业量，其极快的响应速度更适合于现代数字控制技术的需要。其缺点是输出过载能力差，使用时需要加以注意。常见接近开关按接线方式有二线式、三线式，三线式中的棕色线接电源正极，蓝色线接电源负极，黑色为检测开关信号输出端。在三菱 FX2N 系列 PLC 中，三端式接近开关的棕色线接 PLC 输入端口一侧的"+24V"电源，蓝色线接 COM 端（即"24V"电源负极），黑色连接至 PLC 所分配的输入端口。

二、光电传感器

当光照射到某些特殊材料表面，材料因吸收光子能量而发生相应的电效应的现象，称光电效应。光电传感器件是利用光电材料的光电效应原理进行工作的，利用不同的光电效应，可得到不同特性的光电传感器。利用在光线作用下，电子逸出物体表面的外光电效应，可得到光电管、光电倍增管；利用物体在光线作用下，材料的电阻率变小的内光电效应，可生产出光敏电阻、光敏二极管、光敏三极管等；而利用光作用下物体内部产生一定方向的电动势的光生伏特效应，可生产出节能环保的光电池。

利用光电传感器制作的光电开关分遮断型、反射型两种。遮断型光电开关检测距离可达十几米，安装时红外发射器和接收器要求相对安装并使轴线严格一致。当有物体遮挡红外光束时，接收器接收不到红外光束而产生开关输出信号。反射式光电开关又分反射镜反射型、散射型光电开关。反射镜反射型光电开关采取传感器、反射镜在被测物两侧安装，反射镜角度需校对以获取最佳反射效果。散射型光电开关安装较方便，要求被测物不能是全黑物体。散射型光电开关的检测距离与被测物颜色深度有关，一般小于几十厘米，而反射镜反射型可达几米。

利用光电开关的检测技术，在自动包装机、灌装机及装配流水线等自动化机械装置中，可以很方便地进行物体位置的检测、产品的计数控制等。除此之外光电传感器在光量测量、温度检测、位置检测、人体检测、火灾报警及感光照相等方面也有非常广泛的应用。

FX3U 系列 PLC 连接三端式接近开关、光电开关时，需结合接近开关所采用的三极管输出类型进行连接，如图 3-1-13 所示分别是 NPN、PNP 型的接线方法。

二线式接近开关的 FX3U 的接法分漏型、源型两种，漏、源型接法分别对应 NPN、PNP型，如图 3-1-14 所示。若三极管断开时集电极漏电流大于 1.5mA，则需在集电极与 S/S 间接旁路电阻（旁路电阻可查阅 FX3U 手册）。

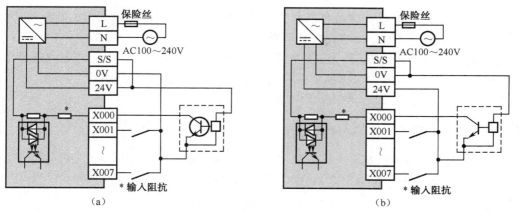

图 3-1-13　FX3U 系列 PLC 连接三端式接近开关、光电开关

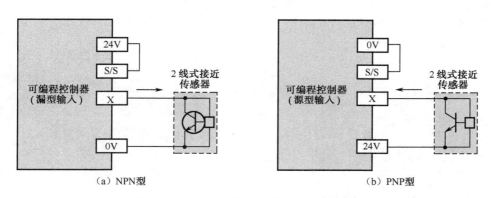

图 3-1-14　二线式接近开关的 FX3U 的接法

三、磁性开关

利用能对强磁性材料起反应作用的磁性干簧管、霍尔元件，制作成的具有接近开关功能的器件称磁性开关。磁性干簧管开关一般为两极型器件，有常开型、常闭型两种，棕色、蓝色线需结合 PLC 漏、源接法的高、低电位端；利用霍尔效应工作的霍尔元件磁性开关一般为三极式，三极式霍尔开关引线、接法均与接近开关相同。磁性元件主要用于如气缸位置检测、磁体位置检测等，霍尔元件磁性开关则被广泛地应用于物体位置的精确检测或设备精确定位控制等方面。

任务二　两只双作用气缸往返 PLC 控制电路的安装与调试

 任务目的

1. 能够对气动元件功能、气动回路组成、工作方式形成一定的认知，熟悉单、双作用气缸、电磁换向阀等气路元件在回路中的作用和控制方式，能进行简单气动回路的连接。

2. 掌握利用 PLC 对气动回路的控制方法；熟悉电磁开关在位置检测及控制中的运用。

3. 进一步熟悉基本指令的运用及常用软元件如定时器在控制中的功能，进一步熟悉逻辑分析梯形图程序的设计方法。

想一想： 除电磁机构可以传递动力，实现位置移动控制外，在实际应用、控制技术中可以利用压缩气体为介质进行机械能传递，如何实现对以压缩气体为介质进行能量传递的控制？

知识链接三：气动回路与气缸的控制

气压传动是以空气压缩机（又称气泵，如图 3-2-1 所示）为动力源，以压缩空气为工作介质，驱动气缸的动作实现动力或信号传递的实用工程技术。气泵输出的压缩空气经如图 3-2-2 所示的集空气过滤、气压调节、油雾润滑于一体的三联件，可以为气动回路提供一定压力、洁净及具有润滑作用的动力介质。气压传动除具有反应灵敏、响应速度快、维护和调节方便外，还具有结构简单、环保性能优、制造工艺成本低及寿命长等优点，被广泛运用于数控加工、物料分捡设备等自动化程度较高的生产设备及自动化生产流水线中。

图 3-2-1　气泵

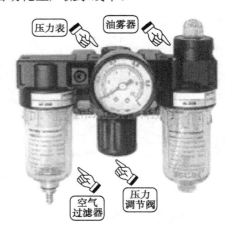

图 3-2-2　气动三联件

气压传动系统组成一般由空气压缩机为动力源，气缸、气马达为执行元件，各类方向、压力及流量控制阀组成的控制调节元件，由传感器、过滤器、消声器等确保系统稳定可靠运行的辅助元件 4 部分组成。执行器件是将压缩空气的压力能转换为运动部件机械能的能量转换装置，执行器件有输出旋转运动的气马达和输出直线运动的作用气缸，但由于气动执行元件的输出推力或推力转矩较小而仅适用于轻载工作系统或者用于控制系统。

气缸的工作方式、结构形状有多种，分类方式也有多种。这里仅介绍常用的以压缩空气对活塞端面作用力方向进行的分类，分单作用和双作用气缸。单作用气缸是指气缸靠压缩空气推动活塞完成一个方向的运动，气缸的复位是靠其他外力，主要依靠有弹簧的弹力等。该类气缸具有结构简单，耗气量小等优点，但由于采取弹簧复位方式，导致活塞杆输出推力和活塞有效行程减小，输出推力及运动速度不稳定。单作用气缸主要用于如定位、夹紧等短行程及对输出推力和运动速度要求不高的场合。而双作用气缸（如图 3-2-3 所示）是指气缸伸出与缩回的往返运动均依赖于相反流向的压缩空气完成的，克服了上述单作用气缸弹簧复位带来的缺陷。

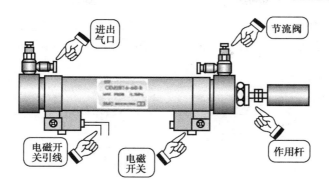

图 3-2-3 双作用气缸

压缩空气的气体流向是通过换向控制阀来实施控制的，自动控制回路中主要采用电磁式换向阀完成方向的控制，电磁换向阀分为单电控、双电控电磁换向阀。如图 3-2-4（a）所示为气动回路采用的先导式电磁换向阀。先导式电磁换向阀换向的方法是利用电磁机构控制从主阀气源节流出来的一部分气体，产生先导压力去推动主阀阀芯移位实现换向。结合图（b）结构原理图，电磁阀 1 通电（电磁阀 2 断电），主阀的 K1 腔进入压缩空气，K2 腔排气，推动主阀阀芯右移，使 P 与 A 口接通，同时 B 与 O2 口接通而排气；反之，当 K2 腔进气，K_1 腔排气，主阀阀芯向左移动，P 与 B 接通，A 口通过 O1 排气。

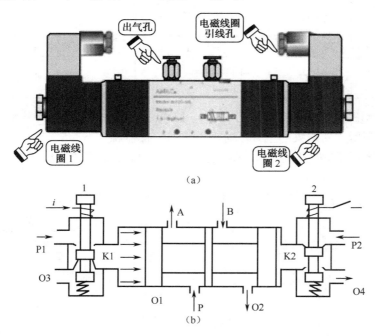

（a）

（b）

图 3-2-4 先导式双电控二位五通换向阀

如图 3-2-5 所示为两只双作用气缸构成往返运动控制的气动回路。其工作过程结合气缸 M1 来说明，当压缩空气从左端流进、右端流出时，气缸活塞杆伸出，当压缩空气分别从右端流进、左端流出时，气缸活塞杆缩回。气缸进气方向由上述的先导式电磁换向阀换向控制实现，当电磁阀 YA1 通电时，压缩气体由 A 口流出，B 口流进，气缸活塞伸出；当电磁阀 YA2

通电时，压缩气体由 B 口流出，A 口流进，气缸活塞缩回。活塞位置可通过电磁开关进行检测，当电磁开关检测到活塞环位置到达时，通过断开进气电磁阀线圈的电源，实现活塞运动停止而准确定位。

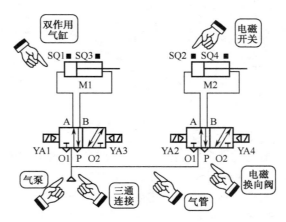

图 3-2-5 两个双作用气缸工作示意图

指令链接四：运算结果上升指令（MEP）、下降沿触发指令（MEF）

运算结果上升沿触发指令格式、操作对象及功能说明如下。

名　　称	指　　令	功　　能	梯形图符号	操作对象	程序步数及说明
MEP	[MEP]	上升沿控制	┤├──↑──（　）	无操作对象	1

上升沿控制 MEP 指令用于对以 LD、LDI、LDF、LDP 等开始的触点或触点块的逻辑运算结果进行判断，利用判断结果的上升沿对输出状态进行控制。

MEP 指令用法示例梯形图和时序图如图 3-2-6 所示，指令表见 STL 3-2-1。

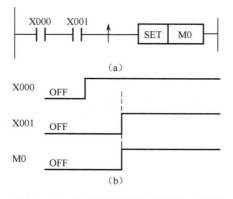

（a）

STL 3-2-1

0	LD	X000
1	AND	X001
2	MEF	
3	SET	M0

（b）

图 3-2-6 MEP 指令示例梯形图及时序图

运算结果下降沿触发指令格式、操作对象及功能说明如下。

名　称	指　令	功　能	梯形图符号	操　作　对　象	程序步数及说明
MEF	[MEF]	下降沿控制		无操作对象	1

下降沿控制 MEF 指令用于对以 LD、LDI、LDF、LDP 等开始的触点或触点块的逻辑运算结果进行判断，利用判断结果的下降沿对输出状态进行控制。

MEF 指令用法示例梯形图及时序图如图 3-2-7 所示，指令表见 STL 3-2-2。

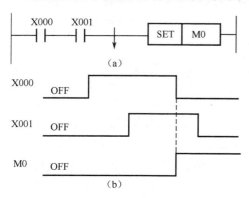

STL 3-2-2

0	LD	X000
1	AND	X001
2	MEP	
3	SET	M0

图 3-2-7　MEF 指令示例梯形图及时序图

MEP、MEF 指令是根据到 MEP/MEF 指令前面为止的运算结果动作，需用在梯形图与指令 AND 的相同位置上。

专业技能培养与训练二：双作用气缸往返运动的 PLC 控制设备的安装与调试

任务阐述：对上述气路采用 PLC 控制实现，两只气缸作轮流伸缩运动，M1 活塞杆先伸出，停留 1s 后，M2 活塞杆再伸出，停留 2s 后，M1 活塞杆缩回，停留 1s 后，M2 活塞杆再缩回，M1 再伸出……循环往复。

双作用气缸往返 PLC 控制设备安装清单见表 3-2-1。

表 3-2-1　双作用气缸往返 PLC 控制设备安装清单

序号	名称	型号、规格	数量	序号	名称	型号、规格	数量
1	PLC	FX3U-48MR/ES	1	7	断路器	DZ47	1
2	PC	台式机	1	8	气泵	静音气泵	1
3	启/停按钮	绿/红	2	9	双作用气缸		1
4	开关电源	24V/2A	1	10	电磁换向阀		1
5	编程电缆	FX-232AW/AWC	1	11	三联件		1
6	熔断器	RL1-10	1	12	气管及连接件		若干

一、实训准备

按设备清单清点实训器材，观察气动元件外观，结合设备说明了解外部结构、工作方式，熟悉设备安装、连接方法及外部检测器件的安装位置、导线颜色等。

二、控制任务分析与PLC控制梯形图的设计

1. I/O 定义及功能逻辑分析

I/O 定义：为便于控制，该系统中需设置启动按钮 SB1、停车按钮 SB2。结合如图 3-2-5 所示双作用气缸的伸缩与电磁换向阀的控制关系和电磁检测器件的安装位置与作用，进行 I/O 端口定义如下。

I 端口		O 端口	
SB1	X000	YA1	Y000
SB2	X001	YA2	Y001
SQ1	X002	YA3	Y002
SQ2	X003	YA4	Y003
SQ3	X004		
SQ4	X005		

功能逻辑分析：M1 活塞伸出的启动条件为按下 SB1（X000），运行过程中 SQ2 检测 M2 活塞复位，即 X003 常开闭合，YA1（Y000）自锁。伸出停止条件：SQ3 检测到活塞（X004 闭合）或按下 SB2（X001），联锁 YA3（Y002）常闭触点。

定时器 T0 的驱动条件：SQ3（X004）闭合。

M2 活塞伸出启动条件：定时器 T0 定时时间 1s 到，YA2（Y001）自锁。伸出停止条件：SQ4 检测到活塞（X005）闭合或按下 SB2（X001），联锁 YA4（Y003）常闭触点。

定时器 T1 的驱动条件：SQ4（X005）闭合。

M1 活塞收缩启动条件：X004 闭合且定时器 T1 定时时间 2s 到，YA3（Y002）自锁。停止收缩条件 SQ1 检测到活塞或按下 SB2（X001）。联锁 YA1（Y000）。

定时器 T2 的驱动条件：SQ1（X002）闭合且 SQ4（X005）闭合。

M2 活塞收缩启动条件：T2 定时 1s 时间到，YA4（Y003）自锁。停止收缩条件 SQ2（X003）有检测信号或按下 SB2（X001）。联锁 YA2（Y001）常闭触点。

2. 控制梯形图与PLC控制电路

在上述分析的基础上，可画出控制梯形图如图 3-2-8 所示。

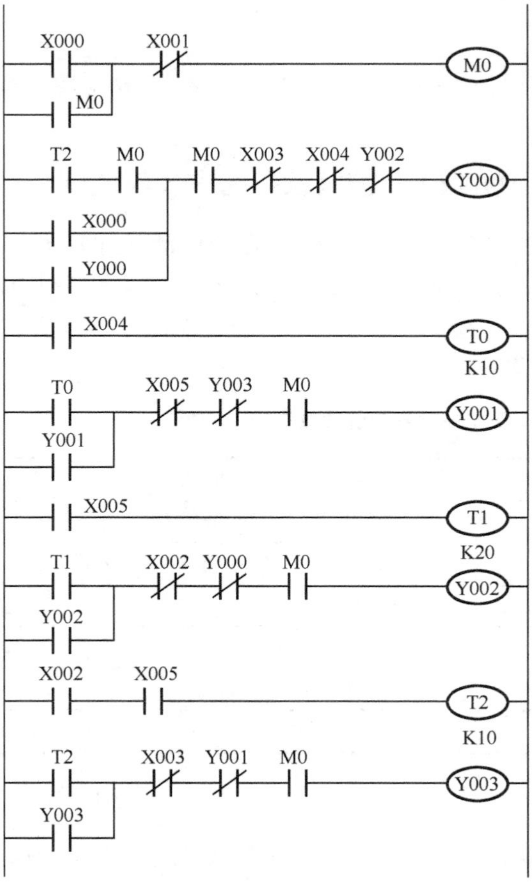

试结合梯形图回路 1 中启动按钮 X000、停止控制按钮 X001 及辅助继电器 M0 构成的"启

图 3-2-8 双作用气缸控制梯形图

保停"结构的作用，编辑该气动控制电路的 PLC 控制连接图，如图 3-2-9 所示。

三、设备安装与调试训练

（1）观察气动回路图，结合器件清单，为器件合理布局。观察气泵、气路三联件（调压、过滤、油雾化器）练习气路元件间气管的连接；观察并分辨先导式双向电磁换向阀进、出气孔，双控电磁阀接线；观察双作用杆气缸，分清伸、缩作用进、出气孔。

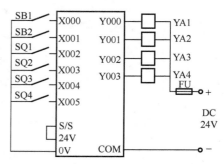

图 3-2-9 双作用气缸控制 PLC 接线图

（2）根据三联件、电磁换向阀、气缸的安装方式，按布局要求进行气动元件的安装，并检查安装牢固性以防气体压力过大导致器件飞脱引起事故，在教师指导下结合气路要求选取导管、连接件，连接时须首先核查气泵输出阀是否关闭，然后按气动回路图由气泵开始进行气路连接。

（3）观察电磁开关的安装方式，将二端式电磁开关连接到 PLC 输入端（黑色导线接 PLC 相应输入端，蓝色导线接公共端），在 PLC 接通工作电源的情况下观察气缸伸出、缩回时 PLC 的输入端状态指示变化及电磁开关尾部工作指示灯变化，调整电磁开关位置进行观察。观察后断开 PLC 电源。此步骤中仅接通 PLC 工作电源，气缸一端气管拆除并核查后再进行连接并切断所接电源。

（4）PLC 输出回路电磁换向阀的电路连接，需注意电磁换向阀的电源极性和工作电源电压的大小。安装经自行检查后再在教师的指导下按气路连接、输入检测与控制、输出回路部分进行仔细检查（含正确性和可靠性）。

（5）在教师指导下打开气泵电源，等气泵气压上升后打开输出气阀并进行输出气压的调节。

（6）编辑如图 3-2-8 所示梯形图，试设计调试方案，启动设备工作电源，在监控状态下观察程序运行及运行条件的变化。在教师指导下练习气缸作用杆的动作速度调节，通过进气量的调节实现作用杆的平稳动作。

（7）结合定时器时间量的设定调整，观察程序的执行效果，加深对时间量控制方法的理解。

（8）完成任务后，要求断开实训任务所有设备的电源，注意关闭气泵输出阀门，再分别仔细按电路、气路拆除设备并整理归类。

思考与训练

（1）观察上述程序停止方式，试在控制梯形图的基础上，设计实现：运行中按下停车按钮 SB2 时，气缸完成当前正在进行的工作循环后停车（两只气缸均完成缩回动作后停止），试完成编辑并调试运行。

（2）试设计梯形图：要求 M1 在完成"伸出—缩回—伸出"后，进行 M2 伸出—M1 缩回—M2 缩回的循环工作过程，每一动作间保持 2s 时间间隔（提示：利用活塞 M1 第一次伸出时对某一辅助继电器置位，第二伸出时复位处理，以此作为 M2 的启动条件）。

阅读与拓展二：液压传动与基本器件

液压传动系统一般由以液压油为介质的液压泵为动力源，以液压缸或液压马达为执行元件和实现压力方向及流量控制的控制调节元件以及测量、连接件等保证系统正常工作的辅助元件组成。液压系统动力源一般由储存介质的油箱、提供动力的液压泵、实现调压限流的结构等组成，总称液压泵站，如图3-2-10所示。

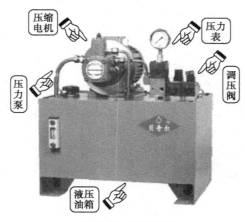

图 3-2-10　液压泵站

液压系统中的执行器件同样包括提供直线动力的液压缸和提供角度位移的液压马达。和气动执行机构的不同主要表现在，液压缸、液压马达除可输出较大推力或推力转矩外，液压系统的自行润滑特点决定其寿命长并可方便地实现无级调速。液压缸均为双作用缸，工作方式及控制方式和双作用气缸相似。液压系统中常用的双电控电磁换向阀，工作原理及控制方式基本也与气动元件相似。液压系统作为精密数据设备辅助控制手段及大型设备的压力传动机构应用非常广泛。

如图 3-2-11 所示为两只液压缸构成的往返控制回路，以液压缸 M1 为对象，其工作过程及控制方式如下：当液压油从左端流进、右端流出时，活塞杆伸出，当液压油分别从右端流进、左端流出时，液压缸活塞杆缩回。液压缸进油方向由双电控电磁换向阀控制，当电磁阀YA1 线圈通电液压油由 A 口流出，B 口流进时，液压缸活塞伸出；当电磁阀线圈 YA2 通电液压油由 A 口流进，B 口流出时，液压缸活塞缩回。不同于气缸活塞位置的检测，液压缸活塞杆位置的检测是通过外部设置的行程开关类器件完成的。

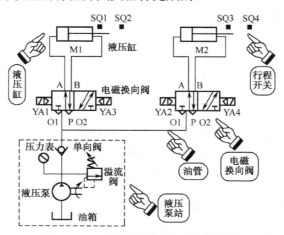

图 3-2-11　两液压缸轮流往返控制回路

如图 3-2-12 和图 3-2-13 所示分别为双电控液压电磁换向阀及液压缸。

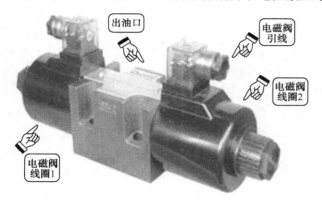

图 3-2-12　双电控液压电磁换向阀

图 3-2-13　液压缸

任务三　变频器的三段速运行 PLC 控制任务的安装与调试

 任务目的

1. 通过 PLC 对 E540 变频器三段速控制任务的分析设计及安装训练，熟悉变频器速度控制的基本功能，学会基本的变频参数的设置方法。

2. 熟悉变频器常用控制端的功能及接法，学会利用 PLC 输出开关量实施变频器高、中、低速运行的控制方法。

3. 通过设备控制进一步熟悉计数器的使用方法，强化对 PLC 基本指令用法的掌握。

想一想： 现代机电控制设备中三相异步电动机仍然是主要设备的动力提供者，随着变频技术的成熟和变频器的使用，给三相异步电动机的控制带来了方便，那么如何利用 PLC 通过变频器对电机的转速进行控制？

知识链接四：E540 变频器三段速运行的 PLC 控制线路的连接

尽管自动化程度和设备性能逐渐提高，但以三相异步电动机为电力拖动动力主体的地位并没有变化，各种动力控制仍以三相异步电动机为主体来体现。随着生产加工工艺对设备性能要求的提高，三相异步电动机的调速性能及控制显得越来越重要，而传统变极，改变转差率调速的方式已远远不能满足现代控制的需要。随着变频技术的发展和成熟，通过改变电源频率的变频器调速在现代生产控制中应用日趋广泛，变频器的运行与 PLC 控制是两者应用和发展的需要。

可编程控制器对变频器的控制主要有以下几种方式：一是通过对变频器的 RH（高速端）、RM（中速端）和 RL（低速端）进行多段速控制，向外提供可满足设备加工需要的多级转速。二是通过频率一定的数量可变的脉冲序列输出指令 PLAY，以及脉宽可调的脉冲序列输出指令 PWM 在变频器控制中可实现平滑调速。三是通过通信端口实现 PLC 与变频器间的通信，利用通信端口实施运行参数的设置和实现对变频器的控制。

第一种多段速控制，是通过在 PLC 与变频器间进行简单的连接，利用 PLC 的输出端口对变频器相应的控制端输出有效的开关信号。第二种需要额外的数模（D/A）转换接口电路或 PLC 扩充功能模块来实现。第三种则需要在 PLC 基本单元上安装 RS485 通信扩展板卡，并通过变频器 RS-485 通信口进行通信连接（后续模块中介绍）。本任务将讨论第一种方式在不增加任何设备的情况下，实现 PLC 对变频器高、中、低速输出的控制。

如图 3-3-1 所示为 FX_{2N} 系列 PLC 与三菱 E500 系列变频器的连接示意图，该连接图基本上适用于三菱系列 PLC 与三菱常见系列变频器间的控制连接，可实现对变频器的高、中、低速及正、反转的控制。PLC 输出端 Y000、Y001 对应连接变频器的正、反转控制端 SFT、STR，通过 Y000、Y001 输出开关信号实现变频器的正、反转控制；Y002 接至变频器高速控制端 RH，Y003、Y004 对应接至中速控制端 RM 和低速控制端 RL，分别实现对变频器三种转速的控制。SD 为控制公共端，它与 PLC 输出 COM 端相接与上述各控制端形成控制回路。

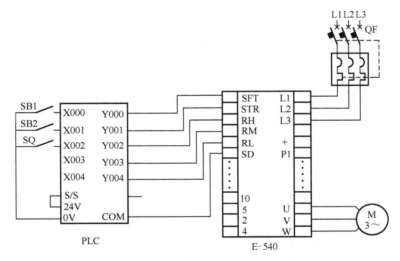

图 3-3-1　变频输送带 PLC 控制连接图

三菱 E500 系列变频器的高、中、低速均通过对应的运行输出频率体现，出厂默认设置 RH、RM 及 RL 分别对应频率 50Hz、30Hz 及 20Hz（其他系列出厂设置均相同），变频器所驱动电机的实际转速除取决于频率外还与所驱动电机的极对数和转差率有关。但毫无疑问同一台电机三种状态下转速是与这三个频率对应成正比的。高、中、低速对应的频率可以根据要求进行相应的设置，上述接法可实现一般 PLC 与变频器控制应用的要求。

> 需注意的是对变频器实施正、反转控制时，正转只能 STF 有输入，即 STF 相对于 SD 接通，反转时 STR 有输入，STF、STR 两者不能同时接通，否则变频器将停止运行。在对变频器进行三段速运行控制时，由于具有低速段优先的控制逻辑，所以允许 RH、RM、RL 三者中同时有多个输入，但以其中的相对低速段输出转速。

知识链接五：计数器的分类及用法认知

和定时器、输出继电器的驱动一样，三菱 PLC 内部计数器的驱动也是通过输出指令 OUT

实现的，指令格式及步数可参阅 OUT 指令的说明。

计数器用于对软元件触点的动作次数或输入脉冲的个数进行计数。FX₂ₙ 计数器分内部计数器和外部计数器。内部计数器是对机内 X、Y、M、S、T 等软元件动作进行计数的低速继电器，内部计数器的计数方式与机器的扫描周期有关，故不能对高频率输入信号进行计数。若需实现高于机器扫描频率信号的计数需要用到外部计数器（即高速计数器），高速计数器由于采用了与机器扫描周期无关的中断工作方式，其计数对象是只能通过 PLC 固定输入端（X000～X005）输入的高速脉冲，故称外部计数器。

FX₂ₙ 系列 PLC 中内部计数器分以下几类。

（1）16 位加法计数器：16 位加法计数器编号范围为 C0～C199，其中 C0～C99（100 点）为通用加法计数器；C100～C199（100 点）为 16 位掉电保持计数。16 位加法计数器的设定值范围为 1～32767。

如图 3-3-2 所示梯形图，若 X001 接通和断开一次，则计数器 C0 数值增加 1，可见计数器的驱动控制本身具有断续的工作状态特征，能完成计数功能的计数寄存器均具有记忆功能，因此所有计数器只能通过使用复位指令复位。但非掉电计数器在掉电时所计的数值在供电恢复时被自动复位，而掉电保持功能计数器在掉电时具有将当前值保持下来的功能，由于计数器的记忆功能，所以不论是掉电保持计数器还是非掉电保持计数器，在程序设计中均需设置相应的复位操作。

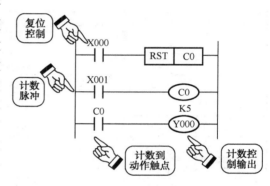

图 3-3-2　计数器使用示例

上例中，输入 X000 闭合时可实现对计数器 C0 进行复位操作，计数脉冲通过 X001 送至计数器 C0 进行计数，脉冲变化一次，计数器当前值增加 1，当计数值达到设定数值 5 时，计数器 C0 常开触点闭合，则 Y000 输出状态为由 OFF →ON，直到计数器 C0 被 X000 复位。如图 3-3-3 所示的时序图反映了该梯形图的计数器工作与控制过程。

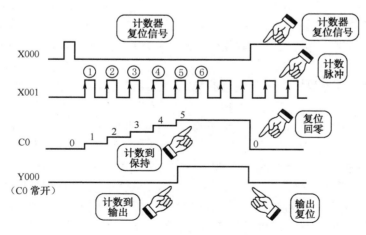

图 3-3-3　计数器工作时序图

（2）32 位加/减计数器：32 位加/减计数器共计有 35 点，设定计数范围为-2147483648～+2147483647。其中分编号范围在 C200～C219 共 20 点的 32 位通用加/减计数器和编号范围在 C220～C234 共 15 点的 32 位具有断电保持功能的加/减计数器两种。

编号为 C200～C234 的 32 位加/减计数器加、减计数工作方式的实现，分别由特殊辅助继电器 M8200～M8234 进行设定，对应关系如表 3-3-1 所示。当与某一计数器相对应的特殊辅助继电器被设置为 0 状态时实现加法运算，设置为 1 状态时则实现减法运算。不同于 16 位加法计数器的计数值达到设定值时保持设定值不变的特点，32 位加/减计数器采取的是一种循环计数方式，即当计数值达到设定值时仍将继续计数。32 位加/减计数器在加计数方式下，将一直计数到最大值 2147483647，到最大值时继续计数，则加 1 跳变为最小值-2147483648。相反，在减计数方式下，将一直减 1 到最小值-2147483648，继续减计数则转变成最大值 2147483647。

表 3-3-1　32 位加/减计数器的加减方式控制用的特殊辅助继电器

计数器编号	加减方式	计数器编号	加减方式	计数器编号	加减方式	计数器编号	加减方式
C200	M8200	C209	M8209	C218	M8218	C227	M8227
C201	M8201	C210	M8210	C219	M8219	C228	M8228
C202	M8202	C211	M8211	C220	M8220	C229	M8229
C203	M8203	C212	M8212	C221	M8221	C230	M8230
C204	M8204	C213	M8213	C222	M8222	C231	M8231
C205	M8205	C214	M8214	C223	M8223	C232	M8232
C206	M8206	C215	M8215	C224	M8224	C233	M8233
C207	M8207	C216	M8216	C225	M8225	C234	M8234
C208	M8208	C217	M8217	C226	M8226		

注：特殊辅助继电器 ON 时为减计数器，OFF 时为加计数器。

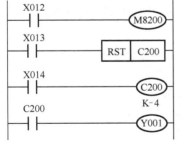

图 3-3-4　示例梯形图

如图 3-3-4 所示为 32 位加/减计数器 C200 的应用示例梯形图，C200 的设定值为-4，对应计数方式通过特殊辅助继电器 M8200 在 X012 未闭合时默认 OFF 状态，计数器 C200 为加法计数方式；当 X012 闭合时，M8200 线圈得电为 ON 状态，C200 为减计数工作方式。X014 计数脉冲输入端，对计数脉冲上升沿进行计数。

需注意的是 32 位加/减计数器与 16 位加计数器的触点动作方式也不相同，结合如图 3-3-5 所示本例工作时序图可见：C200 的计数设定值为-4，若当前值由-5 变为-4 时，则计数器 C200 的触点动作，相应为常开闭合。若由当前值-4 变为-5 时（减法），则计数器 C200 的触点复位。当 X13 的触点接通执行复位指令时，C200 被复位，C200 常开触点断开，常闭触点闭合。

由于 PLC 是采用循环扫描工作方式反复不断地读程序，并进行相应的逻辑运算的，在一个扫描周期中若计数脉冲多次变化，则计数器 C200 将无法对它进行计数，故输入端计数脉冲的周期必须大于一个扫描周期，也就是说内部计数器的计数频率是受到一定限制的。对应较高频率的计数可采用中断方式的 C235～C255 共计 21 点的高速计数器。

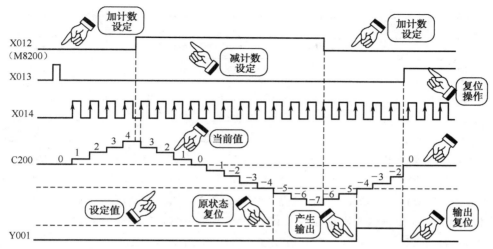

图 3-3-5 计数器 C200 工作时序图

专业技能培养与训练三：PLC 与变频器三段速基本控制任务的设备调试与安装

任务阐述：采用变频器对三相异步电动机（假设该电机单极对数、转差率约为 0，可忽略）实施控制，要求启动以 300r/min 低速拖动输送带，在启动后 5min 内检测到货物即以 900r/min 的速度运转。若未检测到货物或已检测到货物信号后 2.5min 内未再检测到货物，则以 150r/min 的转速反向拖动输送带直到停车，设计 PLC 的控制程序并完成设备安装与调试。

启保停 PLC 控制设备安装清单见表 3-3-2。

表 3-3-2 启保停 PLC 控制设备安装清单

序号	名称	型号或规格	数量	序号	名称	型号	数量
1	PLC	FX3U-48MR/ES	1	7	启动按钮	红	1
2	PC	台式机	1	8	停止按钮	绿	1
3	变频器	E540（D700）	1	9	光电开关		1
4	断路器	二极、三极	各1	10	端子排		
5	编程电缆	FX-232AW/AWC	1	11	导线		若干
6	三相电动机	Y132M2-4	1	12	安装轨道	35mm DIN	

系统分析：该传送系统采用高速 900r/min、中速 300r/min 和低速 150r/min 三种转速拖动输送带，对应于变频器高、中、低三段速频率分别为 15Hz、5Hz 及 2.5Hz（均需对变频器进行参数设定，设定方法见阅读与拓展），正、反转控制通过 STF、STR 实现。本任务中需要对任务中与前次检测信号产生后 2.5min 内是否检测到信号进行判断。

一、控制任务逻辑分析与梯形图

设备控制 I/O 端口定义如下。

I 端口		O 端口	
SB1	X000	STF	Y000
SB2	X001	STR	Y001
SQ	X002	RH	Y002
		RM	Y003
		RL	Y004

SB1（X000）用于设备启动控制、SB2（X001）用于实现停车控制，SQ（X002）为物料检测开关。正转控制 STF（Y000）和反转控制 STR（Y001）两者不允许同时有输出。正转 STF（Y000）和 RH（Y002）为 ON 时，变频器输出正序 15Hz 的三相交流电；STF（Y000）和 RM（Y003）为 ON 时，则变频器输出正序 5Hz 的三相交流电，所接电动机正转。在反转 STR（Y001）和 RL（Y004）为 ON 时，提供给电动机反序 2.5Hz 的三相交流电。

PLC 控制系统的逻辑分析如下。

（1）实现 Y000、Y003 输出的中速运行事件的驱动条件：启动按钮按下（X000 接通）；中速停止的条件：停车按钮 X001 按下，定时器 T0 5min 定时时间到或在定时器定时的 5min 内 X002 检测到货物信号。

（2）实现 Y000、Y002 有输出的高速运行事件的驱动条件：在设备启动 5min 内有检测信号；停止条件：停车按钮 X001 按下，在高速运行的上一次检测信号后 2.5min 内没有检测信号。

（3）Y001、Y004 有输出的低速反转事件，由题意可知其驱动条件为设备启动中速 5min 内无检测信号，高速运行后 2.5min 内无检测信号，对应于运行状态下非高速、非低速运转状态。停止条件：按下停车按钮 X001。

为简化控制逻辑，设置辅助继电器 M0 的运行/停止状态标志，运行状态：M0 为 ON；停止状态：M0 为 OFF。对于 2.5min 内有无检测信号的判断，本例中通过计数器 C0、C1 分别实现对检测信号（X002）的奇、偶次计数，利用计数器动作触点分别实现定时器 T1、T2 的控制进行判断，试结合如图 3-3-6 所示梯形图进行分析、理解。该梯形图对应指令表见 STL 3-3-1。

程序理解上应注意：①程序中有多重输出，注意栈指令的用法。②计数指令 OUT C1 K2 等，用于对输入脉冲的个数进行计数。③RST 复位指令，对操作对象进行强行复位功能，可用于对输出线圈、积算定时器、计数器等软元件的复位。

二、PLC 变频输送带控制电路

PLC 与变频器的连接如图 3-3-1 所示。变频器的安装接线方法与要求可参阅"阅读与拓展：E740 型变频器简介"。

三、设备安装与调试训练

（1）结合实训设备清单选取器件、设备，观察变频器的型号、外观；利用搜索引擎结合变频器厂家、型号等查询并下载三菱 FR-E740 变频器使用手册，阅读并掌握有关变频器的安装方法和要求。

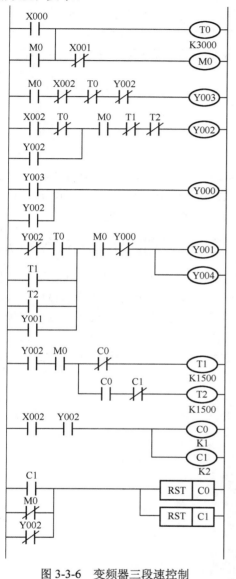

图 3-3-6 变频器三段速控制

STL 3-3-1

步序号	助记符	操作数	步序号	助记符	操作数
0	LD	X000	27	AND	M0
1	OR	M0	28	ANI	Y000
2	OUT	T0	29	OUT	Y001
		K3000	30	OUT	Y004
5	ANI	X001	31	LD	Y002
6	OUT	M0	32	AND	M0
7	LD	M0	33	MPS	
8	ANI	X002	34	ANI	C0
9	ANI	T0	35	OUT	T1
10	ANI	Y002			K1500
11	OUT	Y003	38	MPP	
12	LD	X002	39	AND	C0
13	ANI	T0	40	ANI	C1
14	OR	Y002	41	OUT	T2
15	AND	M0			K1500
16	ANI	T1	44	LD	X002
17	ANI	T2	45	AND	Y002
18	OUT	Y002	46	OUT	C0
19	LD	Y003			K1
20	OR	Y002	49	OUT	C1
21	OUT	Y000			K2
22	LDI	Y002	52	LD	C1
23	AND	T0	53	ORI	M0
24	OR	T1	54	ORI	Y002
25	OR	T2	55	RST	C0
26	OR	Y001	56	RST	C1

（2）根据 PLC 控制连接图，结合各器件特别是变频器的安装要求，画出电气设备布局图。在教师指导下，练习三菱 FR-E740 变频器前盖板、辅助板、操作面板等的拆卸与安装；观察内部控制接线端位置、符号标识及主线路接线标识，结合手册熟悉各接线端的功能与接法要求。

（3）结合如图 3-3-1 所示电路进行连接，检查核对并确保无误。在教师指导下接通变频器电源电路并参照三菱变频调速器 FR-E500 使用手册，对 Pr.4、Pr.5、Pr.6 进行高、中、低速对应参数的设定，频率参数的设置分别对应 15Hz、5Hz 及 2.5Hz。

（4）利用编程软件编辑如图 3-3-6 所示梯形图程序，对程序编译并检查，利用 RS-422 数据线传输至 PLC，观察 PLC 状态指示。

（5）根据控制任务要求设计调试方案，并将 PLC 功能选择开关置于 RUN 位置，通电运行并按常规设备调试要求进行调试。重点在负载运行调试时，试模拟不同作用时间的检测信号，观察电动机运行状态及监控状态下梯形图程序的控制条件和执行结果的对应关系。

（6）实训中存在的问题需及时反馈并进行小组讨论或自行研究解决，及时归纳总结并结合学习资料归类存档。

思考与训练

（1）根据逻辑取反 INV 指令的用法与功能，试用 INV 指令实现如图 3-3-6 所示梯形图回路四的控制功能。

（2）利用 PLC 实现变频调速，要求按下启动按钮 SB1，电动机启动后在 10Hz 频率下低速运行，25s 后以 40Hz 高速运转。按下停车按钮电动机转速降至 5Hz 频率运转，10s 后停止，从安全角度考虑设计急停控制措施，试结合本任务的实训设备完成设备调试。

阅读与拓展三：E740 型变频器简介［学会查阅三菱变频调速器 FR-E700 使用手册］

由三相异步电动机的转速公式可知，通过改变电源频率可以实现三相异步电动机转速的控制。现代电力拖动设备通过变频器实现电源频率的改变，达到控制电机转速的目的，变频调速的基本工作原理是将输入的交流电经整流处理后转变为直流电，再经过专门的大电流逆变电路转化成频率可调的交流电。目前国内市场典型变频器的品牌有西门子、安川、三菱、施耐德、台达等，下面我们以国内常用三菱 E740 型变频器（如图 3-3-7 所示）为对象，重点讨论其最基本的使用方法。

图 3-3-7　三菱 E740 型变频器

一、三菱 E740 变频器面板的拆卸与功能接线端的识读

E700 系列在 E500 系列变频器基础上进行升级成为目前三菱的主流产品，E740 型变频器属于 E700 系列中的一款典型产品。

除延续 E500 的 V/F 控制、通用磁通矢量控制方式外，E700 增加了先进磁通矢量控制和最佳励磁控制功能，增加了 USB 接口、网络运行模式和 PROFIBUS-DP 通信功能及组件，并采用不可拆装的一体式操作面板。E740 型变频器的用法和主要配套选件如图 3-3-8 所示，选件型号可参阅 E740 变频器手册。

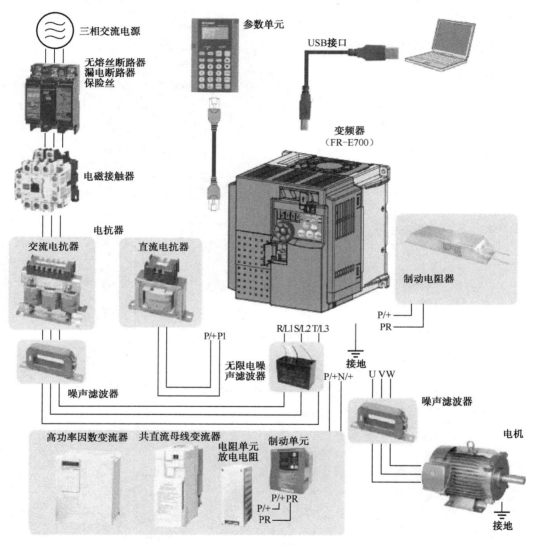

图 3-3-8　E740 型变频器的用法和主要配套选件

E740 变频器由主机箱和面板组成，E740 变频器的用户端组成和功能名称如图 3-3-9 所示。主要面板附件有：前盖板、操作面板、配线盖板等。前盖板的拆卸方法：用手指从前盖板上端轻轻向前拉，取下前盖板后在垂直面板方向向外沿安装轨道取下梳形配线盖（安装步骤与拆卸过程相反）。

操作面板用于实现变频器性能、参数的调整和状态数据的显示。PU 通信接口用于与专用参数设定单元（选件）、个人计算机 PC 及可编程控制器 PLC 间实现多站点通信。USB 接口与PC 连接用于进行变频器参数的软件（FR Configurator）设置与操作。

USB 和 PU 接口盖板的打开方法分别如图 3-3-10 和图 3-3-11 所示。其中 PU 接口盖上的变频器型号标识和相关标识含义如图 3-3-12 所示，如图 3-3-13 所示为变频器侧面铭牌。

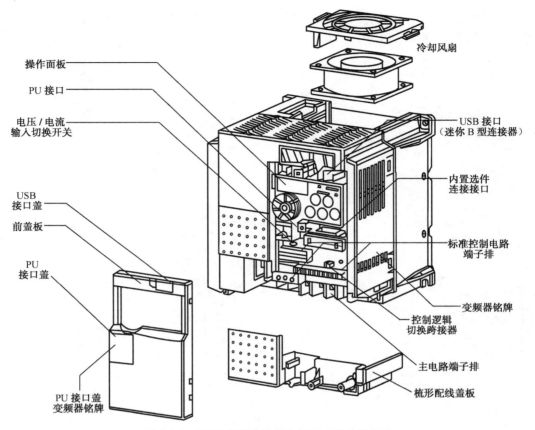

操作面板

PU 接口

电压 / 电流
输入切换开关

USB
接口盖

前盖板

PU
接口盖

冷却风扇

USB 接口
（迷你 B 型连接器）

内置选件
连接接口

标准控制电路
端子排

变频器铭牌

控制逻辑
切换跨接器

主电路端子排

梳形配线盖板

PU 接口盖
变频器铭牌

图 3-3-9　E740 变频器的用户端组成和功能名称

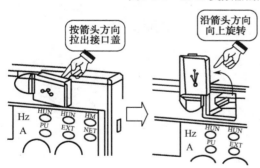

按箭头方向
拉出接口盖

沿箭头方向
向上旋转

图 3-3-10　USB 接口盖的打开方法

用一字螺丝
刀插入 PU 接
口盖板凹槽
撬开并翻转

图 3-3-11　PU 接口盖的打开方法

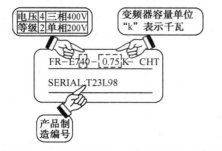

电压 4 三相400V
等级 2 单相200V

变频器容量单位
"k" 表示千瓦

FR－E740－0.75K－ CHT

SERIAL:T23L98

产品制
造编号

图 3-3-12　PU 接口盖上的变频器型号标识

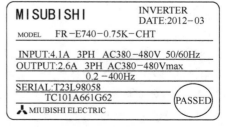

MISUBISHI　INVERTER
DATE:2012－03

MODEL　　FR－E740－0.75K－CHT

INPUT:4.1A　3PH　AC380－480V　50/60Hz
OUTPUT:2.6A　3PH　AC380－480Vmax
0.2－400Hz
SERIAL:T23L98058
TC101A661G62　　　　PASSED

MIUBISHI ELECTRIC

图 3-3-13　变频器侧面铭牌

做一做：试查询变频器铭牌中相关英文的含义，结合手册理解各项含义。

三菱 E740 变频器的三相电源、电动机接线端及各个功能接线端的接法要求和相关说明如图 3-3-14 所示，使用时应根据控制需要按说明进行连接，并结合相关参数进行调整。

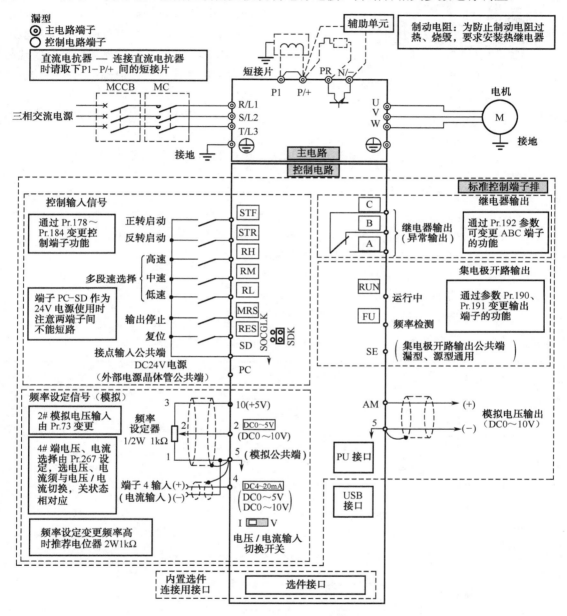

图 3-3-14 三菱 E740 变频器各接线端的接法要求

二、变频器的功能接线端的分类和功能说明

1. 主电路接线端

如图 3-3-15 所示为 E740 变频器主电路接线端子的分布和接法图。

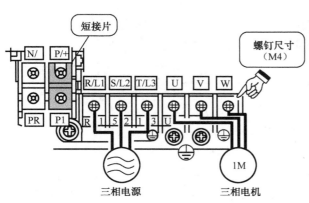

图 3-3-15　E740 变频器主电路接线端子分布

（1）主电路电源接法：电源进线必须接 L1、L2、L3 端，对电源进线相序没有要求，但绝对不能接于变频器 U、V、W 端，否则会导致变频器的损坏；三相电动机的 U、V、W 相绕组对应接至变频器的 U、V、W 端，电机外壳与变频器接地端进行可靠连接（工程中规定三相电动机从轴向看逆时针旋转方向为正方向）。

（2）"P/+"—"PR"端为制动电阻器连接端，可在端子"P/+"与"PR"之间连接制动电阻器（选件 FR-ABR）。

（3）"P/+"—"P1"端为直流电抗器连接端，用于连接改善电路功率因素的 DC 电抗器。拆开原端子"P/+"—"P1"间的短路片，连接时需将直流电抗器（选件）接入（不接直流电抗器时此短接片不能拆除）。

（4）"P/+"—"N/−"端为制动单元连接端，可连接作为选件的制动单元（FR-BU2）、高功率整流器（FR-HC）及共直流母线整流器（FR-CV）。

（5）"⏚"接地端用于强制变频器机架接地用。

2．E740 变频器标准控制端

（1）输入功能端：各功能端标识及功能说明见表 3-3-3。

表 3-3-3　E740 变频器输入功能端标识及功能说明

种类	端子标记	端子名称	端子功能说明		规格说明及备注
接点输入	STF	正转启动	STF 信号为 ON 时正转，为 OFF 时为停止指令	STF、STR 信号同时为 ON 时变成停止指令	输入电阻 4.7kΩ 开路电压 DC：21～26V 短路电流 DC：4～6mA
	STR	反转启动	STR 信号为 ON 时反转，为 OFF 时为停止指令		
	RH	高速	用 RH、RM 和 RL 信号的二进制状态组合实现多段速度选择控制，三段速控制中遵循低速优先原则		
	RM	中速			
	RL	低速			
	MRS	输出停止	MRS 信号在 ON 状态 20ms 以上时间后，变频器输出停止		用于制动结束断开变频器输出
	RES	复位	用于解除保护回路动作时报警输出的复位，RES 信号处于 ON 状态 0.1s 及以上后断开。可由 Pr.75 设定。		初始设定为始终可进行复位
	SD	接点输入公共端（漏型）	接点输入端子（漏型逻辑）		（初始设定）
		外部晶体管公共端（源型）	源型逻辑时连接晶体管输出（即集电极开路输出）		可用于晶体管输出 PLC 的连接
		直流 24V 电源公共端	DC24V、0.1A 电源（端子 PC）的公共输出端		与端子 5 及 SE 间绝缘

续表

种类	端子标记	端子名称	端子功能说明	规格说明及备注
	PC	外部晶体管公共端（漏型）	（初始设定）漏型逻辑时连接晶体管输出（即集电极开路输出）	电源电压范围 DC：22～26V Imax=100mA
		接点输入公共端（源型）	接点输入端子（源型逻辑）的公共端	
		直流 24V 电源	可作为 DC24V、0.1A 的电源使用	
频率设定	10	频率设定用电源	作为外接频率设定的电位器的电源	DC5V±0.2V ； Imax=10mA
	2	频率设定（电压）	DC0～5V（或 0～10V）的最高电压 5V（10V）对应最大输出频率，工作频率与输入模拟电压成正比。由 Pr.73 在两种电压范围中选择，DC0～5V 为初始设定	输入电阻 10kΩ±1kΩ，Vmax：DC20V
	4	频率设定（电流）	当 AU 与 SD 接通 ON 时，端子 4 的输入信号生效（端子 2 输入无效），在输入 DC4～20mA 时，最大电流对应最大输出频率，工作频率与输入电流成比例。由 Pr.267 在 4～20mA（初始设定）、DC0～5V 和 DC0～10V 间选择，须与电压/电流输入切换开关配合操作*	输入电阻：233Ω±5Ω，最大容许电流：30mA
	5	频率设定公共端	频率设定信号（端子 2 或 4）及端子 AM 的公共端子	请勿接地

* AU 信号可通过将其他端子改为 AU 端，如 RH 通过 Pr.184 改为 4；端子 4 输入选择电流、电压须与电压/电流输入切换开关对应关系如图 3-3-16 所示，用电压输入 DC0～5V 或 0～10V 时，均须切换至"V"端。

（2）输出信号端：各输出端标识及功能说明见表 3-3-4。

图 3-3-16

表 3-3-4　E740 变频器输出信号端标识及功能说明

种类	端子标记	端子名称	端子功能说明	规格说明及备注
继电器	A、B、C	继电器异常输出	反映变频器的保护功能动作的输出触头信号。异常：B-C 间 OFF、A-C 间 ON；正常：B-C 间 ON、A-C 间 OFF	触头容量：交流 230V、0.3A（φ=0.4）；直流 30V、0.3A
集电极开路	RUN	变频器运行状态	变频器输出频率为启动频率（初始值 0.5Hz）或以上时输出低电平，停止状态或直流制动过程中为高电平	集电极开路输出，容许接负载 DC24V、0.1A
	FU	频率检测	当变频器输出频率高于设定的检测频率时输出低电平，未达到检测频率时输出高电平	
	SE	集电极开路输出公共端	运行状态端 RUN 与频率检测端 FU 的公共端	
模拟量	AM	模拟电压输出	可对多种可选项目进行监视并产生相应的输出，输出信号与监测项目大小成比例。初始设定：运行频率	输出电压 0～10V，Imax=1mA

（3）通信接口：通信端标识及功能说明见表3-3-5。

表 3-3-5　E740 变频器通信接口标识及功能说明

种类	端子标记	端子名称	端子功能说明
RS-485	—	PU 接口	可与 RS-485 设备间进行通信，通信速率在 4800～38400bps 间，通信距离小于 500m。标准规格：EIA-485（RS-485）；传输方式：多站点通信
USB	—N	USB 接口	与 PC 间连接用于进行变频器参数的软件（FR Configurator）设置与操作。接口：USB1.1 标准；传输速率：12Mbp；连接器：迷你-B 型

通过上述接线端的认知可发现变频器具有丰富的功能，其用法、性能的进一步了解，需要我们学会查阅厂家提供对应型号的变频器手册，该手册会随机器提供给用户参考，应作为重要设备使用与维护参考资料妥善保管，也可利用网络资源查找下载。

想一想：

1. 如何利用 FR-E700 系列变频器的运行异常，输出接点 A、B、C 实现故障报警，试设计方案。

2. 如何利用变频器运行状态 RUN 及频率检测 FU 实现工作状态的监控与检测。

任务四　四人抢答器系统的程序设计训练

 **任务目的**

1. 通过对程序设计过程和方法的概括总结，结合四人抢答器系统控制任务设计的运用与体验，强化对 PLC 控制任务设计方法和步骤的认知。

2. 通过本任务的程序设计，进一步掌握设备功能分析、逻辑控制要求和基本指令的运用方法；熟悉 PLC 控制中七段数码显示和报警功能的实现方法。

想一想： 结合前述 PLC 控制任务的设备控制方法，试说明 PLC 应用，特别是程序设计方面有哪些规律可循？

知识链接六：编程方法的体验

通过模块二学习任务中继电—接触控制线路转换控制梯形图的训练，对可编程控制器梯形图的形成、结构规则及控制思路有了一定的认识，形成了对基本指令功能、格式及用法的认知。随着对基本控制功能梯形图的认识和对基本指令的运用认知的提高，在模块三的编程训练中主要运用了控制任务逻辑分析中的"经验程序设计"方法。在训练过程不难体会到 PLC 编程能力的培养需要有累积的编程体验，对指令功能、用法有一定的掌握和对 PLC 基本控制方法、应用有一定的认知。在一定编程体验的基础上，我们不难发现程序设计有章可循、有经验可借鉴，这种章法及经验主要体现在以下 3 个方面。

（1）从梯形图编程来看，其根本点是找出符合控制要求的系统输出及每个输出的工作条件，这些条件又总是以机内各种软元件的逻辑关系体现的。

（2）梯形图的基本模式为"启保停"电路，每个单元一般只针对一个输出，这个输出可以是系统的实际输出，也可以是中间变量。

（3）梯形图编程中有一些约定俗成的基本环节，它们都有一定的功能，可以在许多地方应用。

一般"经验程序设计"的编程步骤如下。

（1）在准确了解控制要求后，合理地为控制系统中的驱动事件分配输入/输出端口。选择必要的机内软元件，如定时器、计数器、辅助继电器等。

（2）对于一些控制要求较简单的输出，可直接写出其工作条件，依据基本"启保停"电路模式完成相关的梯形图支路，工作条件较复杂的可借助辅助继电器实现。

（3）对于较复杂的控制要求，为了能用"启保停"电路模式绘出各输出口的梯形图，要正确分析要求，明确组成总的控制要求的关键点。在空间类逻辑为主的控制关键点为影响控制状态的触点，在时间类逻辑为主的控制关键点为控制状态转换的触点。

（4）将关键点用梯形图表达出来。关键点总是要用机内软元件来表示，在安排软元件时需要合理安排。绘制关键点的梯形图时，可以使用常见的基本控制环节，如定时、计数、振荡、分频等环节。

（5）在完成关键点梯形图的基础上，针对系统最终的输出进行梯形图绘制。结合关键点综合相关因素确定最终输出的控制要求。

（6）检查梯形草图，进行查缺补漏，更正错误。

（7）对梯形编程设备进行输入，模拟调试，有针对性地改进。

当然经验并非严格的章法，在设计过程中如若发现设计构想不能或难于实现控制要求时，可换个角度、思路。随系统设计的经历增加，经验将愈来愈丰富，运用将更加得心应手。

专业技能培养与训练四：四人抢答器的程序设计与调试训练

任务阐述：模块一中4人抢答器PLC控制电路的功能要求为竞赛抢答现场，当主持人按下允许开始按钮时，4组选手开始抢答，由七段数码显示器显示最先按下抢答按钮的工位号，并封锁其他抢答位抢答；附属功能要求是主持人未发出允许抢答指令，有选手抢答，则显示工位且蜂鸣器报警，该题作废；对抢答器进行初始复位和七段数码管清零后，开始下轮抢答控制。

一、控制任务分析

确定输入控制与输出驱动，PLC控制I/O端口地址分配表如下。

I端口		O端口	
总复位按钮 SB1	X000	七段数码管 a 段	Y000
一号位按钮 SB2	X001	七段数码管 b 段	Y001
二号位按钮 SB3	X002	七段数码管 c 段	Y002
三号位按钮 SB4	X003	七段数码管 d 段	Y003
四号位按钮 SB5	X004	七段数码管 e 段	Y004
开始按钮 SB6	X005	七段数码管 f 段	Y005
		七段数码管 g 段	Y006

I 端口		O 端口	
		报警蜂鸣器	Y007
		开始指示灯	Y010

二、PLC 控制连接图

由 I/O 定义可画出 PLC 控制接线图，4 人抢答器 PLC 控制电路连接图如图 1-2-3 所示。

三、程序设计中关键点的设计解读

本控制任务梯形图程序在模块一中作为 GX Developer 软件编辑训练对象已有所认识。本任务主要来分析其设计过程中关键点的处理方法，为分析方便起见，对该梯形图进行分段处理，如图 3-4-3 所示。

通过对抢答器工作控制流程的分析，该控制任务程序设计中的以下几个控制关键点是解决程序设计的要素。

本控制的关键点之一：复位操作，复位操作对本控制任务而言，是实现清除主持人允许抢答状态、异常抢答输出信息、正常抢答结束的输出信息及各状态下数码显示的功能。

解决方法：利用主控 MC 与主控复位 MCR 指令控制实现，见梯形图中的①部分，按下控制按钮 X000 的瞬间通过 M20 执行主控复位指令 MCR 使 M0～M4、M10、Y007 及 Y010 复位。不同于一般主控指令的编程，本例中采用点动方式进行主控复位的处理，未进行复位操作时主控 MC 指令始终有效。

本控制的关键点之二：异常抢答报警，异常抢答报警的处理首先要实现的是判断主持人有无发出抢答指令，利用 M10 及指示灯 Y010 反映主持人的抢答指令是否发出，实现方法见梯形图②；其次要实现的是判断是否有人抢答，M0 表示已有人抢答，实现方法见梯形图⑤；最后实现判断是否异常抢答，判断方法即 M10、Y010 未动作，M0 动作，利用 M8013 输出时钟驱动 Y007 的指示灯工作，实现方法见梯形图④。

本控制的关键点之三：抢答成功后对其他抢答位的封锁，结合有人抢答状态 M0 常闭触点与各抢答按钮串联实现，实现方法见梯形图③中的 4 个回路。

本控制的关键点之四：本控制任务中采用 PLC 的七个输出端分别控制数码管的 7 只发光二极管，实现抢答工位信息的显示，用于抢答成功或异常抢答时显示抢答工位号 1～4，在设备准备阶段或复位时应显示零。

为能够对所选数码管进行有效地控制，对数码管的结构排列和工作方式要有一定的认识，如图 3-4-1 所示为数码管 a～g 七段排列规律。七段 LED 数码管是常用的数字显示器件，分共阳极和共阴极两种接法，如图 3-4-2 所示分别为七段半导体数码器件的共阳极和共阴极接法原理图，以及发光二极管的排列顺序。共阳极接法的发光段需要对应接低电位，而共阴极发光段则需要接高电平。本例中 PLC 输出为高电平，应采用共阴极接法接半导体数码显示器件，试结合表 3-4-1 中显示数码与管脚控制电平间的关系理解数码器件的工作原理，并试推导其他数码显示对应的控制电平。

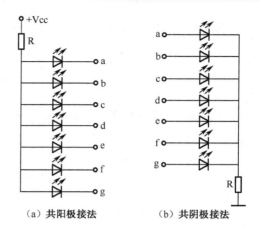

（a）共阳极接法　　　　　（b）共阴极接法

图 3-4-1　七段数码管排列　　　　　　　　　图 3-4-2　数码管两种接法

表 3-4-1　七段数码管显示数码与引脚状态

工 位 状 态	七段数码引脚状态							显 示 数 码
	a	b	c	d	e	f	g	
复位或无抢答	1	1	1	1	1	1	0	0
1 号工位	0	1	1	0	0	0	0	1
2 号工位	1	1	0	1	1	0	1	2
3 号工位	1	1	1	1	0	0	1	3
4 号工位	0	1	1	0	0	1	1	4

对于复位或无人抢答的显示，主控复位和无人抢答时 M0 一栏均呈 OFF 状态，显然利用 M0 常闭触点与复位或无抢答对应，可控制除 g 段外的 a～f 段；结合上表，当 2 号、3 号工位有抢答时均能使 a 段和 d 段发光，即 M2 或 M3 为 ON 时有 Y000、Y003 输出。实现控制方法如梯形图⑥；同样分析 Y001 对应的 c 段，显然无人抢答和有人抢答该段均发光，即任何状态下均发光（运行时），所以该段控制利用 M8000 实现，见梯形图⑦；其余段控制方法相同，最后再来分析 g 段的控制，在准备阶段、无人抢答和 1 号工位抢答时该段不工作，显然对应 2、3、4 号位的 M2、M3、M4 相或能实现对该段的控制，结合反向指令 INV 可转化为梯形图⑧，试分析 INV 的转换方法并理解该控制段的逻辑功能。

四、指令表列写训练

指令表有助于初学者对梯形图有进一步的理解和对指令用法的掌握，试根据梯形图列写指令表，列写中有疑问的地方可通过梯形图编辑转换验证。

本例中由于采用主控及主控复位指令，在梯形图的控制回路中用于实现停止的常闭触点并未出现，原因在于主控复位 MCR 本身具有将介于主控指令 MC 与主控复位指令 MCR 间所有输出复位到原状态的功能。所以程序设计过程中在应用基本控制结构和典型软元件用法时还需注意与其他指令间的关系。由于三菱 PLC 不支持没有条件控制的输出，对于不受任何条件制约的输出可利用特殊辅助继电器 M8000 作为其驱动条件。对于一些只读型特殊辅助继电器在程序中可根据其特定功能加以运用，达到事半功倍的效果，如本例中 M8013 用于指示灯的控制。

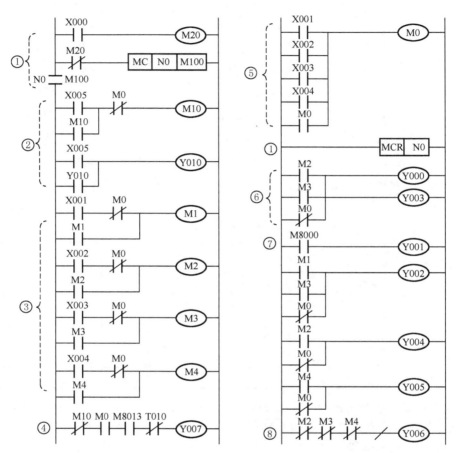

图 3-4-3　四人抢答器的梯形图

五、程序的编辑、编译与调试

程序的调试：在程序设计中程序编辑调试非常重要，系统程序调试可采用边编程边调试、先编程后调试两种方法。边编程边调试实质是分功能调试，在调试过程中可及时发现所设计程序语法上的错误、功能上的缺陷等，做到及时补充、完善程序，给最终整体程序功能的调试降低难度。当然也可在程序设计完成后进行总调试，对复杂系统常用插入"END"分段进行调试，要求设计者的设计思路十分清晰并具有一定的程序调试经验，这对初学者来说有相当大的难度。任何程序设计最终均需通过调试来验证和完善，程序的调试可借助 GX Simulator 模拟调试软件仿真或空载模拟运行两种方式。

程序调试完成最后须带执行设备进行调试，并结合调试过程可能出现的异常，分析故障原因并练习排除，直到设备能够反复正常运行。

六、程序设计完成

程序设计完成后，须及时进行总结：对程序中出现的问题、解决的措施、指令或特殊软元件的使用、参数的合理设计等作记录，并在遇到类似问题时及时借鉴是提高编程水平和效率的有效途径。

思考与训练

（1）试在四人抢答器控制任务的基础上实现 PLC 控制的八人抢答器的设计。

（2）对于抢答器控制任务，要求实现 10s 无人应答作放弃处理，并要求蜂鸣器按鸣 1s、停 0.5s 的方式报警，应该如何实现？

阅读与拓展四：模拟调试软件 GX Simulator 的仿真训练

三菱 PLC 模拟调试软件 GX Simulator，又称 PLC 虚拟仿真软件，该仿真在基于计算机安装的 GX Developer 编程/维护软件上运行。本书介绍的 GX Simulator 6c 可在任何版本的 GX Developer 上运行，在系统配置上能满足三菱 GX Developer 软件安装要求的计算机均可安装 GX Simulator 6c 软件。

在安装有 GX Developer 软件的计算机上安装 GX Simulator 后可实现离线调试。离线调试功能包括监视和测试本站/其他站的软元件以及模拟外部设备 I/O 的运行。GX Simulator 允许在单台个人计算机上进行顺控程序的开发和调试，可以极为迅速地且十分方便地对程序进行检查修改。同时在单台个人计算机上还可实现针对外部设备模拟的 I/O 系统设置和特殊功能模块的缓冲存储器的模拟功能。由于没有与实际设备相连接，即使程序存在缺陷而导致异常输出仍可在模拟环境下安全地继续调试。GX Simulator 软件作为独立的程序调试工具使用，克服了以传统的方法使用 PLC 在线调试不仅需要 PLC 基本单元，而且需要足够的 I/O 端口、特殊功能模块及外部设备等缺点。对学习者而言有了自主学习的平台，对教育机构而言不再需要准备人手一台 PLC。

如图 3-5-1 所示的三菱调试软件 GX Simulator 6c 模拟的内容概括起来有以下十个方面。

图 3-5-1　三菱调试软件 GX Simulator

① 模拟键开关、指示器显示的功能。

② 模拟 CPU 运行的功能。

③ 模拟 CPU 软元件内存的功能。

④ 模拟一个特殊功能模块的缓冲存储器区域的功能。

⑤ 监视大量软元件内存值的功能。

⑥ 以图表的格式显示软元件内存变更的功能。

⑦ 模拟外部设备 I/O 运行的功能。

⑧ 模拟与外部设备通信的功能。

⑨ 检查使用 MELSOFT 产品的用户应用程序的运行。

⑩ 将软元件内存或缓冲存储器数据保存到文件或从文件中读取的功能。

三菱 PLC 的仿真调试 GX Simulator 6c 软件，支持除 FX3U 以外所有三菱 FX、AnU、QnA 和 Q 系列的各种型号的 PLC。

一、三菱 PLC 模拟调试 GX Simulator 软件的安装

三菱 PLC 模拟调试软件 GX Simulator 压缩软件包文件 GX Simulator 6c.rar 可在三菱官方网站注册后下载。确认当前机器已安装有三菱编程/维护软件 GX Developer，对上述压缩文件解压后于解压文件夹 GX Simulator 6c 下运行 SETUP.EXE 文件，在 GX Simulator 安装向导提示下进行该应用软件的安装直到安装完成。其中要求输入的产品 ID（产品授权安装序列号）可事先在 GX Developer 软件窗口的【帮助】主菜单下选取【产品信息】选项后弹出如图 3-5-2 所示的对话框中 "ProductID" 文本框处获取（亦可通过网络查询到，但须在不违反知识产权的前提下）。

不同于一般 Windows 应用软件，GX Simulator 仿真软件安装完成后，在桌面或者开始菜单中不会出现该仿真软件的图标，原因是该仿真软件被集成到编程软件 GX Developer 中，该仿真软件成为 GX Developer 编程软件主界面【程序】工具条上的一个虚拟仿真按钮 ▣ 插件及【工具】下拉菜单中的【梯形图逻辑测试起动】功能选项插件，如图 3-5-3 所示。

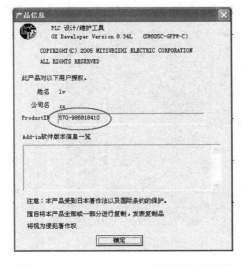

图 3-5-2　GX Developer 产品信息对话框

图 3-5-3　GX Simulator 插件

安装完成，运行 GX Developer 软件并编辑梯形图程序后，程序界面如图 3-5-4 所示。

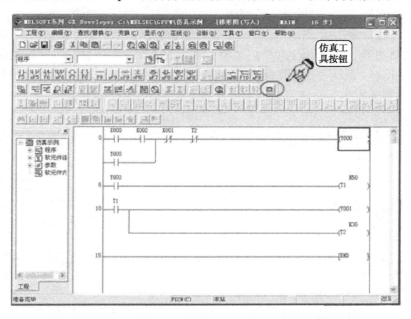

图 3-5-4 仿真示例程序及 GX Developer 程序界面

仿真软件的功能是将编辑完成的程序在计算机中虚拟运行，没有编辑完成的程序也就无仿真而言。当没有编辑梯形图程序或 GX Developer 软件处于刚打开执行界面时，上述的仿真按钮呈灰色不可选状态。

二、梯形图仿真模拟调试的方法与训练

结合如图 3-5-4 所示梯形图编辑窗口的示例梯形图，实现模拟仿真的步骤如下。

（1）启动编程软件 GX Developer，创建一个"仿真示例"新工程，编辑上述梯形图并完成程序检查和编译工作。程序功能的理解是确定调试方案的依据，为方便仿真，对上述程序按如图 3-5-5 所示梯形图进行修改，可在完成仿真学习后思考这样处理的理由。

（2）GX Simulator 仿真的启动，一种方法是在【工具】下拉菜单中选择【梯形图逻辑测试起动】选项；另一种方法是直接单击【程序】工具条上的虚拟仿真按钮，此时先后弹出【LADDER LOGIC TEST TOOL】程序窗口和【PLC 写入】进度对话框，如图 3-5-6 和图 3-5-7 所示，由 GX Developer 创建的顺控程序和参数将被自动地写入至 GX Simulator 虚拟PLC 中。

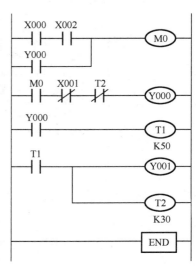

图 3-5-5 仿真用梯形图

如图 3-5-6 所示梯形图逻辑测试工具窗口部件的认知：
①CPU 类型：用于显示当前测试工程中选择的 CPU 类型。②LED 显示器：当指示灯亮时说明

CPU 运行出错，出错信息最多只显示 16 个字符。③详细：当 CPU 出错时单击该按钮将弹出反映错误、出错步等信息的对话框。④RUN。⑤ERROR：针对所有的 QnA、A、FX、Q 系列 CPU 和运动控制器有效，用于反映运行或出错指示。⑥INDICATOR RESET 按钮：单击该按钮可以清除 LED 显示。⑦运行状态栏：显示 GX Simulator 的执行状态，单击各单选按钮可以更改执行状态。⑧I/O 系统设定：在执行 I/O 系统设置的过程中 LED 灯亮，双击该处，将显示当前 I/O 系统设置的内容。⑨该窗口的功能设置菜单栏。

（3）顺控程序的离线调试方法：PLC 写入完成后，在【LADDER LOGIC TEST TOOL】程序窗口中，选择【菜单起动】下拉菜单中的【I/O 系统设定】选项，如图 3-5-8 所示。启动【I/O SYSTEM SETTINGS】窗口，如图 3-5-9 所示。

图 3-5-6　梯形图逻辑测试工具窗口组成　　图 3-5-7　【PLC 写入】对话框　　图 3-5-8　I/O 系统设定菜单

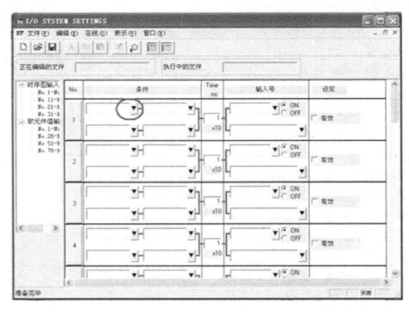

图 3-5-9　【I/O SYSTEM SETTINGS】界面

（4）输入继电器模拟参数的设置：在【I/O SYSTEM SETTINGS】界面中，单击与梯形图回路块 1 中 X000 对应位置的下拉按钮，弹出如图 3-5-10 所示的【软元件指定】对话框，在该对话框中单击【软元件名】下代表输入继电器的"X"，在【软元件号】文本框中输入与梯形图中相对应的输入继电器号"0"，选择【ON/OFF 指定】选项栏下的"ON"单选项，并单击【OK】按钮，完成输入继电器 X000 的设置（在模拟运行时未单击该处按钮则呈现断开状态，单击实现闭合）。

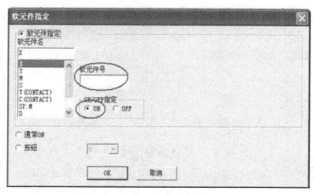

图 3-5-10　软元件指定设置对话框

（5）重复步骤（4），分别对应设置 X002、X001，梯形图中的常开触点对应选择【ON/OFF指定】选项栏中的"ON"选项，常闭触点对应选择"OFF"选项，设置完成后如图 3-5-11 所示。在设定过程中若选择【文件】下拉菜单中的【I/O 系统设定复位】选项，则所有设置均无效，恢复窗口初始状态。

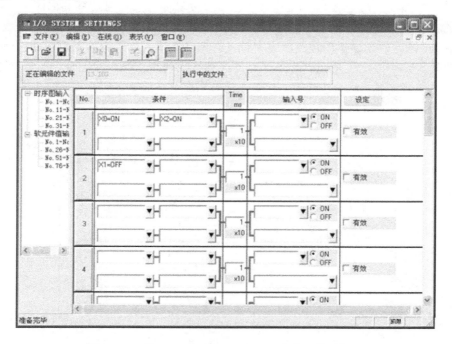

图 3-5-11　【I/O SYSTEM SETTINGS】窗口设置效果

（6）在【I/O SYSTEM SETTINGS】程序窗口中，单击【文件】下拉菜单中的【I/O 系统设定执行】选项，如图 3-5-12 所示，弹出如图 3-5-13 所示的【MELSOFT Series GX Simulator】询问对话框，单击【确认】按钮。在弹出的【另存为】对话框中，输入设定的系统文件名（扩展名为.IOS），并单击【确认】按钮。

图 3-5-12　文件下拉菜单　　　图 3-5-13　询问执行对话框

图 3-5-14　执行确认对话框

（7）I/O 系统设定执行与仿真：在单击【确认】按钮后弹出如图 3-5-14 所示的【MELSOFT Series GX Simulator】执行确认对话框，单击【确认】按钮，若程序没有错误则【LADDER LOGIC TEST TOOL】程序窗口中的【RUN】和【I/O 系统设定】指示灯均呈发光状态；程序若有错误则 LED 显示器显示出错信息，【ERROR】指示灯发光。

（8）执行【I/O SYSTEM SETTINGS】窗口中【在线】菜单下的【监视开始】选项，则【I/O SYSTEM SETTINGS】设置窗口和【GX Developer】梯形图窗口分别如图 3-5-15 和图 3-5-16 所示，当单击如图 3-5-15 所示输入继电器 X0、X2 使其闭合后，可观察到如图 3-5-16 所示梯形图界面的程序执行情况：输出继电器、定时器的动作与 GX Developer 中 PLC 在线监控效果一致，按下 X1 停止后则梯形图运行状态复位（仿真状态下的输入继电器对应的控制器件不具有自动复位功能，需要产生按钮动作效果时需连续按动两次：第一次闭合、第二次断开）。

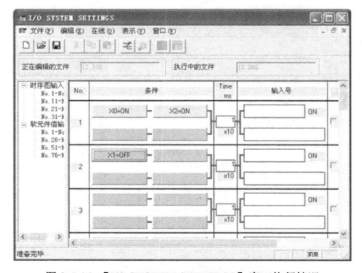

图 3-5-15　【I/O SYSTEM SETTINGS】窗口执行情况

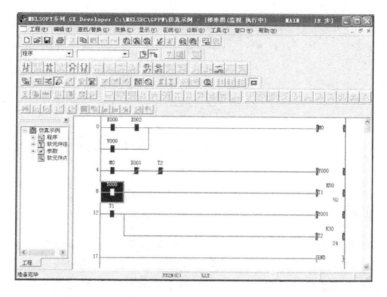

图 3-5-16　仿真状态下 GX Developer 梯形图窗口

（9）执行【I/O SYSTEM SETTINGS】窗口中【在线】菜单下的【监视停止】选项，则【I/O SYSTEM SETTINGS】窗口复位至如图 3-5-11 所示状态；执行【文件】菜单下的【I/O 系统设定结束】命令，则设定窗口关闭。注意：此时 GX Developer 梯形图仍处于仿真状态。

三、GX Simulator 梯形图仿真模拟调试的退出

仿真的退出可以采用在 GX Developer 界面选择【工具】下拉菜单中的【梯形图逻辑测试结束】功能选项；或直接单击【程序】工具条上的虚拟仿真按钮 ▣。

上述仿真训练，只能对 GX Simulator 的仿真技术有初步的认识与了解，其强大的程序调试功能还有待我们不断的实践与探索，通过不断实践积累才能达到融会贯通的效果（对于 GX Simulator 仿真的更多功能及实现方法，可以去三菱官方网站下载，阅读 GX Simulator 相应版本的操作手册）。

GX Simulator 可模拟针对实际的 PLC 所创建的程序，但由于 GX Simulator 不可以访问 I/O 模块或特殊功能模块，对有些指令或软元件内存不能支持，因此仿真结果可能不同于实际运行。我们在设计的程序通过 GX Simulator 调试后，应在备投入运行前确保能在 PC 与 PLC 实际连接中调试。否则可能会因为错误输出或误动作而导致事故。

GX Simulator 在 PLC 通信仿真方面，尽管包含有串行通信功能以对来自外部设备的请求作出响应，但同样并不保证外部设备使用响应数据的实际运行效果。故除了进行检查之外，不要使用来自 GX Simulator 运行中的响应数据对外部设备（如 PC）执行串行通信功能的验证或测试，否则也有可能因为错误输出或误动作而导致事故。

模块四

PLC状态编程的应用

教学目的

1. 通过模块所设置的任务的学习与实训，熟悉三菱 FX3U 系列 PLC 的状态继电器的功能和用途；掌握步进梯形图开始指令 STL 和状态返回指令 RET 的用法。

2. 熟悉步进顺控状态编程的方法，结合对步进顺控状态编程三要素的理解，初步掌握步进顺控梯形图的程序设计方法；熟悉步进顺控状态转移图的画法规则。

3. 熟悉步进顺控状态编程中的选择性分支和条件分支的程序结构、编程方法及要求；熟悉相关应用指令 ZRST、BIN、ALT、SMTR 等的功能和用法。

任务一　在双作用气缸往返运动中状态编程方法的认知训练

任务目的

1. 理解步进顺控状态编程的概念，通过双作用气缸轮流往返控制任务及过程的状态分析，熟悉步进顺控梯形图的编程方法。

2. 了解 FX3U 系列 PLC 状态继电器的分类和用途；掌握反映状态特征的三要素并学会状态分析方法，了解单流程状态梯形图程序的设计方法。

3. 初步掌握步进梯形图指令 STL、状态返回指令 RET 的功能及用法。熟悉应用指令 ZRST、BIN 的用法。

想一想： 在模块二、三中，在对 PLC 程序设计梯形图画法的基本要求及一般规律认识的基础上，利用逻辑分析方法进行了简单程序的设计和训练，显然此种方法对任务分析能力和严密的逻辑思维能力均有一定的要求。在复杂任务编程时，这种逻辑分析并不是很容易掌握并被熟练运用的，除此我们还有什么好办法？

知识链接一：步进顺控状态编程的基本思路

前面所述及的 PLC 控制任务的实现采用了以"经验程序设计"为主导的编程方法，该编程方法中对于工艺的表述较繁琐，且工序间逻辑的关联性较复杂，给逻辑分析设计带来了麻烦。因此，日本三菱公司在小型 PLC 基本指令的基础上增加了用于步进梯形图编程的 STL（Step Ladder）和 RET 指令，步进梯形图编程采用一种符合 IEC1131-3 标准中定义的 SFC 图（Sequential

Function Chart，顺序功能图或状态转移图）的通用流程图语言进行编程。状态转移图相当于国家标准"电气制图"（GB6988.6-86）的功能表图（Function Charts），基于状态转移图的编程方式是一种具有流程图的直观，又有利于复杂控制逻辑关系的分解与综合的图形语言的程序设计方法。故此种编程方法特别适于在具有顺序控制特征的任务中进行控制，其具有的编程直观性、方便性，为初学者有效理解和掌握程序设计方法提供了捷径。

基于状态转移图程序设计的思路与特点有以下几点。

（1）将一个复杂的控制任务或控制过程进行分解成为实现该控制任务的若干道工序（称状态步）。对于每一个独立的、具体的过程工序，使其控制条件、输出状态及停止控制均具独立性，剥离了复杂的关联性。

（2）将各工序的输出驱动和工序间转换（状态转移）条件按顺序组合便完成整体工序的汇合，采用"积木"方式实现任务控制程序的设计。

（3）对应顺序状态的状态元件可直观地展现出状态间的转换关系，控制流程清晰明朗，具有较强的可读性，易于理解，且便于实现状态编程的步进顺控梯形图转化。

步进顺控状态编程是将一个控制任务分解成若干状态步，每一个状态步用对应于一个不同编号的状态元件 S 表示，状态编程就是围绕反映工序任务的指定目标（状态步）、输出负载驱动及状态间转移的条件三个要素进行的。把反映状态的"状态步""转移条件"和"负载驱动"称作状态编程的三要素。只有当相应的状态步得电时才能够直接驱动或通过一定逻辑条件驱动相应的负载完成相应的工序，如图 4-1-1（a）所示为状态元件直接驱动，如图 4-1-4（b）所示为触点组合逻辑驱动负载方式。状态步（即对应的状态元件）得电的前提是对应的转移条件成立，状态的转移条件有如图 4-1-2（a）所示的单一转换条件及如图 4-1-2（b）所示的复合逻辑转移条件两种，状态间转换条件（可理解成工序间转换条件）是进行状态编程的关键。

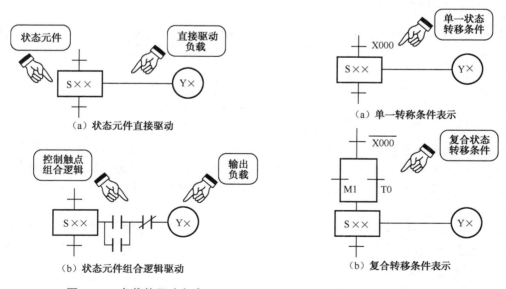

图 4-1-1　负载的驱动方式　　　　图 4-1-2　状态转移条件的表示

状态元件是构成状态转移和状态编程的基本要素，所谓的状态元件就是 PLC 内部的状态继电器。FX3U 系列 PLC 可用的状态继电器编号范围为 S0～S899 共 900 点，另外还有编号范围为 S900～S999 的专用信号报警状态继电器共 100 点和编号范围为 S1000～S4095 的固定停电保持专用状态继电器共 3096 点。其分类、编号及功能见表 4-1-1。

表 4-1-1　FX3U 系列 PLC 可用状态继电器的分类、编号及功能表

类　别		元件编号	数　量	功能用途
初始状态		S0～S9	10	用作状态转移的初始化
一般状态	返回	S10～S19	10	用于多运行模式控制中返回原点的状态
	中间	S20～S499	480	用作状态转移的中间状态
掉电保护状态		S500～S899	400	用于需要实施掉电保持功能，能恢复继续运行的状态元件
信号报警状态		S900～S999	100	用作报警元件使用
固定停电保持专用状态		S1000～S4095	3096	只用于实施掉电保持功能，不能通过参数改变停电保持特性

由上表可知，通用型状态继电器 S0～S499 共有 500 点，其中 S0～S9 共 10 点在编程时主要用于状态的初始化，而 S10～S19 共 10 点常用于设备的状态回零（或称复位）处理，用于控制任务工序的一般状态则采用由 S20 开始的编号 S20～S499 的状态继电器。若需考虑工作状态的累积与掉电状态保护则需选用 S500～S899，在失电时可将原状态信息保持下来。

步进顺控状态编程时状态元件的编号须结合上述规定选取，在不使用状态编程指令时，状态元件可作为辅助继电器使用。

指令链接：步进顺控梯形图指令（STL/RET）

STL 指令称步进梯形图开始指令，RET 指令为步进返回指令。STL/RET 指令的梯形图格式、功能及用法如下。

名　称	指　令	功　能	梯形图符号	操作对象	程序步数与说明
步进梯形图开始指令	[STL]	步进梯形图开始			1
状态返回	[RET]	步进梯形图结束	RET		1

步进梯形图开始指令 STL 的功能，是将 PLC 内部状态继电器 S 定义为顺控程序中对应于某工序的状态步的指令。执行该指令在梯形图上反映出从母线出发为实现该状态的开始，相当于在该指令状态的右侧具有建立"副母线"的功用，以使该状态下的所有操作均在该"副母线"后进行。

而步进状态返回指令 RET 则是用来表示状态流程的结束，具有从副母线返回主母线操作的功能。当步进顺控程序执行完后必须从状态子程序即副母线返回到主母线上，所以状态程序结束时必须使用 RET 指令。

知识链接二：步进顺控指令的表示与用法

1. 状态转移图

状态转移图（SFC 图）是状态编程最直观的形式，如图 4-1-3（a）所示。SFC 图能将状态

编程的三要素以最直观的图形方式表现出来。

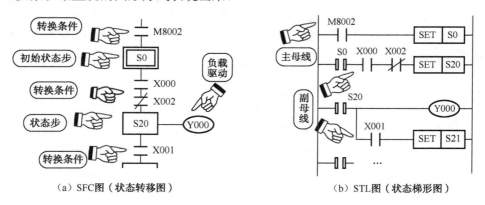

(a) SFC图（状态转移图）　　　　　　　(b) STL图（状态梯形图）

图 4-1-3　步进顺控指令的编程方式

状态编程开始于初始状态步，把程序开始处通过 STL 指令以外的触点驱动的状态称作初始状态，用于初始状态的状态继电器编号为 S0～S9。

除初始状态外，需要通过来自于其他状态内的 SET（或 OUT）对状态步进行驱动的状态称为一般状态，程序中除去用于初始状态驱动的 S0～S9 以外的 S10～S499 继电器（掉电保持状态继电器也属此类）可用作一般状态定义。当某一状态步已处于被激活工作状态下且实现向其他状态转移的条件满足时，则该状态步将自动复位，指定转移的状态步则被激活为工作状态和实现输出驱动、检查状态转出条件是否满足。

在如图 4-1-3（a）所示状态转移图中，利用开机初始脉冲 M8002 产生一个瞬间脉冲对初始状态步 S0 进行驱动，即 PLC 运行瞬间产生的初始信号脉冲使初始状态继电器 S0 得电，状态 S0 中并未驱动任何实质性负载，而是等待状态转移的条件（X000 闭合、X002 断开）成立。当状态转移条件满足时执行 SET S20 使状态继电器 S20 得电，S20 得电的同时初始状态 S0 被复位，状态 S20 中的输出 Y000 属于直接驱动而产生动作，直到状态顺序转移条件 X001 闭合，则执行 SET S21 转移到顺序状态 S21，此时 Y000 随着 S20 失电停止输出。状态 S21 复电，……，以此类推。

2. 步进顺控梯形图

如图 4-1-3（b）所示为状态编程的步进指令梯形图形式，也是状态编程最常用的形式。状态继电器是在转移条件满足时用 SET 指令驱动，状态的执行则通过起始于母线的步进状态触点 STL 指令说明，始于 STL 指令右边"副母线"的触点参照取、取反等指令的用法。

初学者在状态梯形图编程或转化时，对如图 4-1-4（a）所示状态内输出驱动要有一定的认识：在如图 4-1-4（a）所示步进顺控梯形图程序的 S20 状态步内，从状态内副母线开始，自上而下若出现 LD 或 LDI 等指令写入后（如 Y002），对不需要触点指令的直接输出（如 Y003）无法再编程（转换时提示梯形图错误）。此时可按图中①、②所指示的方法对梯形图进行变换处理，其中方法②中 M8000 为 PLC 运行状态监控特殊辅助继电器，在 PLC 处于 RUN 时始终处于闭合状态。

3. 步进顺控程序的指令表形式

STL4-1-1 为如图 4-1-3（b）所示顺控梯形图对应的指令表形式。结合步进顺控状态编程的指令表有如下几点需注意：①用于状态步线圈驱动的 SET 指令与步进梯形图开始指令 STL

配对使用；②步进状态触点 STL 后始于右母线触点用法指令；③STL 后可直接驱动负载的用法与母线不能直接对负载进行驱动的不同；④在结束状态执行时即步进程序结束要用步进状态返回指令 RET 返回主母线。还须注意的是在 STL 与 RET 指令间不能使用主控指令 MC 及主控返回指令 MCR 编程。

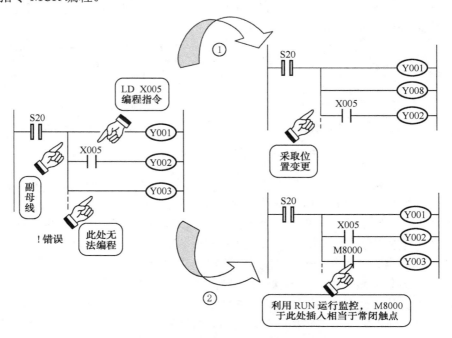

图 4-1-4　步进顺控梯形图状态内负载驱动方法

STL 4-1-1

步序号	助记符	操作数	步序号	助记符	操作数
1	LD	M8002	7	STL	S20
2	SET	S0	8	OUT	Y000
3	STL	S0	9	LD	X001
4	LD	X000	10	SET	S21
5	ANI	X002	⋮	⋮	⋮
6	SET	S20			

应用指令链接一：成批复位指令（ZRST）

FX3U 系列 PLC 在步进顺控梯形图指令编程时，常在初始状态驱动的同时对一般状态步进行复位处理，结合具有特殊功能的应用指令可以有效地提高编程效率。

试分别编辑如图 4-1-5 所示两梯形图，试模拟运行并进行功能比较。

如图 4-1-5 所示两梯形图实现的控制功能完全一样，图（a）采取的逐一复位方式，图（b）采用在 X001 为 ON 时，将 Y001～Y003 通过 ZRST（ZONE RESET）成批复位指令（或称区间复位指令）实现一次性全部复位。显然在一定场合下功能指令的使用可简化编程工作，并有效地提高执行效率。

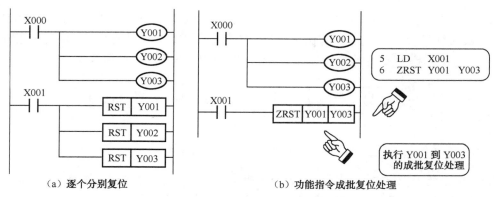

（a）逐个分别复位　　　　　　　（b）功能指令成批复位处理

图 4-1-5　软继电器状态复位操作

成批复位指令 ZRST 的指令格式与用法如下。

FNC 12—ZRST/成批复位指令格式及用法说明

概要

两个指定的软元件之间执行成批复位，用于从初期开始运行以及对控制数据进行复位。

1. 命令格式

 FNC 40 ZRST P ZONE RESET

16位指令	指令符号	执行条件	32位指令	指令符号	执行条件
5步	ZRST	连续执行型	—	—	—
	ZRSTP	脉冲执行型			

2. 设定数据

操作数种类	内　容		数据类型
(D1.)	成批复位的最前端的位、字软元件的编号	(D1.) ≤ (D2.) 且为	BIN 16/32 位
(D2.)	成批复位的末尾的位、字软元件的编号	同一类型要素	BIN 16/32 位

3. 对象软元件

操作数种类	位软元件						字软元件									其他				
	系统.用户						位数指定				系统.用户				特殊模块	变址		常数		实数	字符串	指针

操作数种类	X	Y	M	T	C	S	D□.b	KnX	KnY	KnM	KnS	T	C	D	R	U□\G□	V	Z	修饰	K	H	E	"□"	P
(D1.)		●	●			●						●	●	●	●	●			●					
(D2.)		●	●			●						●	●	●	●	●			●					

　*上述为三菱 FX3U 系列编程手册中应用指令格式样本，以下相关应用指令的介绍均采取编程手册的样式，便于熟悉工程实践手册查阅的方法。格式中相关参数标注方法及含义可结合本任务后的"阅读与拓展"理解。

　　成批复位 ZRST 指令的梯形图如图 4-1-6（a）所示。该指令用于对指定（D1.）～（D2.）编号范围内的目的元件进行全部复位处理。目的元件类型包含有①字软元件：T（定时器）、C（计数器）、D（数据寄存器）、R（文件寄存器）；②位软元件：Y（输出继电器）、M（辅助继电器）、S（状态继电器）。

（D1.）、（D2.）指定的必须为同一类型软元件，且要求（D1.）编号<（D2.）编号才能对（D1.）～（D2.）间软元件进行全部复位；若出现（D1.）编号>（D2.）编号则仅对 D1 进行复位。如图 4-1-6（b）所示梯形图实现对十六位数据寄存器 D10～D15 的复位清零操作。

图 4-1-6　成批复位 ZRST 指令梯形图

ZRST 指令属于 16 位应用指令，但仍能对指定的 32 位计数器进行操作，但不能混合指定，也就是若对 D1 指定了 16 位而对 D2 指定的是 32 位计数器是不允许的。

专业技能培养与训练一：双作用气缸往返运动的步进顺控状态编程的训练

该控制任务的任务阐述与设备清单同模块三中的任务二要求。

一、状态编程的方法及步骤

为了能准确地对控制任务进行分解动作，需要仔细认清如图 3-2-5 所示两只双作用气缸往返运动的动作过程：M1 活塞杆先伸出，停留 1s 后，M2 活塞杆再伸出，停留 2s 后，M1 活塞杆缩回，停留 1s 后，M2 活塞杆再缩回，M1 再伸出，……，循环往复。

1. 任务分解与状态分析

结合上述控制任务的工作过程，按状态编程的思路与要求，将任务过程按独立工序进行分解，每一个独立工序对应于一个状态步。

初始状态：S0　　开机状态，一般用于进行设备初始化，等待设备启动指令。

状态一：　S20　　M1 活塞杆伸出运动，通过 YA1（Y000）输出实现。

状态二：　S21　　M1 活塞杆伸出后停留 1s 时间。

状态三：　S22　　M2 活塞杆伸出运动，通过 YA2（Y001）输出实现。

状态四：　S23　　M2 活塞杆伸出后停留 2s 时间。

状态五：　S24　　M1 活塞杆缩回运动，通过 YA3（Y002）输出实现。

状态六：　S25　　M1 活塞杆缩回后停留 1s 时间。

状态七：　S26　　M2 活塞杆缩回运动，通过 YA4（Y003）输出实现。

2. I/O 端口定义

由任务及状态分析，确定控制任务中的 I/O 端口（除 I/O 定义外，还可以结合功能分析对所涉及的功能软件元件如定时器、计数器等进行定义说明），为便于与模块三任务二中的程序进行比较，本任务的 I/O 分配定义与模块三的任务一相同。

3. 状态负载驱动与状态转换条件

状态编程的工序分析是将控制任务分解到工序的过程，是将完整任务拆解成若干状态步的过程。通过任务分解，每一独立的状态步均呈现单一功能特性，通过对应于输出继电器动作或内部功能软元件（如定时器、计数器等）的负载驱动体现。本任务各状态的输出驱动如下。

S20：驱动输出继电器 Y000　　　　　　　　S21：驱动定时器 T0 定时 1s

S22：驱动输出继电器 Y001　　　　S23：驱动定时器 T1 定时 2s

S24：驱动输出继电器 Y002　　　　S25：驱动定时器 T2 定时 1s

S26：驱动输出继电器 Y003

　　状态间转移条件的分析和确定是状态编程的核心。解决状态间的转换条件是将状态汇合还原成完整控制任务进行编程的前提。

　　本任务中初始状态 S0 除采用 M8002 驱动外，利用 X001 也能实现驱动，且通过对一般状态的批复位处理，满足适时停车的控制要求。其他一般状态的转移条件（转移进入条件）如下。

　　S20：启动按钮 SB（X000）按下。

　　S21：电磁开关 SQ3（X004）闭合。

　　S22：定时器 T0 定时 1s 到。

　　S23：电磁开关 SQ4（X005）闭合。

　　S24：定时器 T1 定时 2s 时间到。

　　S25：电磁开关 SQ1（X002）闭合。

　　S26：定时器 T2 定时 1s。

　　S26 返回 S20 条件：S26 中检测到 SQ2（X003）闭合。

　　本任务中的状态转移逻辑均呈单一转换条件的简单逻辑形式。

> 初始状态的驱动：一般常用初始化脉冲接点 M8002 作为初始驱动的转移条件，也可根据控制需要由相应的触点作为转移触发条件。工程上常采用对初始状态驱动同时对一般所用状态实施批复位处理的方式。

4. 状态转移图（SFC）的实现

　　步进顺控程序的状态转移图由起始部的初始梯形图块 LAD0（初始状态驱动条件）、尾部梯形图块 LAD1 和状态流程的 SFC 块三部分组成。状态转移图 SFC、梯形图 LAD 和指令表 STL 均可在 GX Developer 编程/维护软件中进行编辑、编译及传输等操作（有关步进顺控程序 SFC 图表的编辑将在模块五中予以介绍）。

　　结合状态步进编程的要求，LAD0 用于对初始状态 S0 进行驱动的，其驱动条件是由外部实现的，必须采用梯形图形式。本例中利用 PLC 初始化脉冲 M8002 实现状态 S0～S30 的全部复位并驱动初始状态 S0，与 M8002 相或的常开触点 X001 的实际意义是实现设备工作的立即停止功能。LAD1 梯形图实现返回母线操作及表明 SFC 块程序的结束。一般状态 S20～S26 反映了步进顺控程序的主体：状态步、状态转移条件和各状态的负载驱动，如图 4-1-7 所示。两只双作用气缸轮流往返的动作过程由这七个分解动作组成，最终分解动作又由转移条件建立联系构成整个控制任务。

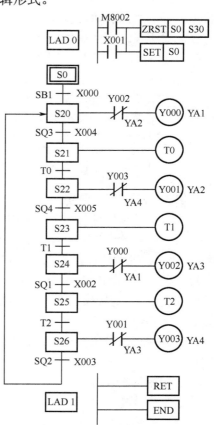

图 4-1-7　双作用气缸步进控制状态转移图

由步进状态程序的执行特点，特别是针对如图 4-1-7 所示单流程程序，由于只能有一个状态步处于激活状态，所以输出继电器间联锁也无须考虑，程序可进一步简化。

状态转移及步进顺控的编程规则：先进行负载驱动，后进行状态转移处理。负载的驱动是建立在执行 STL 指令状态运行的前提下，负载非直接驱动逻辑在 STL 子母线上进行，允许多重输出负载驱动。状态的转移使用分两种：①顺序下移或相连流程转用 SET 命令；②向上移或非相连的转移不能用 SET 而需用 OUT 进行转移。

步进顺控程序在执行时，若程序为单流程顺序控制，除初始状态外其他的所有状态只有当一个状态处于运行"激活"且转移条件成立时，才能向下一状态过渡。同时一旦转移至下一状态即下一状态被"激活"成当前状态，则前一状态被自动关闭。

5. 步进顺控的梯形图与指令表

同一控制任务可由不同形式表述、编辑是 PLC 程序的特点，步进顺控指令的梯形图形式与 SFC 状态转移图是步进状态编程的两种基本形式，两者形式上不同但实质相同。状态转移图与步进顺控梯形图存在着清晰的对应关系，如图 4-1-8 所示为上述 SFC 图对应的梯形图形式。对于经过一定梯形图程序设计训练的学习者来说，初学状态转换图编程存在着思维方式转换的障碍，结合以上两者明确的对应关系可能会认为状态转换图编程多此一举，原因是在理解状态编程的思路和编程要求后发现仍由梯形图形式入手会很容易，编程的难度比经验法要小得多。对于简单任务确实如此，但面对较复杂控制任务时就会发现仍以梯形图来描述则会很混乱，而 SFC 图表则能清晰地表述。所以初学状态编程时也建议由梯形图形式入手，但注意与 SFC 的相互印证，为进一步的状态编程学习和提高打基础。

步进状态编程中，步进顺控梯形图是以继电器风格梯形图的形式展现的，SFC 则是以工作流程（工序）形式表现出来的，编译转换后的指令表形式完全相同。STL4-1-2 是该控制任务状态程序的指令表形式。

二、设备安装与调试训练

（1）参照模块三任务二中的实训步骤完成本任务的设备安装、线路及气路的检查。

（2）步进顺控梯形图的程序编辑，注意 GX Developer 环境下 STL 指令后"副母线"的形成与梯形图中的画法不一样，且与低版本的 SWOPC FXGP/WIN-C 的编辑方式有差别，如图 4-1-9 所示。除此还需注意以下几点：①步进梯形图开始指令 STL 表示不一样；②状态中多输出形式的梯形图编辑，除第一输出支路取自副母线外，其余输出需通过从第一条分支画竖线引分支实现。③直接输出的方法直接从副母线上引出（注意此处的左竖线介于 STL 与后面 RET 间的均为副母线）。

（3）梯形图编辑完成后，试结合控制任务设计适当的调试方案，练习 GX Simulator 模拟仿真；在仿真基础上进行空载及带负载的设备调试，调试过程中结合运行监控观察步进程序运行过程中的转移条件和状态变换关系，注意比较被激活状态与非激活状态触点和线圈等软元件的工作状态。

（4）试结合实训设备完成"练习与训练"中的习题。

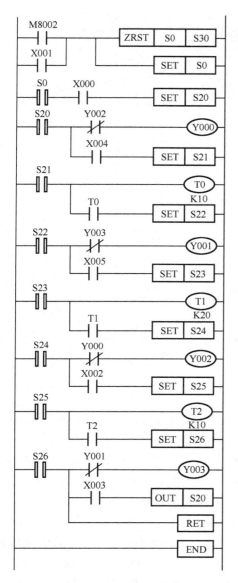

STL 4-1-2

步序号	助记符	操作数	步序号	助记符	操作数
1	LD	M8002	28	STL	S23
2	OR	X001	29	OUT	T1
3	ZRST				K20
		S0	32	LD	T1
		S30	33	SET	S24
8	SET	S0	34	STL	S24
9	STL	S0	35	LDI	Y000
10	LD	X000	36	OUT	Y002
11	SET	S20	37	LD	X002
12	STL	S20	38	SET	S25
13	LDI	Y002	39	STL	S25
14	OUT	Y000	40	OUT	T2
15	LD	X004			K10
16	SET	S21	43	LD	T2
17	STL	S21	44	SET	S26
18	OUT	T0	45	STL	S26
		K10	46	LDI	Y001
21	LD	T0	47	OUT	Y003
22	SET	S22	48	LD	X003
23	STL	S22	49	OUT	S20
24	LDI	Y003	50	RET	
25	OUT	Y001	51	END	
26	LD	X005			
27	SET	S23			

图 4-1-8 双作用气缸的步进顺序控制梯形图

（5）结合步进顺控梯形图与模块三中该任务的顺控程序进行比较，主要从程序结构清晰程序、逻辑设计的难度等方面进行比较。

思考与训练

（1）在两只双作用气缸轮流往返控制中若需实现在按下启动按钮时，两气缸要求复位（气缸活塞杆呈缩回到位）再按顺序伸缩，如何实现？

（2）工程设备控制往往需要设备启动时进行初始位置的检查，若不在指定位置需要进行自动操作使其满足要求称设备复位。结合本控制任务试实现按下启动按钮时先进行气缸作用杆的初始位（缩回）位置的检测，若不满足先进行复位，再进行正常工序流程。

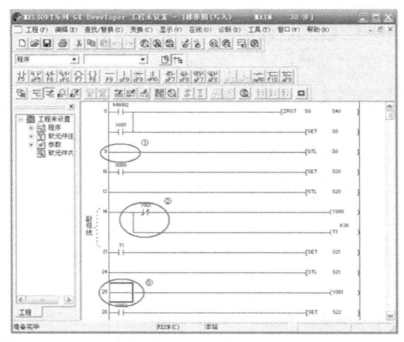

图 4-1-9　GX-Developer 界面梯形图的编辑

阅读与拓展一：应用指令格式的识读

为进一步满足控制的需要和拓展可编程控制器的功能，三菱 FX3U 系列 PLC 在基本指令和步进顺控指令外，又为用户提供了多达 209 条应用指令（或称功能指令）。所谓功能指令类似一个由多个基本指令构成的具有特定功能的子程序，用户可以在程序设计过程中根据需要实现的功能直接引用对应的指令。三菱 FX3U 系列 PLC 基本单元支持的应用指令见本模块附表 A。

由于三菱 PLC 提供的应用指令数量较多，掌握和利用这些应用指令除可满足一些特殊控制功能需要外，有些情况下还可以大大简化利用基本指令所设计的控制程序。但限于本教材篇幅，只针对常用且具代表的部分应用指令予以介绍，其余指令的学习可借助于相关书籍或技术资料进行。工程实践中也需要我们能够识读厂家的技术资料，如三菱 PLC 编程手册（可向厂家索取或网络下载相关的 PDF 文件），该手册提供了完整的应用指令的用法、功能及注意事项说明。

三菱 FX3U 系列所提供的应用指令的格式和用法形式与基本指令中的逻辑线圈指令相似。但所有应用指令的介绍格式方面与基本指令、步进顺控梯形图指令不同，下面针对三菱 PLC 编程手册中统一应用指令的格式说明予以介绍。

如图 4-1-10 所示为三菱 FX3U 系列 PLC 编程手册中应用指令的符号和格式样本（以二进制 ADD 加法指令为例），下面我们结合该例来练习三菱 PLC 的应用指令功能和格式说明中所包含信息的识读（以下序号与如图 4-1-10 所示中的标注呈对应关系）。

"FUN 20—ADD/BIN 加法运算"：FUN 20 指该应用指令的功能编号，ADD 为加法指令助记符，/BIN 表明该指令对象为二进制数。

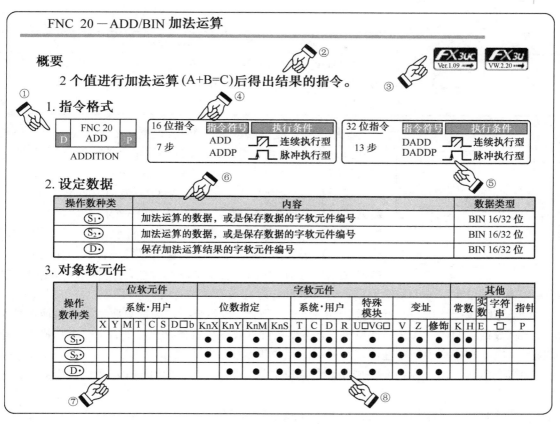

FNC 20 —ADD/BIN 加法运算

概要

① ② ③ ④

2 个值进行加法运算（A+B=C）后得出结果的指令。

1. 指令格式

FNC 20 ADD	
D	P
ADDITION	

16 位指令	指令符号	执行条件
7 步	ADD	连续执行型
	ADDP	脉冲执行型

32 位指令	指令符号	执行条件
13 步	DADD	连续执行型
	DADDP	脉冲执行型

2. 设定数据

⑥ ⑤

操作数种类	内容	数据类型
(S₁·)	加法运算的数据，或是保存数据的字软元件编号	BIN 16/32 位
(S₂·)	加法运算的数据，或是保存数据的字软元件编号	BIN 16/32 位
(D·)	保存加法运算结果的字软元件编号	BIN 16/32 位

3. 对象软元件

操作数种类	位软元件 系统·用户						字软元件 位数指定				系统·用户				特殊模块	变址		修饰	常数		实数	字符串	指针
	X	Y	M	T	C	S	D□b	KnX	KnY	KnM	KnS	T	C	D	R	U□\G□	V	Z	修饰	K	H	E	字符串□	P
(S₁·)								●	●	●	●	●	●	●	●	●	●	●	●	●	●			
(S₂·)								●	●	●	●	●	●	●	●	●	●	●	●	●	●			
(D·)									●	●	●	●	●	●	●	●	●	●	●					

⑦ ⑧

图 4-1-10 三菱 FX3U 系列 PLC 编程手册应用指令格式

①指令执行方式图形符号：含应用指令的功能编号（地址号）、指令符号及指令用法特征。
图形符号及组成部分含义见表 4-1-2。

表 4-1-2 应用指令图形符号含义

序 号	格 式 形 状	功能含义（□□表示编号、○○○表示指令名称）
1	┌FNC□□┐ │○○○│	左侧上、下的虚线说明该指令不属于 16 位或 32 位数据指令，是与其无关的单独指令。例：FNC07（功能号）WDT（指令符号）
2	FNC□□ D ○○○	左侧上部实线说明该指令属于 16 位数据指令，下部符号 D 表示可以用于 32 位数据指令。例：FNC12 MOV
3	FNC□□ └○○○┘	左侧下部的虚线表示不能用于 32 位数据的指令，上部实线则表示只能用于 16 位数据的指令。例：FNC00 CJ
4	┌FNC□□ D ○○○	左侧上部的虚线表示不能用于 16 位数据的指令，下部符号 D 表示可以用于 32 位数据指令。例：FNC53 HSCS
5	FNC□□ ○○○ P	右侧上部实线表示该指令可用于连续执行型，右侧下部符号 P 表示可用于脉冲执行型。例：FNC10 CMP
6	FNC□□ ○○○	右侧下部虚线表示可以使用无脉冲执行型指令，右侧上部的实线只可以使用连续执行型指令。例：FN5C24 MTR

序　号	格式形状	功能含义（□□表示编号、○○○表示指令名称）
7	FNC □□ ▨ ○○○ P	右侧上部的斜角表示如果采用连续执行型指令则每一个扫描周期目标操作数的内容发生变化。在驱动指令只执行一次运算的情况下，使用右侧下半段中以 P 表示的脉冲执行型指令。 例：FNC24　INC

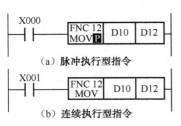

图 4-1-11　指令执行方式

在用于数值处理的应用指令中，根据所处理数据对象的位长可分为 16 位和 32 位运算指令；此外根据指令的执行方式又分"连续执行型"和"脉冲执行型"两种，如图 4-1-11 所示。

对于脉冲执行型，以指令 MOV（P）为例，如图（a）所示，数据移位指令只在控制触点 X000 从 OFF→ON 变化瞬间执行一次，其他时刻（扫描周期）指令不执行（即触点闭合以后即便源地址中的数据变化，目的地址中数据仍保持闭合瞬间移送来的数据）。在指令中用"（P）"表示脉冲执行型，脉冲执行型指令在执行条件满足时仅执行一个扫描周期，这对数据处理有很重要的意义。

对于连续执行型指令执行方式，如图（b）示例，在各个扫描周期只要 X001 接通均分别执行一次数据由 D10→D12 的移位操作。连续执行方式在执行条件满足时，每一个扫描周期都要执行一次，在指令说明中在图形符号旁边用"◥"加以突出显示。

②指令概要：用于对指令实现功能的简略叙述，表明该指令功能是实现"A+B=C"二进制数加法运算。

③硬件版本：是本指令适用机型及产品版本号的说明。

④、⑤为对①的简略图形形式的文字化补充描述：含 16 位指令、32 位指令或非数据指令类型，指令执行方式及指令运行的程序步数说明。

⑥操作对象功能及数据类型：应用指令操作对象用表示源元件的（S.）和表示目的元件的（D.）来指定相应的字、位元件；"BIN 16/32"反映应用指令操作对象的数据类型和位数限制。源元件（S），用于说明数据或状态不随指令的执行而变化的字元件。如果源元件可用变址修改软元件编号的则用（S.）表示，而若有多个可变址源元件则可用（S1.）、（S2.）等表示，如该例中参与加法运算的加数（S2.）和被加数（S1.）。

目的元件（D）是指数据或状态随指令的执行而变化的元件。目的元件可以变址则用（D.）表示，同样有多个目的元件可用（D1.）、　（D2.）等区别表示。

对象软元件栏：该项对指令适用软元件进行界定说明，"●"表明支持该类数据。

⑦位软元件与⑧字软元件：对于形同输入继电器 X、输出继电器 Y、辅助继电器 M 及状态继电器 S，在机器内只能用于处理和反映 ON/OFF 信息的软元件被称为位元件。与此相对的定时器 T、计数器 C 及数据寄存器 D 等用于数值处理的软元件称为字元件，若将 4 个（或 8 个）等连续编号的位元件组合则同样可用于进行二进制数值的处理，则以位数 Kn 和起始软元件号的组合表示字元件。不同于 FX2N、FX3U，字元件分五种：①位元件组成的字元件：有 KnX、KnY、KnM、KnS，如 K2Y0；②系统.用户指令：有 D、R、T、C，如 D100、T5；③特殊模块专用单元；④变址寄存器 V、Z 及变址修饰；⑤常数类："K"表示十进制常数，"H"表示十六进制常数，如 K25、H03A8。

对于位元件组成的字元件如 KnX、KnY、KnM、KnS，其中 n 的用法：在执行 16 位功能指令时有 n=1～4，而在执行 32 位功能指令时有 n=1～8。具体用法如：K1X0 由 X4～X0 组成 4 位字元件，X0 为低位，X4 为高位；K2Y0 由 Y7～Y0 组成 2 个 4 位字元件，Y0 为低位，Y7 为高位。每四位可分别采用不同编码方式用于表示 1 位 10 进制数或 1 位 16 进制数。

> 注意：（D）只能指定 K、H 及 KnX 外的软元件，不能用于指定 K、H 及 KnX。
>
> 需要注意的是有的应用指令是单独连续执行型，有的是单独脉冲执行型，也有的是脉冲执行型和连续执行型的组合使用形式。指令说明中标有"（P）"的表示该指令可以是脉冲执行型也可以是连续执行型。如果在指令使用时标有（P）则为脉冲执行型，而在指令使用时没有（P）的表示该指令只能是连续执行型。
>
> 对于可用于 16 位和 32 位的数据指令，指令前未加 D 为 16 位，在 16 位指令前或功能号中添加字母"D"则为 32 位指令；对于 32 位计数器（C200～C255）不能当作 16 位指令的操作数使用。

例　MOV 是 16 位数据传送指令，如何转变为 32 位数据传送。

MOV 是 16 位数据传送指令，相应的功能号为 FNC 12，由此实现 32 位传送指令的方法有以下两种方法：①在 MOV 前加上 D 即成为 32 位指令 DMOV；②将相应功能号 FNC 12 转变为 FNC D12 或 FNC 12D。

另外 FX3U 编程手册指令结合如图 4-1-10 所示的"功能与动作说明"，对指令的基本动作方式、使用方法、应用实例、功能特点及使用注意事项，进行示例剖析。

如图 4-1-12 所示，①②分别呈现依据数据类型和指令执行方式的指令形式，ADD 和 ADDP 的执行对象为 16 位数据，ADD 为连续执行型，ADDP 为脉冲执行型，DADD 为 32 位数据连续执行型，DADDP 则实现脉冲执行型 32 位数据加法；③表示 16 位含可变址修饰的源和目的地址形式；④表示 32 位可变址修饰的数据源和目的地址形式。

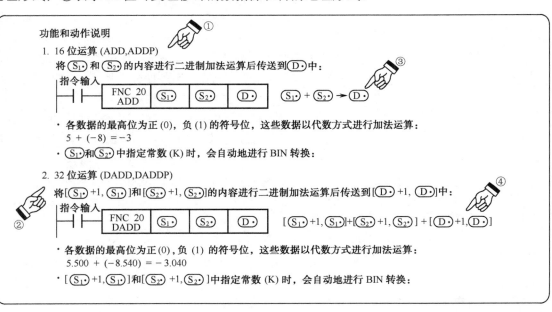

图 4-1-12　应用指令的功能与动作说明

任务二 送料小车自动控制系统的设计、安装与调试

任务目的

1. 通过本任务的学习与实训，进一步熟悉状态编程的任务分析方法；掌握步进顺控指令的用法及基本编程的方法。

2. 熟悉步进状态程序的调试方法；掌握单步工程过程和循环工作方式的 PLC 控制方法。

3. 熟悉步进顺控状态编程中单分支、选择条件分支和并行分支等程序的控制结构、格式及用法。

任务一中设备的运行具有典型的顺序运行特征，自动生产线上这种确定的单一流程的顺序控制并不能体现 PLC 控制的优势。在设备运行过程常出现有两个加工或多个加工流程，如生产线上检验出产品有合格品与非合格品之分，需要加以判别、分拣并采取不同的工序处理，该如何进行？

知识链接三：状态编程中条件分支的处理

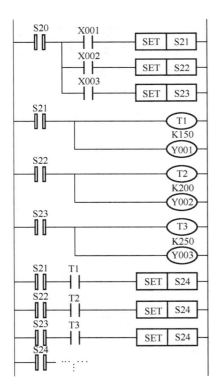

图 4-2-1 部分步进顺控制梯形图

如图 4-2-1 所示为步进顺控梯形图程序，试结合 STL 指令及用法理解 S20 中不同条件下的状态转移。

当状态 S20 被激活时，当 X001～X003 三个转移条件中只要某一转移条件满足时，则程序转移至相应状态，这种根据转移条件决定程序流向的控制方式，称状态编程的分支控制，如 S20 激活时若 X001 闭合，则 PLC 转向执行状态 S21，……，若 X003 闭合，则 PLC 转向执行 S23 状态。这种根据条件判断执行不同分支的步进顺控方式称为条件分支（或称选择性分支）。除条件分支外，状态程序还可分为单分支、并行分支和混合分支共 4 种分支结构。

采用状态转移（SFC）图可直观地分辨出状态程序的 4 种分支结构，单分支是最常用的一种单一流程形式，如图 4-1-6 所示任务一的状态转移图显然只具有唯一的加工流程。下面我们主要来认识最常用最基本的两种分支结构状态程序。

一、选择性分支状态程序

如图 4-2-2 所示为选择分支结构状态转移示意图。该分支的特点是当状态 Sxx 激活有效时，采取先形成分支，后设立不同的分支转移条件，根据转移条件判断决定程序在不同分支中的选择的方法。如图 4-2-2（a）所示，如果 X0ax 为 ON，则选择执行左分支 Sax；如果 X0bx 为 ON，则选择中间分支 Sbx；而 X0cx 为 ON 时则执行右分支 Scx。需要注意的是在 Sxx 处于激活状态时，作为条件选择分支结构程序流向只能选择一个方向，若只有一个方向的条件成立则执行对应的分支；若状态转移条件 X0ax、X0bx、X0cx 中有两个或以上非同时满足则取决于最先满足的状态转移方向（该结构程序设计时不能有多个条件同时满足）。

若状态 Sxx 被激活后若分支条件均不满足则程序处于等待状态，在工程设计时同样要考虑在条件均不成立时程序如何执行的问题。

对于条件选择分支的程序，在分支程序执行完毕时必须进行分支的汇合处理，如图 4-2-2（b）所示，不论执行的是何条分支程序，最终均需通过各自的状态转移条件激活汇合状态 SXX，各分支支路的汇合状态均相同。

与一般状态程序的编程一样，需先按顺序进行各分支程序的设计，最后按顺序排列进行汇合状态转移的处理，汇合后继续向下编程。

二、并行分支的状态程序

如图 4-2-3 所示为并行分支结构的状态转移示意图。并行分支结构的特点是当状态 Sxx 激活有效时，采取先设立相同的转移条件再形成分支，只要转移条件满足则各分支对应状态均被激活，各分支均被同时执行的方法。图（a）中当转移条件 X0xx 满足时，Sax、Sbx、Scx 均同时被驱动。各状态被驱动时分别顺序执行各分支状态程序，第一条支路由 Sax 顺序执行至 SAx，第二支路由 Sbx 顺序执行至 SBx，第三支路由 Scx 顺序执行至 SCx。

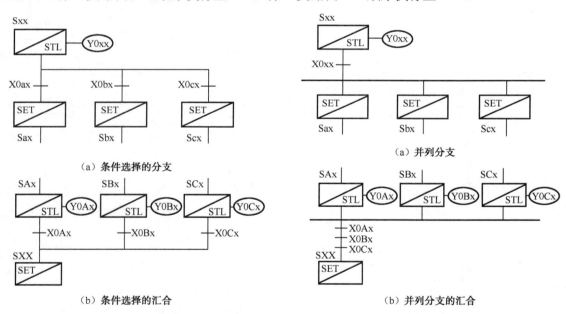

图 4-2-2　条件选择分支结构状态转移示意图　　图 4-2-3　并列分支结构

同选择性分支一样，当各支路执行完成后进行汇合处理。与选择性分支结构不同的是并行分支需各条支路均执行完才能进行汇合处理，只要有一条支路未执行完，则无法完成汇合，此时其他支路处于等待状态。

在执行向汇合状态的转移处理时要注意程序的顺序号，分支列与汇合列不能交叉。结合如图 4-2-3（b）所示结构，步进顺控梯形图各分支顺序对应的最后状态分别为 SAX、SBX 和 SCX，在表示并行汇合的连续的 STL 指令中，汇合处理顺序则应为 STL SAX、STL SBX 和 STL

SCX。在连续 STL 指令后要先完成转移驱动再执行转移。另外状态编程对并行分支的分支数有限制即要求分支路数在 8 路以下。

如图 4-2-4（a）、（b）所示分别为选择性分支和并行分支结构程序的步进顺控梯形图形式，进行对照比较可以找出两者的异同。主要有以下几点：①状态转移条件和状态的转移形式有区别；②各分支支路画法形式（特别是汇合前的状态表示形式）相同；③条件选择分支结构与并行分支结构的汇合形式不同；④在执行方式上尤其注意条件选择分支只有一条支路处于工作状态，而并行分支的几条支路均处于工作状态；⑤并行分支结构中各支路中的触点可以引用互为条件，但不合理引用会造成相互窜扰。

对于组合分支结构状态程序可查阅相关书籍或资料，本书不作介绍。

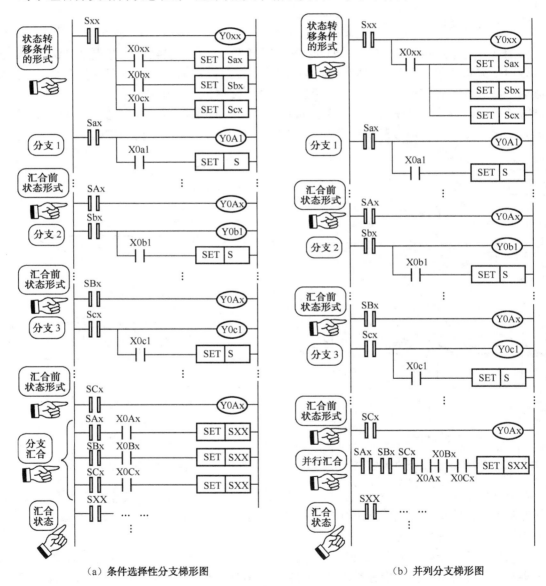

（a）条件选择性分支梯形图　　　　　　　　（b）并列分支梯形图

图 4-2-4　状态分支结构梯形图

知识链接四：状态编程中非顺序转移的处理

一、非顺序转移的概念

如图 4-2-5 所示的梯形图，为典型的设备启动自检步进顺控梯形图形式，启动时进行设备复位检查，当满足复位条件时转移到顺序状态，设备正常运行，不满足复位条件时转向复位状态执行复位程序。在一般状态 S20 激活时，通过 M0 对状态复位条件进行判断，M0 的 ON/OFF 对应已复位/未复位，复位条件满足则转移到 S21 工作状态，否则转向非顺序的复位状态 S10，执行复位操作。这一设计思路在任务一"思考与训练"题中已有所体现。

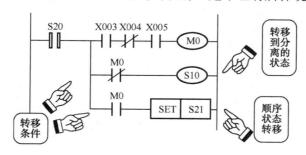

图 4-2-5　状态转移方法

上述状态间的转移分为顺序状态转移和非顺序状态转移。顺序状态的转移通过 SET 指令实现，而非顺序状态转移则采用 OUT 指令实现。上例中的 OUT S10 和前面示例中的 OUT S0 均为非顺序状态转移，在步进顺控梯形图中使用 OUT 指令驱动状态继电器则表明向分离状态的转移。OUT 指令与 SET 指令对应指令执行后，即 STL 指令生效后具有同样的功能，都将自动复位转移到源（原）状态，STL 指令不同于一般触点具有自保持功能。

> 由初始状态 S0～S9 向一般状态的转移，复位状态 S10～S19 向一般状态的转移，尽管是非连续状态但必须采用 SET 进行状态转移；而选择性分支结构和并列分支结构（含组合分支结构）中，源状态向目的状态的转移指定由 SET 实现。上述转移不受非连续状态转移的约束。

二、非顺序转移的表示

如图 4-2-6（a）、（b）所示为步进顺控状态编程中常见的非顺序转移的形式。非顺序转移按状态转移的方向和转移方式的不同可分为以下几种。

（1）状态向下的转移：从上面的状态跳过相邻的状态步转移到下面非连续的状态步，特征为目的状态编号>（源状态编号+1），一般称作跳转。如图 4-2-6（a）①所示，当相应转移条件满足时，从 S20 状态步跳过 S21、S22、……，转到 SXX 状态步。跳转方式常用于程序中实现一定条件下跳过一定步骤（工艺）转去执行后续工艺的操作。

（2）状态向上的转移：从下面的状态跳回到上面的状态步，特征为目的状态编号<源状态编号，也称重复，如图 4-2-6（a）②、③所示，当 SXX 状态中两个不同的转移条件（一般为相反互补条件）分别满足时，可分别从 SXX 状态步跳回到 S0 或 S20 状态步。其中跳转回 S0 则可实现停车处理，而跳转到 S20 则可实现工艺的循环加工处理，当然也可根据需要跳转到

其他状态步，重复前面从某道工序开始的加工步骤。

（3）不同流程间的跳转（或不同分支间的跳转）：如图 4-2-6（b）所示，初始状态 S0 的流程当执行状态步 S20 向外跳转条件成立时则执行 OUT S41，此时程序跳转执行初始状态 S1 流程中的 S41 状态步。

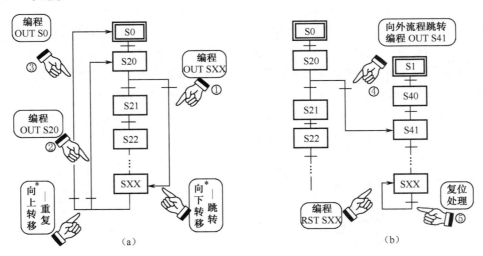

图 4-2-6　SFC 中非顺序状态转移方式

（4）对同一状态步的复位操作：如图 4-2-6（b）所示，当执行到 SXX 状态步时，若转移条件成立，则重复执行该状态步，称为复位。复位操作时为有别于不同状态间的转移而采用 RST 指令，即图中⑤用编程指令 RST SXX 表示对 SXX 的自复位操作。

在 GX Developer 环境下，SFC 块编辑时非连续状态的转移均采用特定的箭头符号表示，如图 4-2-7 所示。

对于非连续性状态转移在 SFC 图中对于某状态的复位，以符号"▽"表示，如图 4-2-7（a）所示；而向上面的"重复"转移、向下面的非连续的状态"跳转"转移以及向分离的其他流程上的状态转移均用符号"▼"表示，如图 4-2-7（b）、（d）所示。

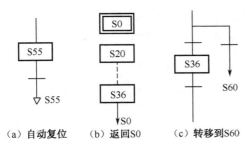

图 4-2-7　SFC 中状态转移及复位表示

专业技能培养与训练二：送料小车的步进顺控状态编程与设备调试训练

任务阐述：某送料小车工作示意图如图 4-2-8 所示。小车由电动机拖动，电动机正转时小车前进；电动机反转时小车后退。对送料小车有自动循环控制的要求：第一次按下送料按钮，预先装满料的小车前进送料，到达卸料处 B 点（前限位开关 SQ2）自动停下来卸料，经过卸料所需设定的延时时间 30s 后，小车自动返回到装料处 A 点（后限位开关 SQ1），经过装料所需设定延时时间 45s 后，小车再次前进送料，卸完料后小车又自动返回装料，如此自动循环。试结合以下控制要求进行系统设计，并完成设备的安装与调试。

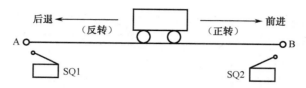

图 4-2-8　送料小车工作示意图

（1）基本功能系统。

①工作方式设置：在 A 点和 B 点均能启动，且能自动循环；②有必要的电气保护和互锁。

（2）功能升级系统。

送料小车上要求设置有如压力传感器类装置，用于检测小车是否装载货物。实现设备启动时，根据小车中有料与否决定小车是直接到终点卸货还是回到起点装货，停车按钮按下时应在完成货物卸载后实现停车。

实训保障设备清单见表 4-2-1。

表 4-2-1　送料小车设备安装清单

序号	名称	型号或规格	数量	序号	名称	型号	数量
1	PLC	FX3U-48MR	1	8	启/停按钮	绿、红	2
2	PC		1	9	指示灯	橙（24V）	2
3	三相异步电动机	小功率电机	1	10	交流接触器	220，CJX2-10	2
4	断路器	DZ47C20	1	11	热继电器	JR36B	1
5	熔断器	RL1-10	1	12	端子排		
6	编程电缆	FX-232AW/AWC	1	13	安装轨道	35mm DIN	
7	行程开关	LX	2				

一、基本功能系统设计与实训

（1）I/O 端口定义：根据上述任务的功能要求分析，实现该任务的控制、检测及输出驱动设备，对应的 PLC 控制 I/O 端口地址定义如下，其中卸货、装货机构用指示灯代替。

I 端口		O 端口	
启动按钮 SB1	X000	正转 KM1	Y000
停止按钮 SB2	X001	反转 KM2	Y001
行程开关 SQ1	X002	卸货机构	Y002
行程开关 SQ2	X003	装货机构	Y003
过载保护 FR	X004		

（2）根据加工工艺，设计控制状态转移图或步进顺控梯形图。

本控制任务对停车按钮（X001）和过载保护（X004）均无特殊说明，在程序中采用立即停止（按下停车或检测到过载信号时设备立即停止）的控制方式处理，故初始状态驱动如图 4-2-9（a）所示的 LAD0。

状态分析：

S20　启动位置检测状态，用于判断小车位置，驱动条件启动时 X000 闭合。

S21　正转 Y000 有输出，驱动条件为 A 点行程开关压下或者开机时小车在 A、B 两点间，即 X002 和 X003 均没有检测信号。

S22　B 点位置卸货 Y002 有输出，驱动条件为①启动时小车恰在卸货位置，X003 闭合；②运行过程中小车行驶到卸货位置，行程开关 X003 闭合。

S23　反转 Y001 有输出，驱动条件为卸货时间到。

S24　小车到达装货位置停车装货，即 Y003 有输出，驱动条件为 X002 闭合。

装货时间到时循环处理，即转移回到 S20 状态。

如图 4-2-9（a）、（b）所示为该控制任务分析与设计时采用的状态转换图 SFC 的两种常用形式，它与实际 GX Developer 环境下的 SFC 编辑形式是不同的。

结合 SFC 图，该控制任务程序中两处用到非连续状态转移，其中一处是由 S20 向 S22 的跳转，另一处由 S24 向 S20 的重复转移方式。

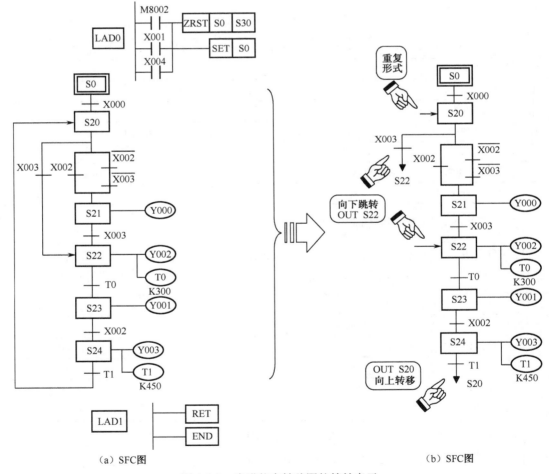

（a）SFC图　　　　　　　　　　　　　　（b）SFC图

图 4-2-9　步进状态转移图的等效表示

（3）由 SFC 图可方便地转化出步进顺控梯形图，梯形图如图 4-2-10 所示，试练习列写指令表。

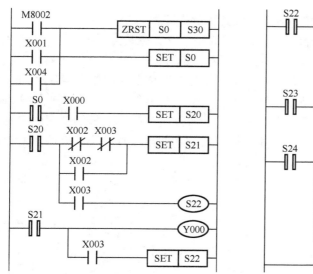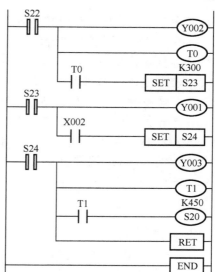

图 4-2-10　自动卸料小车控制梯形图

（4）结合 I/O 端口定义及控制设备要求画出如图 4-2-11 所示的 PLC 控制连接图。

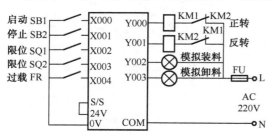

注意：拖动小车三相异步电动机的主电路与电动机正反转的主电路相同。

图 4-2-11　运料小车 PLC 控制接线图

（5）安装与接线（本任务中的输出只需要连接交流接触器，电机主电路与正反转控制线路相同不需要安装，完成 PLC 控制部分的设备调试即可）。

① 将熔断器、低压断路器、模拟板、按钮开关、接线端子排等元件安装在实训基板上；

② 按 PLC 控制连接图完成控制器件和输出负载的连接，在配线上布置要合理，安装要准确、牢固。

（6）GX Developer 软件操作：编辑上述梯形图程序，进行程序检查和模拟调试。

（7）进行程序与设备的调试，验证程序功能，理解程序结构中的重复与跳转的作用和实现方法。

（8）对所安装设备的安装质量、工艺进行分析、评价并改进完善。

二、功能升级系统的设计与实训

（1）系统程序设计的方法。

上述控制是在预先装满料的前提下设计的，工程中这种现象出现的可能性不大，为获得较高的生产效率，常采用的方法是通过检测装置进行判断是否已装有一定量的料，若未装满料要求先反转至装料点装料；若已装满料则正转到卸货点卸货。

分析：可通过在车厢下部安装一只压力传感器或压力开关类装置，在基本功能系统 I/O 端口定义中增加检测开关 SQ3（X005）。本控制任务程序设计的主要核心是解决启动时决定卸货/装载工序选择的问题和完成当前工作任务（卸货完成）的停车方式。如图 4-2-12（a）所示为状态转移图，对装载/卸货采用分支结构，结合压力传感器对小车空载/负载的检测实现状态流向的选取。由于该控制任务要求在完成当前卸货任务后停车，所以一般结合启保停梯形图结构设置停车检测状态，在步进顺控系统循环工作方式的末状态进行停车状态的判断。故在程序 LAD0 块中 X000、X001 构成的启保停程序结构中设置了运行/停止辅助继电器 M0，用于结束时控制程序流向，运行时 M0 为 ON 状态，控制 S25 转移到 S20 实现循环工作，运行中按下

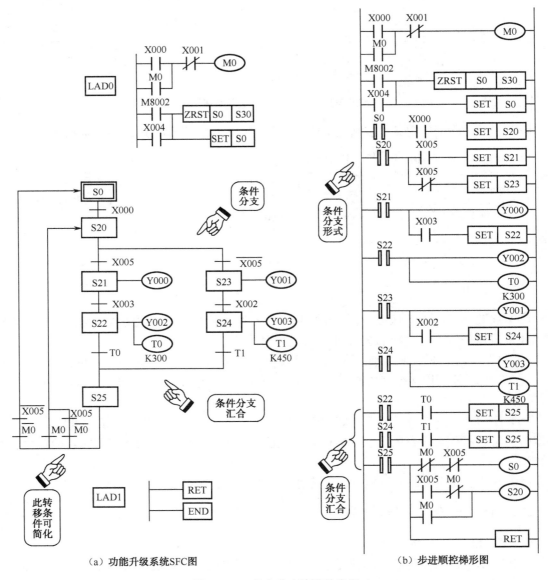

（a）功能升级系统SFC图　　　　　　　　　　（b）步进顺控梯形图

图 4-2-12　状态分支编程的应用

停车 X001，对应的 M0 则为 OFF 状态，控制 S25 转移回到 S0 实现停车。在本控制任务中由于装载、卸货采用条件分支结构，所以末状态 S25 除需要对运行/停止状态 M0 进行检测外，还需要比较压力传感器的空载/实载状态，只有在按下停车按钮并且已完成卸货（空载）的状态情况才能实现停车。

在 SFC 图中状态 S25 没有实质性负载驱动，是为在条件分支及并行分支程序中有效解决分支汇合问题而设立的"虚拟状态"，此类"虚拟状态"同时提供了分支汇合后状态转移的平台。在两个相邻的分支结构过渡时常常需要灵活运用"虚拟状态"。

试结合基本功能系统中的状态分析、非连续转移的实现及梯形图功能分析来理解上述 SFC 图的设计思路。如图 4-2-12（b）所示为该控制任务的步进顺控梯形图，在 SFC 图转化或直接进行梯形图程序设计时应注意条件分支的绘制特点和分支汇合与并行分支的区别。

（2）运料小车 PLC 控制连接图如图 4-2-13 所示。

（3）系统设备安装与调试。

试在上述实训电路的基础上，加装检测开关，连接完成后检查确认。重复基本功能系统设计与实训中的步骤（6）、（7）。

（4）比较两次任务中程序结构、设计方法和功能实现方面的区别，结合"阅读与拓展"理解程序设计的思路、方法，熟悉工程设计的工艺需求与实现方法。

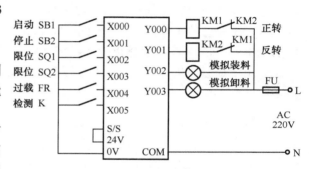

图 4-2-13 运料小车 PLC 控制连接图

思考与训练

（1）若在上述功能升级系统的设计任务中，要求实现急停控制，如何实现？结合上述任务程序实现并调试运行。

（2）在状态编程时，只要在工序、转移条件、分支结构等方面安排合理，一般不会出现联锁性故障，但工程上为了防患于未然常需要设置一些故障检测装置，当出现一般性故障时往往要求系统给出警示并在完成当前循环后自动停车，而有些安全隐患则需要立即停止并报警。试结合上述控制任务探讨上述措施的必要性和实现方法。

阅读与拓展二：状态编程中几种常用的运行/停止控制方式

因控制任务中对加工工艺、设备性能及生产安全措施等方面的要求不同，对工程设备的启动/停止的控制方式也会有不同的要求。例如，有些设备可以随时停止，有些工艺在加工过程中则不能随停车操作实现立即停止，但有些状况下要求必须立即停止（如急停）等等，这些控制方式在我们进行程序设计时必须能够灵活地运用。

1. 立即停止控制方式的实现

立即停止的含义是在运行过程中任意时刻按下停车按钮，设备则立即停止当前的操作，停止在设备当前状态。常用的方法如图 4-2-15 所示，利用如图 4-2-14 所示常用初始状态批复位及初始状态驱动方式，并且在 X001 按下时强行将程序进行状态复位，并返回到初始状态。

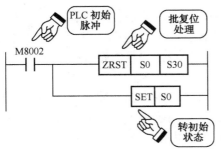

图 4-2-14　常用初始的驱动方式

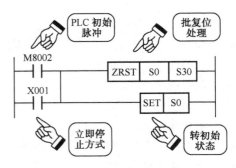

图 4-2-15　立即停止的控制方式

2. 完成当前工作循环的停车控制

要求在按下停止按钮时，设备必须保证将当前状态后所有的工序均按设计要求完成后，即完成一个完整的工作过程后才能停止。常采用的方法是在状态编程后利用启动/停止按钮及辅助继电器 M×× 构成启保停控制结构，启动时用于初始状态实现向一般状态转移，而需要停止时用于在循环状态结束时控制程序的流向返回 S0 实现停车。程序结构及控制如图 4-2-16 所示。

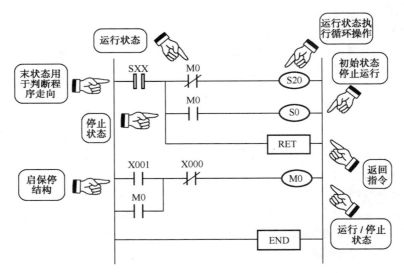

图 4-2-16　完成当前工作循环的停车控制

3. 工作循环中任一工作状态异常跳转至指定状态进行处理后停止的控制

某任务工序 S20～S35 为主要加工工序，S36～S40 仅为加工工序的一部分，同时是设备异常时需经过的处理工序，要求只要加工状态出现异常信号，立即转向设备异常处理工序，处理完毕后停止运行。

在单分支程序中可采用的方法是在 S20～S34 各状态中均加入如图 4-2-17 所示梯形图中的异常状态 M0，向下跳转至异常处理状态（S36），S35 中 X012 是正常顺序转移条件，而 M0 是异常转移，由于此处均指向 S36，属顺序转移关系，故采用 SET S36 的形式。在末状态 S40 中，结合要求可在程序中加入正常循环 OUT S20，或停止控制及异常状态 M0 控制的 OUT S0 实现。

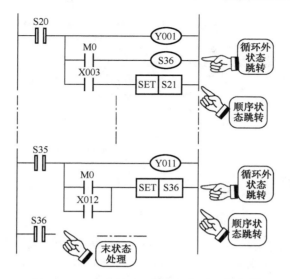

图 4-2-17 完成复位操作后的立即停车控制

4. 实现急停的设备控制方法

一般程序设计中（如普通逻辑构成的顺序控制程序）可采用总控指令 MC 及总控复位指令 MCR 实现急停控制，但状态编程中注意 SFC 块中不要采用此指令。在状态程序设计中可利用批复位指令 ZRST 使所有状态复位或利用特殊辅助继电器 M8034 禁止所有输出实现，除此还可利用 M8037 强制 PLC 停止运行，执行 STOP 指令。

> 注意：普通电气设备中急停要求断开设备总电源，而对于数控设备如数控机床，按国家相关安全规定是不允许在急停时断开设备主电源，而是通过实现禁止 PLC 输出实现的。

任务三　三级皮带运输机 PLC 控制系统的设计、安装与调试

 **任务目的**

1. 熟悉三级皮带传送机构 PLC 步进顺控编程的状态分析与编程方法。

2. 掌握状态步内 OUT 与 SET 输出驱动的区别与用法；掌握分支结构程序的设计方法与调试方法。

3. 掌握不同循环工作方式的 PLC 控制方法，熟悉 ALT 在程序控制中的用法。

想一想：在现代自动生产线或物流仓储流水线中涉及自动输送带机构，为有效利用设备资源，实现传输的高效管理与控制，利用 PLC 可进行有效控制，那么应如何进行系统设计以满足传送机构的控制要求？

专业技能培养与训练三：PLC 控制皮带传送机构的设计、安装与调试

任务阐述：某一生产线的末端有一部三级皮带运输机，分别由 M1、M2、M3 三台电动机拖动，要求能按 M1→M2→M3 的顺序以间隔 10s、15s 的时间顺序启动；当 M3 启动 20s 后按

时间间隔为 15s 及 M3→M2→M1 的顺序停止。三级皮带运输机如图 4-3-1 所示。

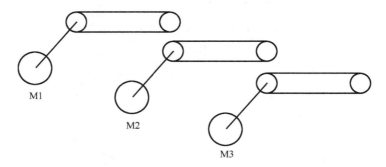

图 4-3-1　三级皮带传送系统示意图

基本功能要求：①工作方式设置，按下手动启动按钮，完成一次上述完整工作过程；按下自动按钮，输送带启动，或在 M1 停止 5min 后自行启动并重复上述循环过程，按下停止按钮完成当前循环后停车。②要求有急停及必要的电气保护和互锁。

三级皮带传送设备安装清单见表 4-3-1。

表 4-3-1　三级皮带传送设备安装清单

序号	名称	型号或规格	数量	序号	名称	型号	数量
1	PLC	FX3U-48MR	1	8	启/停按钮	绿、红	4
2	PC	台式机	1	9	指示灯	橙（24V）	2
3	三相异步电动机	Y132M2-4	3	10	交流接触器	220,CJX2-10	3
4	断路器	DZ47C20	1	11	热继电器	JR36B	31
5	断路器	三极	10	12	端子排		
6	熔断器	RL1-10	1	13	安装轨道	35mm DIN	
7	编程电缆	FX-232AW/AWC	2				

一、设计方案的确定

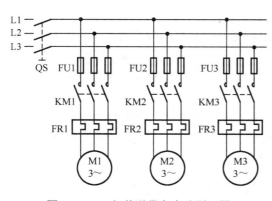

图 4-3-2　三级传送带主电路原理图

根据所要实现的功能和任务要求，结合基本工程实践经验，三级传送机构可采用三台三相异步电动机进行拖动。三相异步电动机具有成本低、运行可靠，可较方便地实现启、停控制，无须额外设备的优点。且从功能可扩展的角度出发，三相异步电动机很容易实现正、反向运行、调速及快速制动停车等方面的控制。三台电机实现拖动的主电路如图 4-3-2 所示。

二、控制系统的设计与训练

（1）I/O 端口的定义：根据控制任务及基本控制要求进行分析，可确定所需的输入端口与输出控制，列出 PLC 控制 I/O 端口元件的地址分配表（注：本控制中采用输出控制回路的过载保护措施，具体见 PLC 控制梯形图）。

I 端口		O 端口	
手动按钮 SB1	X000	电动机 M1	Y001
自动按钮 SB2	X001	电动机 M2	Y002
停车按钮 SB3	X002	电动机 M3	Y003
急停按钮 SB4	X003		

（2）控制任务及控制要求分析。

本控制任务中因存在"手动控制"和"自动控制"两种方式，手动方式的实质是单循环方式，即完成一次循环后自动停止，没有外界控制停止的必要性；自动控制方式为自动循环工作方式，即只要按下启动按钮，则将一直重复运行下去，当停止按钮作用时，完成当前循环后停止。"自动控制"重复循环与停止控制方法利用的"启保停"结构设置辅助继电器 M0用于表征运行/停止状态，在最终控制状态通过返回 S0 和 S20 来实现。手动按钮的单次循环是在自动控制状态 M0 无效时，直接利用手动按钮在状态 S0 中与 M0 常闭触点串联，实现启动状态转移。

根据控制任务进行加工工序的分解，并进行各状态的分析，分析如下。

初始状态：S0　状态驱动利用开机脉冲 M8002 和急停 X003 实现，通过辅助继电器 M0判断系统的自动/手动工作方式，实现向一般状态 S20 的转移。

状态判断：S20　驱动条件为自动控制方式 M0 闭合，结合电机 M1、M2、M3 对应的 Y001、Y002、Y003 及启/停要求，判定设备系统的运行/停止。

M1 启动：S21　驱动条件为 Y3 停止（说明系统停止），手动闭合 X000，驱动输出 Y001。

M2 启动：S22　Y001 运行 10s，定时器定时到，输出驱动 Y001 和 Y002。

M3 启动：S23　Y002 运行 15s，定时器定时到，输出驱动 Y001、Y002 和 Y003。

M3 停止：S24　S20 状态检测 Y003 运行闭合（Y003 运行 20s，定时器定时到，试结合程序理解），驱动 Y001 和 Y002 输出，对 Y003 复位停止。

M2 停止：S25　Y003 停止 15s，定时器定时到，驱动 Y001输出，对 Y002 复位停止。

M1 停止：S26　Y002 停止 15s，定时器定时到，对 Y001复位停止。

分支合并（虚似状态）：S27　驱动条件为 S23 中 20s 定时器定时到或 S26 中定时器定时 5min 到，用于判定停车和循环工作方式。

> 本控制任务中存在连续状态的输出继电器均被驱动，此种现象可用置位指令 SET 进行控制，避免每一状态均需进行重复输出处理，对于不需输出的状态步采用 RST 指令对其进行复位处理。

如图 4-3-3 所示为步进顺控状态编程中输出驱动的基本方法：图（a）采用输出驱动命令 OUT 驱动输出继电器 Y005；图（b）采用置位命令 SET 对输出继电器 Y005 进行置位操作。

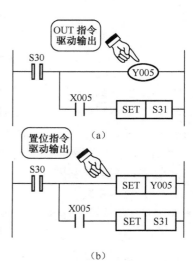

图 4-3-3　OUT/SET 指令用法

尽管两者均可使 Y005 产生输出，但 OUT 指令仅在当前状态中有效，当状态转移条件成立，发生状态转移即停止输出；而置位指令 SET 产生的输出继电器动作不论在当前状态还是发生状态转移均有输出，当遇到复位指令 RST 时，对其复位后才停止输出。

结合状态编程中的两种输出驱动的基本方式，根据上述任务分析可画出该控制任务梯形图，如图 4-3-4 所示。

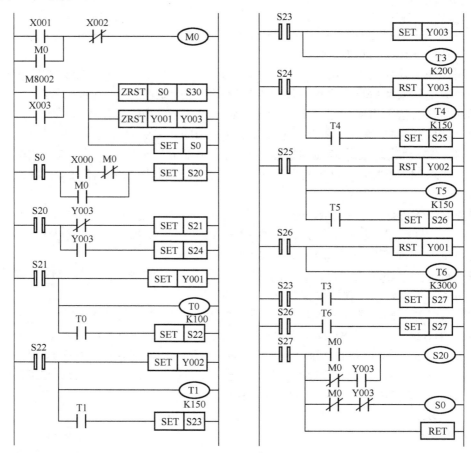

图 4-3-4 三级传送带的 PLC 控制梯形图

（3）画出 PLC 控制 I/O 接口（输入/输出）接线图及设备控制的主电路图。

由于本控制任务中涉及三台电动机 M1、M2 及 M3 的过载保护，采用输出端实施过载的保护措施有如图 4-3-5 所示的两种形式，试结合工作过程分析两者在保护措施上的异同，并结合控制过程分析利弊，探讨最佳解决方案。

设备控制主电路图如图 4-3-2 所示。

（4）设备安装与接线，根据设备安装工艺要求对主电路和 PLC 控制回路进行器件布局、检测及安装，设计线路敷设方案。

（5）根据设计方案及工艺规范进行 PLC 控制回路的线路连接，并检查线路。

（6）编辑上述控制梯形图，结合控制任务设计设备调试方案并在计算机上进行动态仿真调试；连接 PLC 进行程序传送，并进行空载调试。

（7）可根据需要连接主电路，进行控制设备的试运行，并设置适当的故障如其中某一热继电器过载保护，进行设备调试。结合如图4-3-5所示的两种接法观察结果并进行分析。

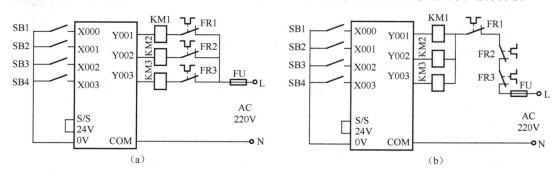

图4-3-5　三级传送带电动机的过载保护

思考与训练

（1）三级皮带传送机构中的过载保护可通过如图4-3-6所示的两种方法实现，试采用单分支结构设计含过载保护功能的程序。

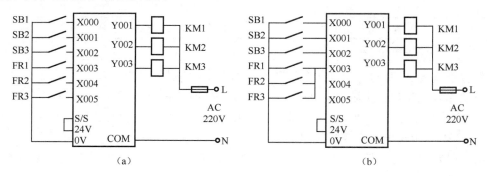

图4-3-6　思考与练习（1）

（2）工程中常会利用一只按钮开关实现设备的启动/停止控制，试结合"阅读与拓展三：设备启动/停止单键控制的方法"，在本程序中尝试使用自动状态的"单键启停"控制功能。

阅读与拓展三：设备启动/停止单键控制的方法

设备控制系统中常采取仅由同一控制按钮或按键实现所控设备的启动/停止、上称/下降、前进/后退等相反状态的控制，该种设备控制的方法称为单键控制。单键控制操作方法，如单键启/停控制，第一次按下为启动，在运行过程中再次按下则实现停止。

应用指令链接二：交替输出 ALT（P）指令

交替输出 ALT（P）指令的格式和用法如下。

FNC 12—ALP/交替输出指令格式及用法说明

概要

输入控制 ON 一次，使所控位元件状态反转（由 ON→OFF 或 OFF→ON）。

1. 命令格式

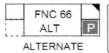

16位指令	指令符号	执行条件
3步	ALT	连续执行型
	ALTP	脉冲执行型

32位指令	指令符号	执行条件
	-	
	-	

2. 设定数据

操作数种类	内　　容	数据类型
（D.）	交替输出的位软元件编号	位

3. 对象软元件

操作数种类	位软元件							字软元件								特殊模块	变址		其他				
	系统.用户							位数指定				系统.用户							常数	实数	字符串	指针
	X	Y	M	T	C	S	D□.b	KnX	KnY	KnM	KnS	T	C	D	R	U□\G□	V	Z	修饰	K	H	E	"□"	P
（D.）		●	●			●	▲												●					

▲：D□.b 不能变址修饰（V、Z）

交替输出指令 ALT 的功能可结合如图 4-3-7 所示示例进行说明。

当驱动输入 X001 完成第一次由 OFF→ON 的变化时，M0 产生状态由 0→1 的变化并保持，Y001 随之产生外部输出；当 X001 完成第二次由 OFF→ON 的变化时，M0 产生状态由 1→0 的变化，Y001 停止输出。其控制时序如图 4-3-7（b）所示。

利用交替输出指令 ALT（P）可以实现控制中单键启停控制；也可采用交替输出指令的级联方式实现多级分频输出。

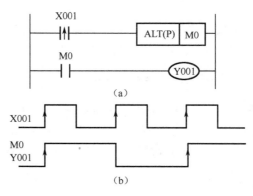

图 4-3-7　ALT 指令格式

ALT（P）的应用：如图 4-3-8（a）所示的梯形图，当按下按钮 X000 时，Y000 有输出；再次按下 X000 时，Y000 停止输出，Y001 有输出，实现由一个按钮实现启动/停止的控制。如图 4-3-8（b）所示的梯形图，当输入 X001 闭合时，定时器 T0 每隔 1 秒有瞬时动作，T0 的常开触点每次接通时，输出 Y000 动作。

对如图 4-3-9 所示的梯形图，若 X000 输入为周期性矩形脉冲，试分析 M0、M1 的输出及与 X000 输入脉冲间的关系。

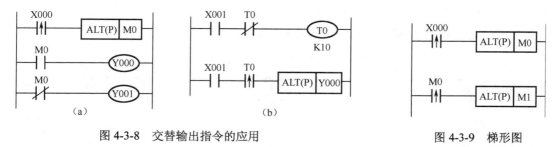

图 4-3-8　交替输出指令的应用　　　　　　　　图 4-3-9　梯形图

任务四　多种液体混合 PLC 控制系统的设计、安装与调试

1. 进一步熟悉和掌握 PLC 控制的任务分析方法；熟悉工程控制的一般要求，学会从工程角度分析实现步进顺控状态编程的方法。

2. 进一步熟悉和掌握 PLC 控制的设备安装要求，学会程序和设备的调试方法；了解特殊 PLC 控制功能的实现方法。

专业技能培养与训练四：工业多种液体混合 PLC 控制系统的设计、安装与调试

任务阐述：如图 4-4-1 所示为工业多种液体混合系统组成与工作方式示意图，该液体混合系统的工作过程及控制要求如下。

① 初始状态，容器要求排空状态，且进液口电磁阀 Y1、Y2、Y3，排液口 Y4，液面位置传感器 L1、L2、L3，搅拌机 M 和电炉 H 均为 OFF 状态。

② 启动按钮按下，Y1=ON，液体 A 进入容器，当液面达到 L3 时，L3=ON，Y1=OFF，Y2=ON；液体 B 进入容器，当液面达到 L2 时，L2=ON，Y2=OFF，Y3=ON；液体 C 进入容器，当液面达到 L1 时，L1=ON，Y3=OFF，电机 M 开始搅拌。

③ 搅拌到 10s 时，搅拌电动机 M=OFF，电炉 H=ON，开始对液体加热。

④ 当达到一定温度时，温度检测触点 T 为 ON 状态，则电炉 H=OFF 停止加热，电磁阀 Y4=ON 排放已混合的液体。

⑤ 当液面下降到 L3 后，L3=OFF，经过 5s，容器

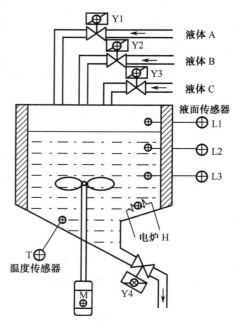

图 4-4-1　多种液体混合系统结构示意图

完全排空，电磁阀 Y4=OFF。

⑥ 要求隔 5s 时间后，开始下一个周期，如此循环。

控制要求：①工作方式设置为按下启动按钮后自动循环，按下停止按钮后要在一个混合过程结束后才可停止；②有必要的电气保护和互锁。

多种液体混合 PLC 控制设备安装清单见表 4-4-1。

表 4-4-1　多种液体混合 PLC 控制设备安装清单

序号	名称	型号或规格	数量	序号	名称	型号	数量
1	PLC	FX3U-48MR	1	7	启/停按钮	绿、红	2
2	PC	台式机	1	8	指示灯	绿（24V）	3
3	断路器	DZ47C20	1	9	指示灯	红（24V）	6
4	熔断器	RL1	1	10	拨动开关		4
5	编程电缆	FX-232AW/AWC	1	11	端子排		若干
6	开关电源	24V/3A	1	12	安装轨道	35mm DIN	若干

（1）电路设计。

根据任务分析及工程控制需要，列出 PLC 控制 I/O 端口的地址分配表（含与液面传感器对应的液面位置指示灯），如下所示。

I 端口		O 端口			
启动按钮 SB1	X000	进液阀 Y1	Y001	液位指示 L-1	Y011
停车按钮 SB2	X001	进液阀 Y2	Y002	液位指示 L-2	Y012
液面传感器 L1	X011	进液阀 Y3	Y003	液位指示 L-3	Y013
液面传感器 L2	X012	搅拌电机 M	Y004		
液面传感器 L3	X013	加热电炉 H	Y005		
温度传感器 T	X014	排液阀 Y4	Y006		

（2）控制状态分析及 PLC 控制梯形图的设计。

状态 S20：进液阀 Y1 开启（Y001 输出），驱动条件为设备启动信号。

状态 S21：进液阀 Y2 开启（Y002 输出），驱动条件为液面传感器（低）闭合（X013 动作）。

状态 S22：进液阀 Y3 开启（Y003 输出），驱动条件为液面传感器（中）闭合（X012 动作）。

状态 S23：搅拌器 M 动作（Y004 输出），驱动条件为液面传感器（高）闭合（X011 动作）。

状态 S24：电炉 H 加热（Y005 输出），驱动条件为搅拌工艺定时器定时 10s 到。

状态 S25：排液阀 Y4 开启（Y006 输出），驱动条件为温度传感器检测到温度设定值。

状态 S26：排液阀 Y4 复位，驱动条件为液位传感器（低）断开后定时器 5s 定时到。

状态 S27：5s 等待停止状态，状态转移条件为定时器定时 5s 时间到。

状态 S28：用于对停止或循环工作方式进行判断并执行。

由以上分析可画出控制梯形图，如图 4-4-2 所示。

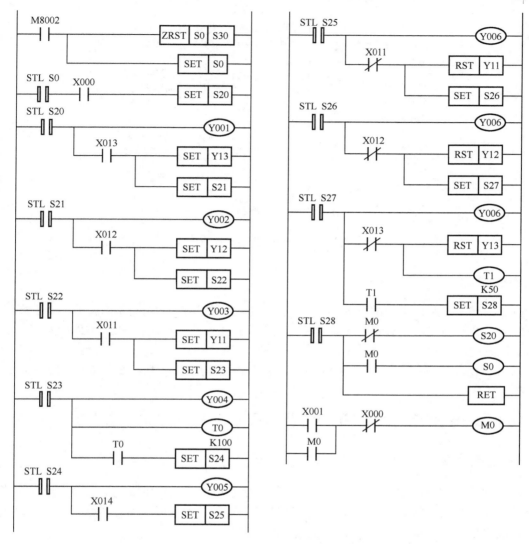

图 4-4-2 多种液料混合系统 PLC 控制梯形图

（3）根据端口地址定义及控制任务要求，画出 PLC 控制安装接线图（教学实训采用指示灯替代相应设备），接线图如图 4-4-3 所示。

> 液体混合机构模拟板系统可采用 24V 信号指示灯代替电磁阀 Y1～Y4、搅拌电机 M、加热炉 H 等，用拨动开关代替相应的液面传感器、温度传感器等，该 PLC 非实际设备控制接线图。

（4）观察液体混合装置，绘制器件布局图，并进行设备安装，连接控制线路并检查输入回路，检测器件、输出回路各输出端、公式端及电源的接法。

（5）结合 GX Developer 编辑梯形图，结合控制任务设计设备调试方案，并在计算机上进行动态仿真调试或在监控状态下利用 PLC 进行空载调试。

（6）在上述调试完成后，结合仿真指示灯根据控制任务的条件对模拟设备进行调试，结合调试过程出现的问题学会分析并进行简单的故障排查。

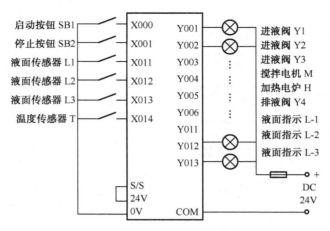

图 4-4-3　液料搅拌 PLC 控制接线图

思考与训练

（1）结合本控制任务，试完成具有单键启停控制和急停控制功能的程序设计和调试训练。

（2）结合"阅读与拓展四：程序中设定工作状态指示及工程设备安装的注意事项"，试设计本控制系统的工作状态指示系统，并完成安装和调试。

（3）结合程序状态 S25～S27 中 Y006 的工作状况，试利用置/复位（SET/RST）指令对 Y006 进行控制。

阅读与拓展四：程序中设定工作状态指示及工程设备安装的注意事项

一、工程设备中工作状态的指示方法

机床的操作和指示面板常设有多个工作状态指示灯，通过指示灯能够及时获取设备工作的相关信息并能及时按要求采取相应的处理措施。设备的指示灯一般有运行指示灯、停止指示灯、故障指示灯、紧急指示灯及提示操作指示灯等。

不同用途的指示灯一般对指示灯的颜色有不同的规定，一般启动运行用绿色，停止状态用红色，紧急状态用红色闪烁等，一些特殊指示灯颜色的用法及含义应结合设备手册或电工手册进行查阅。对于连续状态的指示灯，可根据设计要求由 PLC 相应输出端进行驱动即可，下面我们主要讨论不同频率闪烁效果的指示灯控制方法。

1. 利用定时器实现指示灯闪烁效果的控制

如图 4-4-4（a）所示的梯形图，当开关 X000 闭合时，定时器 T0 定时 2s 时间到，Y000 开始输出且 T1 开始计时，定时器 T1 计时 1s 到，常闭触点断开导致 T0 复位，T0 常开触点断开又致使 Y000 停止输出、定时器 T1 复位。定时器 T0 重新开始计时，如此循环往复，输出 Y000 可得到如图 4-4-4（b）所示周期性的输出脉冲。显然改变 T0 和 T1 的设定值可得到不同的输出信号，从而实现指示灯闪烁频率变化和亮、暗时间的变化。

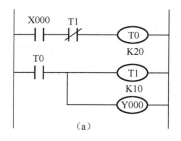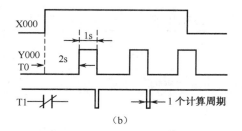

图 4-4-4　定时器的应用

2. 利用特殊继电器 M8012 和 M8013 实现的方法

在 FX3U 系列 PLC 中，一般辅助继电器可用于逻辑变换和实现逻辑记忆的功能，而特殊功能辅助继电器（如 M8000～M8255），主要用于表示 PLC 的工作状态，提供时钟脉冲或状态标志，有的还可以用于设定 PLC 的运行方式、步进顺控、禁止中断，设定计数器的计数方式等。

特殊辅助继电器 M8011～M8014 可对应实现 10ms、100ms、1s、1min 的时钟脉冲输出。此类特殊辅助继电器输出脉冲的占空比均为 50%，以提供 1s 时钟脉冲的 M8013 为例说明其可实现 0.5s 高电平、0.5s 低电平的控制信号，因此输出继电器所接的指示灯可产生 0.5s 间隔的闪烁效果。

3. 利用 ALT（P）指令实现的方法

如图 4-4-6（a）所示的控制梯形图，当开关 X000 闭合后，利用定时器 T0 的 1s 计时到，常开触点闭合产生上升沿及常闭触点的自复位功能，采用交替输出指令 ALT（P）驱动 Y000 输出周期为 2s，脉冲宽度为 1s 的周期性信号，控制信号时序如图 4-4-6（b）所示。

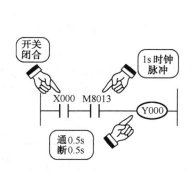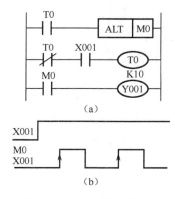

图 4-4-5　特殊继电器 M8013 的用法　　　图 4-4-6　ALT 指令格式

4. 利用方便指令中特殊定时器指令 STMR 实现

应用指令链接三：特殊定时器指令（STMR）

特殊定时器指令 STMR 的格式和用法如下。

FNC 12—STMR/特殊定时器指令格式及用法说明

概要

用于轻松地断开延时定时器，实现单脉冲定时及闪烁定时控制。

1. 命令格式

FNC 65 STMR SPECIAL TIMER	16位指令	指令符号	执行条件	32位指令	指令符号	执行条件
	7步	STMR	连续执行型		—	

2. 设定数据

操作数种类	内　容	数据类型
(S.)	使用的定时器编号【T0～T199（100ms定时器）】	BIN 16/32位
	定时器的设定值（1～32.767）	BIN 16/32位
(D.)	被输出的起始位编号（占用4点）	位

3. 对象软元件

操作数种类	位软元件 系统.用户						字软元件 位数指定				系统.用户			特殊模块	变址			其他 常数		实数	字符串	指针
	X	Y	M	T	C	S	D□.b	KnX	KnY	KnM	KnS	T	C	D	R	U□\G□	V	Z	修饰	K	H	E	"□"	P
(S.)												●							●					
													●	●					●	●	●			
(D.)	●	●	●			●	▲												●					

▲：D□.b不能变址修饰（V、Z）

指令梯形图形式如图4-4-7所示，将m的给定值赋给（S.）中指定的定时器，实现从（D.）开始的四点输出。

如图4-4-8（a）所示为手册"功能与动作说明"中的STMR用法示例，可实现"断开延时继电器和单脉冲定时器"的功能。当X010控制动作时，由（D.）指定的M0～M3输出可结合如图4-4-8（b）所示的时序图进行说明。

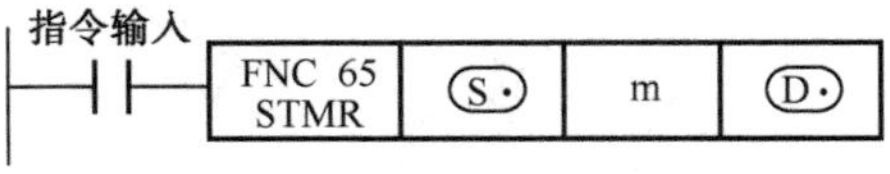

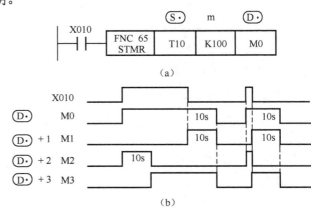

指令输入	FNC 65 STMR	S·	m	D·

图4-4-7　STMR指令格式

图4-4-8　STMR指令用法说明

特殊定时器指令 STMR 的操作对象为定时器,可控制影响的目的位元件为 Y、M、S。用于分别实现 4 种特殊延时定时器的定时功能。结合"功能与动作"示例梯形图,程序执行后 M0～M3 的输出波形,其中①M0 在 X000 断开后的设定 10s 时间到时,由 ON→OFF,具有断电延时的功能;②M1 在 X000 断开时翻转输出宽度为设定时间 10s 的脉冲,起输入下降沿触发的单稳态触发器功能;③M2 在一定输入脉冲宽度的前提下可实现输入上升沿触发的单稳态触发器功能,输出宽度由定时器设定值决定;④M3 在输入脉冲宽度大于设定值时同时具有通电、断电延时继电器的功能。

如图 4-4-9 所示的控制梯形图中,将 M3 常闭触点与控制开关 X000 相与用于驱动器 STMR 指令,可实现 STMR 指令构成的振荡电路形式,结合上述 M0～M3 功能及时序图分析:当 X000 接通时由 M2 控制的 Y000 所接的信号灯呈现周期性闪烁效果。当 X000 接通时 M2 和 M1 均可输出相反状态的周期性振荡信号。而当控制开关 X000 断开时,则停止输出。

当用于特殊定时器后,该定时器不得在同一程序中用于其他模块(或回路),同时注意不得出现双线圈输出现象。

练一练:试结合 STMR 指令说明"功能与动作"对 M0～M3 的功能说明及时序图特征,试分析如图 4-4-9(a)所示梯形图,在 X000 闭合时间不同时分别对应如图 4-4-9(b)和图 4-4-10 所示的时序图形成规律。

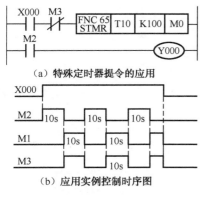

(a) 特殊定时器提令的应用

(b) 应用实例控制时序图

图 4-4-9　STMR 用法示例

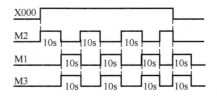

图 4-4-10　STMR 指暄的用法时序图

二、工程设备安装和控制的注意事项

1. 急停控制方式

前面对于 PLC 控制任务中的急停控制方式已经作了简单介绍,急停实现的方法有多种,其中最常用的是在步进顺控指令中采用 ZRST 批复位指令实现,形式上与实现立即停车的控制方式一样。需要注意的是对于急停控制方式的控制按钮要求采用非自动复位的蘑菇帽式,并要求为常闭触点形式,若选用常开形式,一旦电路出现异常开路故障,则存在不能实现急停的隐患。

2. 不同工作电源设备的连接方法

对于工作电源交流电压低于 250V 或直流电源电压低于 30V,且功率非常小的情况下(不同输出形式、不同电源性质允许的电流大小不一样,在直接连接时需要查阅相关手册予以确

认）可直接连接。而在多种液料混合系统中的实际负载，如电炉、搅拌电机，即便是设备工作电压为 220V，但实际设备功率不会小，均不能直接在输出端进行负载电路的连接，而应通过接触器驱动负载回路。另外在 PLC 的输出端口定义时需要注意结合不同的电源进行分组，以充分利用 PLC 的输出资源。

3. 设备复位检查要求

对于设备的复位，一般要求开机时进行设备的复位检查。不同设备的复位状态不一样，需要结合设备的加工工艺要求进行复位。对于多种液料混合系统的复位，则应该满足开机时搅拌器不工作，进液、出液阀门均关闭，加热电阻丝未通电，容器中无液体（特征是低位液位检测传感器断开视作无液料）等。不满足复位条件的处理方法可在开机时结合复位检测有针对性地进行相关设备的复位处理，而对多种液料混合系统中初始状态条件为容器内无残留液体的处理，可在开机检测低液位状态下（各传感器断开的状态下），采取让排液阀开启一定时间的方法让设备达到完全复位状态。

模块五

PLC在机电一体化设备中的应用

教学目的

1. 通过本模块的学习与实践，能熟悉不同控制任务的表述形式和逻辑关系的转换方法；进一步培养学生分析和解决实际问题的能力。

2. 结合学习与训练能够拓展对 PLC 应用领域的认知，了解现代步进电机和气动机械手的工作方式与控制方法，做到理论与实践有机融合。

3. 在巩固 PLC 基本指令用法的基础上，熟悉特殊功能指令 MOV、TRD、TZCP、SFTR、SFTL、CMP 及触点比较类 LD 等指令的功能和用法。

4. 结合气动机械手熟悉和理解初始化指令 IST 的用法，熟悉掉电保护类软元件的用法，拓展学生的应用能力及提高学生专业认知水平。

任务一　十字路口交通信号灯 PLC 控制系统的设计、安装与调试

任务目的

1. 结合交通信号灯 PLC 控制任务的设计和调试训练，拓宽对 PLC 控制应用范畴的认知。

2. 理解和熟悉时序图任务功能描绘的方法，学会利用时序图任务分析进行程序设计的方法。

3. 熟悉 PLC 系统时钟数据读出指令 TRD 及数据传送指令 MOV 的指令格式及用法。

想一想： 我们经过十字路口时须在信号灯的控制指挥下通过，交通信号灯一般情况下是按一定的规律周而复始地变化的，但有时需根据要求作适当的调整，如为提高通行效率，结合道路通行规律在不同时间段对不同方向的通行时间进行调整等，那么如何利用 PLC 控制实现？

常见的十字路口交通信号灯如图 1-1-7 所示，分别在十字路口的东、西、南、北方向均装设有红、绿、黄三色交通信号灯。为了保证交通安全和通行效率，各个方向的红、绿、黄指示灯必须按照一定的规律轮流发光和熄灭。这种交通灯的变化规律可采用"时序图"的方式表述，能够正确识读时序图也是我们从事控制需要掌握的技能。

专业技能培养与训练一：十字路口交通信号灯 PLC 控制的实现

任务阐述：十字路口交通信号灯的工作控制时序如图 5-1-1 所示。

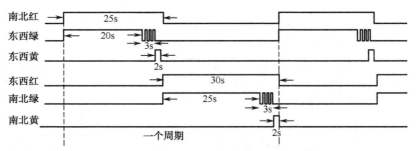

图 5-1-1 交通信号灯工作控制时序图

控制要求：当按下启动按钮时，信号灯系统开始工作；按下停止按钮时，信号灯系统停止工作。

十字路口交通信号灯设备安装清单见表 5-1-1。

表 5-1-1 十字路口交通信号灯设备安装清单

序号	名称	型号或规格	数量	序号	名称	型号	数量
1	PLC	FX3U-48MR	1	7	启动按钮	红	1
2	PC	台式机	1	8	停止按钮	绿	1
3	断路器	DZ47C20	1	9		24V	红 4
4	熔断器		1	10	信号灯	24V	黄 4
5	编程电缆	FX-232AW/AWC	1	11		24V	绿 4
6	安装轨道	35mm DIN	1	12	端子排		

一、系统分析程序设计

1. 控制时序图的识读与功能分析

由如图 5-1-1 所示各路信号灯工作控制时序图可知：信号灯系统开始工作时，南、北向红灯和东、西向绿灯同时工作。南、北向红灯工作 25s，在南、北向红灯工作的同时东、西向绿灯也工作并维持 20s。东、西向绿灯在 20s 到时，呈现绿灯闪烁，绿灯闪烁周期为 1s（亮 0.5s、熄 0.5s），绿灯闪烁 3s 熄灭后，东、西向黄灯开始工作并维持 2s，2s 到时，东、西向红灯工作，同时南、北向红灯熄灭，南、北向绿灯工作。

东、西向红灯工作 30s，南、北向绿灯工作 25s，到 25s 时转为周期 1s 的闪烁状态，持续 3s 熄灭后，南、北向黄灯持续工作 2s。南、北向黄灯熄灭时，南、北向红灯工作，同时东、西向红灯熄灭，东、西向绿灯亮，开始第二个周期的动作。按照此方式循环，直到停止按钮被按下为止。

2. I/O 定义与 PLC 控制接线图

根据控制任务分析可以确定对输入控制信号和输出端所控负载的要求，对应的 PLC 控制 I/O 端口地址定义如下。

I 端口		O 端口			
启动按钮 SB1	X000	南北红灯	Y000	东西红灯	Y003
停止按钮 SB2	X001	南北黄灯	Y001	东西黄灯	Y004
		南北绿灯	Y002	东西绿灯	Y005

由 PLC 的控制特点，有了 I/O 端口的定义，此时即可画出 PLC 控制连接图，十字路口交流信号灯的 PLC 控制连接图如图 5-1-2 所示，注意实际连接时每一路输出对应同一走向两端指示灯的并联（实际应连接 12 盏指示，两两并联）。

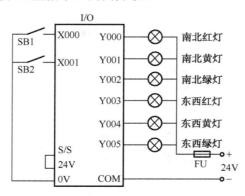

图 5-1-2　PLC 控制电路连接图

3.　时序图的状态分析

由于此任务各时段的工作规律性特征明显，采用步进顺控程序设计较简洁，结合时序图（如图 5-1-3 所示）进行状态分析如下。

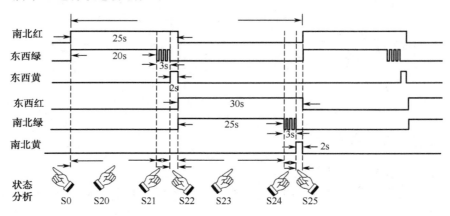

图 5-1-3　工作时序分析

初始状态 S0：Y000～Y005 复位状态，结合控制要求应采取立即停止的方式，故利用初始化脉冲 M8002 与停止按钮 X001 常开相并联，进行复位处理与实现初始状态的驱动。

东西绿、南北红 S20：驱动 Y000 和 Y005 输出，驱动条件为 X000 闭合，循环开始。

南北红、东西绿闪烁 S21：驱动 Y005 和 Y000 输出，Y000 由外部定时器 T11 构成振荡器控制，转移驱动条件为 20s 定时器 T0 定时到。

南北红、东西黄 S22：驱动 Y004 和 Y000 输出，转移驱动条件为 3s 定时器 T1 定时到。

南北绿、东西红 S23：驱动 Y002 和 Y003 输出，转移驱动条件为 2s 定时器 T2 定时到。

东西红、南北绿闪烁 S24：驱动 Y002 和 Y003 输出，Y002 由外部定时器 T11 构成振荡器控制，转移驱动条件为 25s 定时器 T0 定时到。

东西红、南北黄 S25：驱动 Y002 和 Y001 输出，转移驱动条件为 3s 定时器 T1 定时到。

2s 定时器 T2 定时到返回 S20 重复。

4. 结合状态分析画出梯形图

交通信号灯控制梯形图如图 5-1-4 所示。

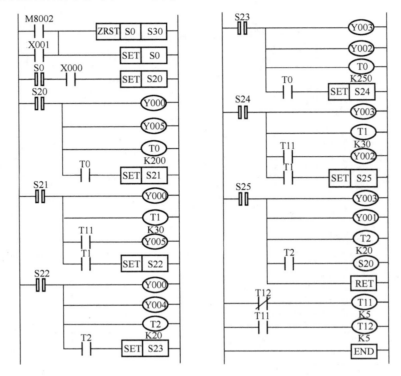

图 5-1-4 交通信号灯控制梯形图

二、实训与操作

（1）尝试自行列写程序指令表。

（2）编辑梯形图程序，检查程序并编译转换，比较列写的指令表，设计调试方案，结合仿真进行程序调试。

（3）结合 PLC 控制连接图进行设备安装与连接，连接 PC 与 PLC；检查无误后进行程序设备的调试阶段，注意观察现象是否满足要求并及时修改，直到满意为止。

（4）注意正确使用工具和仪器设备，并确保人身及设备工作安全。

思考与训练

（1）试结合逻辑分析法，利用基本指令的程序设计实现交通信号灯的控制。

（2）结合"阅读与拓展一：时钟数据读出指令 TRD 及数据传送指令 MOV"，在上述任务中实现时间控制，要求：早 6：00～晚 22：00 正常工作，晚 22：00～次日早 6：00 各路黄灯均以间隔 3s 闪烁的方式工作。

阅读与拓展一：时钟数据读出指令 TRD 及数据传送指令 MOV（数据寄存器 D 的操作）

如图 5-1-5 所示为典型的通过时间段的设定进行设备控制的程序段，通过读取的系统时间与设定的起始时刻（8：00）和终止时刻（8：15）进行比较，当系统时间处于该时间段内时则通过定义的辅助继电器 M1 对相关的设备进行工作控制。该例中亦可利用 M0 和 M2 实现起始时刻前和终止时间后的工作设备的控制。

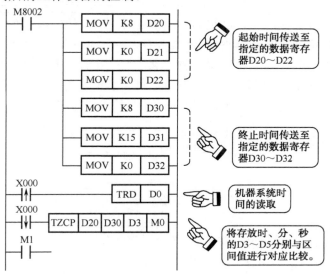

图 5-1-5 时间量的程序控制

该梯形图中涉及到数据传送指令 MOV、时钟数据读取指令 TRD 及时钟数据区间比较指令 TZCP。各指令的功能及用法介绍如下：

应用指令链接一：数据传送指令（MOV）

FNC 12—MOV/传送指令格式及用法说明

概要

将软元件的内容传送（复制）到其他软元件中的命令。

1．命令格式

2．设定数据

操作数种类	内　容	数据类型
(S.)	传送源的数据或保存数据的软元件编号	BIN 16/32 位
(D.)	传送目标的软元件编号	BIN 16/32 位

3．对象软元件

操作数种类	位软元件 系统.用户						字软元件 位数指定				字软元件 系统.用户				特殊模块	变址			其他 常数		实数	字符串	指针
	X	Y	M	T	C	S	D□.b	KnX	KnY	KnM	KnS	T	C	D	R	U□\G□	V	Z	修饰	K	H	E	"□"	P
(S.)								●	●	●	●	●	●	●	●	●	●	●	●	●	●	●		
(D.)								●	●	●	●	●	●	●	●	●	●	●	●					

如图 5-1-6 所示为传送指令 16/32 位指令的格式与用法。传送指令在涉及数值运算的程序设计中较为常见，FX3U 系列传送指令分 16 位 MOV 和 32 位 DMOV 两种，均有连续执行型和脉冲执行型两种控制方式。16 位 MOV 指令用于将源元件（S.）中的操作数值传送到目标单元（D.）中。32 位 DMOV 指令则将（S.）中存放的低十六位、（S.）+1 为高十六位的数据送至（D.）为低十六位地址、目标单元（D.）+1 为高十六位的地址单元中。

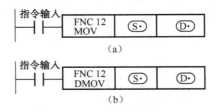

图 5-1-6　传送指令 16/32 位指令格式与用法

如图 5-1-7（a）所示梯形图为 MOV 指令的基本用法；图（b）为利用 X011 的不同状态结合 MOV 指令通过 D11 将 0.6s 和 6s 传送至同一定时器，实现不同时间的定时；图（c）是将计数器 C5 的当前值送到数据寄存器 D10 中，通过 D10 即可以获悉计数器的当前数值或用于满足运算的需要；图（d）则是 MOV 指令将 X000～X003 四位输入状态同时对应传送至输出 Y000～Y003；图（e）梯形图回路块 1 实现 X000 接通时将 D1（高位）和 D0（低位）对应传送至 D11 和 D10，回路块 2 将 32 位计数器值读取至 D21 和 D20 中。

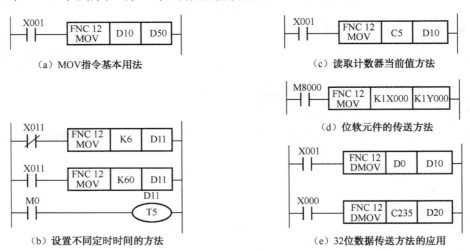

图 5-1-7　MOV 指令的用法示例

应用指令链接二：时钟数据读取指令（TRD）

FNC 166—TRD/读出时钟数据指令格式及用法说明

概要

读出可编程控制器内部时钟数据的命令。

1．命令格式

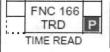  

2．设定数据

操作数种类	内容	数据类型
（D.）	指定保存读出的时钟数据的存放起始软元件编号（占用 7 点）	BIN 16 位

3．对象软元件

操作数种类	位软元件			字软元件						其他				
	系统.用户	位数指定		系统.用户	特殊模块	变址		常数	实数	字符串	指针
	X Y M T C S D□.b	KnX KnY KnM KnS	T C D R	U□\G□	V Z	修饰	K H	E	"□"	P
（D.）			● ● ● ●	●		●				

该指令用于读取 PLC 系统内的特殊数据寄存器 D8013～D8019 中的时钟信息并存放在由（D.）指定开始的七个数据寄存器单元中。在如图 5-1-8 所示的 TRD 指令用法梯形图中，若用输入继电器 X000 作为指令输入、D10 为（D.）指定存在时钟数据起始地址，当 X000 接通时 TRD 指令读取时钟数据源，并将数据送到 D10 开始的目的地址（D10～D16）中，其数据格式及要求见表 5-1-2。

图 5-1-8　TRD 指令用法

表 5-1-2　时钟用特殊数据寄存器

	源元件	项目	时钟数据	源目关系	目的元件
	D8018	年（公历）	0～99（公历后两位）	→	D10
	D8017	月	1～12	→	D11
实时时钟	D8016	日	1～31	→	D12
用特殊数	D8015	时	0～23	→	D13
据寄存器	D8014	分	0～59	→	D14
	D8013	秒	0～59	→	D15
	D8019	星期	1（日）～ 6（六）	→	D16

注：D8018（年）可以切换为 4 位的模式（详细可查阅手册中有关 FNC167 TWR 指令）

应用指令链接三：时钟数据区间比较指令（TZCP）

FNC 161—TZCP/时钟数据区间比较指令格式及用法说明

概要

将上下两点的比较基准时间和时间数据比较大小，并根据结果控制指定位软元件的 ON/OFF 输出。

1. 命令格式

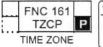

16位指令	指令符号	执行条件
9步	TZCP	连续执行型
	TZCPP	脉冲执行型

32位指令	指令符号	执行条件
	—	

2. 设定数据

操作数种类	内容	数据类型
（S1.）	指定比较下限时间的"时、分、秒"的"时"（占用3点）	BIN 16 位
（S2.）	指定比较下限时间的"时、分、秒"的"分"（占用3点）	BIN 16 位
（S3.）	指定比较下限时间的"时、分、秒"的"秒"（占用3点）	BIN 16 位
（D.）	根据比较结果 ON/OFF 为位软元件编号（占用3点）	位

3. 对象软元件

操作数种类	位软元件 系统.用户							字软元件 位数指定				系统.用户				特殊模块	变址			其他 常数		实数	字符串	指针
	X	Y	M	T	C	S	D□.b	KnX	KnY	KnM	KnS	T	C	D	R	U□\G□	V	Z	修饰	K	H	E	"□"	P
（S1.）												●	●	●	●	●			●					
（S2.）												●	●	●	●	●			●					
（S3.）												●	●	●	●	●			●					
（D.）	●	●				●	▲												●					

▲：D□.b 不能变址修饰（V、Z）

如图 5-1-9 所示为时钟数据区间比较指令 TZCP 的用法。时钟数据区间比较指令是用于将时间（S.）与另外两个指定的（S1.）、（S2.）时间按时、分、秒进行比较，得出（S.）与（S1.）、（S2.）的区域关系（两者之间、下限之前、上限之后），以（D.）中编号开始的三点连续软元件对应的 ON/OFF 状态来反映。

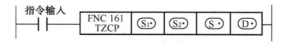

图 5-1-9 TZCP 指令用法

在如图 5-1-10 所示 TZCP 指令用法示例中设定（S1.）的 D20、D21、D22 对应 8 时 30 分

0 秒、（S2.）的 D30、31、32 对应 16 时 25 分 30 秒，若（S.）开始的 D0（时）、D1（分）、D2（秒）分别为以下三个时刻：8 时 10 分 50 秒、11 时 30 分 45 秒、22 时 15 分 10 秒，则不同时刻 M0、M1、M2 对应的状态分别为{ON、OFF、OFF}、{OFF、ON、OFF}和{OFF、OFF、ON}，比较结果可通过 M0、M1、M2 对应驱动的输出反映出来。在工程控制中可利用此功能实现在指定时间段内对设备的运行控制，如定时音乐喷泉的控制等。

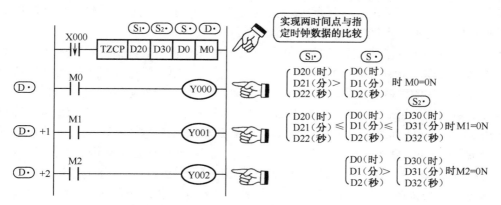

图 5-1-10　TZCP 指令用法示例及说明

在熟悉时钟数据读取指令 TRD 和时钟数据区间比较指令 TZCP 的基础上，如图 5-1-5 所示的梯形图中在执行时钟读取指令 TRD D0 时，系统时间按年、月、日、时、分、秒、星期的对应顺序存放在 D0～D6 中，即 D3～D5 存放的是时间参数，故执行时钟数据区域比较指令时用于反映时钟的参数（S.）指定为 D3 开始的 D3～D5 数据寄存器。

使用时钟数据比较指令 TZCP，在指令执行后，撤去执行条件，（D.）指定的软元件仍保持指令执行后的状态不变。

任务二　步进电动机 PLC 直接控制的实现方法

 任务目的

1. 通过本控制任务的实训操作，基本了解步进电动机的基本工作方式、控制方法和控制系统的基本组成。

2. 熟悉步进电动机运用的相关术语及性能指标含义；学会利用 PLC 指令设计环形控制脉冲的方法；熟悉 PLC 与三相步进电动机直接控制的连接。

3. 熟悉由控制逻辑真值表实现逻辑控制梯形图的方法；熟悉移位指令 SFTR、SFTL 的用法。

想一想：在现代控制技术中，观察针式打印机工作时，打印针头在控制中是如何实现准确定位的？这类控制特征在你接触的设备中还有哪些运用？

知识链接一：步进电动机基本工作方式的认知

数控机床的运动由主轴运动和进给运动组成，两种运动均由电动机提供驱动。其中主轴运动大多采用交流电动机或直流电动机提供动力，而进给运动电机主要有三种：步进电动机、直流伺服电动机和交流伺服电动机。步进电动机具有结构简单、制造成本低、转子转动惯量小、响应快等特点，而且易于实现起停、正反转及无级调速的控制，在经济型开环进给运动的数控机床中，均采用步进电动机实现进给运动。

步进电动机属于同步电动机类的控制电动机，是一种将电脉冲信号转换成角位移的执行机构，作为进给驱动元件在数控机床中被广泛应用。在利用步进电动机带动丝杆运转，将旋转运动转化为滑块的精确直线运动等开环控制系统中可以达到较理想的控制效果。

如图5-2-1所示为三相反应式步进电动机的结构原理图，该步进电动机在给A相绕组通电时转子齿1、3对应转到对应定子磁极的A、a下，B相绕组通电时转子齿2、4对应转到对应定子磁极的B、b下，C相绕组通电时转子齿3、1对应转到对应定子磁极的C、c下。步进电动机的三相绕组按"A→B→C"的顺序再回到A相重新开始通电，转子则按照每改变一次定子绕组通电方式则转过一定角度的方式进行工作。工程上把步进电动机定子绕组每改变一次通电方式，称为一拍，把每完成一次循环改变通电方式的次数称为拍数，若一个循环中每相绕组只出现一拍，如按"A→B→C"的顺序改变步进电动机的通电方式称为"三相单三拍"。若每次改变两相绕组的通电方式，如"AB→BC→CA→AB"，则称为三相双三拍。而按"A→AB→B→BC→C→CA→A"的顺序改变上述三相绕组的通电方式则称为三相六拍。步进电机的通电方式改变越快则电机转动越快，当将每相绕组通电的顺序颠倒时，步进电动机实现反转。

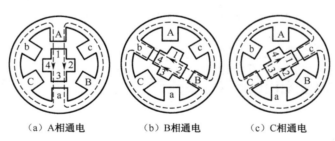

（a）A相通电　　　　（b）B相通电　　　　（c）C相通电

图 5-2-1　步进电动机转动方式

应用指令链接四：位右移指令（SFTR）和位左移指令（SFTL）

位右移指令SFTR及位左移指令SFTL均是实现二进制数据移位操作的指令，但两者数据移位的方向相反：SFTR实现数据的向右移位，SFTL则实现数据的向左移位。两者指令格式和操作要求均相同。

FNC 34—SFTR/位右移指令格式及用法说明

概要　　　　　　　　　　　　　　　　　　　　　　

使指定位长度的位软元件每次右移指定的位长度的指令，移动后从最高位开始传送 n2

点长度的（S.）位软元件。

1. 命令格式

		16位指令	指令符号	执行条件	32位指令	指令符号	执行条件
FNC 34 SFTR **P** SHIFT RIGHT		9步	SFTR	▨ 连续执行型	—	—	
			SFTRP	⌐ 脉冲执行型	—	—	

2. 设定数据

操作数种类	内　容	数据类型
（S.）	右移后在移位数据中保存的起始位软元件编号	位
（D.）	右移的起始位软元件编号	位
n1	移位数据的位数据长度 n2≤n1≤1024	BIN 16 位
n2	右移的位点数 n2≤n1≤1024	BIN 16 位

3. 对象软元件

操作数种类	位软元件							字软元件									其他			
	系统.用户							位数指定				系统.用户			特殊模块	变址		常数		实数	字符串	指针
	X	Y	M	T	C	S	D□.b	KnX	KnY	KnM	KnS	T	C	D	R	U□\G□	V	Z	修饰	K	H	E	"□"	P

	X	Y	M	T	C	S	D□.b	KnX	KnY	KnM	KnS	T	C	D	R	U□\G□	V Z	修饰	K	H	E	"□"	P
(S1.)	●	●	●			●	▲											●					
(S2.)		●	●			●												●					
(S3.)																			●	●			
(D.)														●	●				●	●			

▲：D□.b 不能变址修饰。

　　如图 5-2-2（a）所示为右移指令 SFTR 的指令格式，如图 5-2-2（b）和图 5-2-3（a）所示分别为位右移和位左移指令的用法梯形图。位右移指令 SFTR 和位左移指令 SFTL 若采取脉冲执行方式，均只在执行条件满足时的扫描周期内执行一次移位；采取连续执行方式，则在触点接通的每个扫描周期中均分别执行一次移位，在编程及运用时须注意区分。如图 5-2-2（c）所示为位右移用法示例的执行效果示意图。

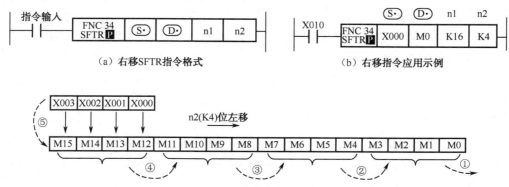

（a）右移SFTR指令格式　　　　　　　　（b）右移指令应用示例

（c）右移指令应执行状态变化图

图 5-2-2　右移位指令 SFTR 的用法

位左移指令 SFTL 的用法及命令执行效果如图 5-2-3 所示。

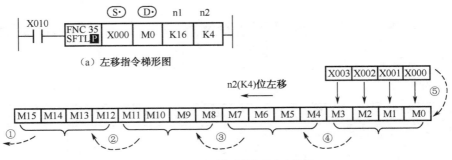

(a) 左移指令梯形图

(b) 左移指令执行状态变化图

图 5-2-3　左移位指令 SFTL 的用法

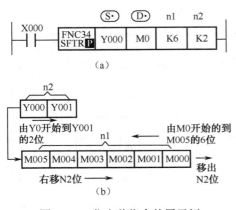

(a)

图 5-2-4　位右移指令使用示例

位右移指令 SFTR 和位左移指令 SFTL 均属于线性移位，即移位操作时右移的最低 n2 位数据、左移的最高 n2 位数据会从指定存储单元中移出，该移出部分丢失的现象称为溢出，而移入部位的数据是从其他源元件中获取的。每次移位操作后数据均与原先数据存在 2 的倍乘关系，故可以利用移位的此特征完成某种规律的控制功能。

为进一步理解移位指令的用法和功能，如图 5-2-4 所示梯形图中的各操作参数均与上例不同。指令参数的意义：目标器件（D.）指定始端位辅助继电器 M0，n1 指定 K6，则目标元件实际为 M0～M5；源元件（S.）指定输出继电器 Y000，n2 指定 K2，则源元件实际为 Y000 和 Y001 两位。指定执行过程：当 X000 由 OFF→ON 时，位指定的（M005～M000）向相邻的低两位移动，同时 n2 指定的 Y001 和 Y000 依次由低到高对应移入 M005、M004，原 M005、M004 对应移入 M003、M002，……，原 M001、M000 数据移出（溢出）。

专业技能培养与训练二：三相步进电动机 PLC 控制的实现

任务阐述：以三相六拍工作方式的三相步进电动机为控制对象，利用 PLC 实现三相绕组的直接控制。三相六拍步进电动机的正反转控制方式：当 A、B、C 三相绕组以“A→AB→B→BC→C→CA→A”的顺序改变各相绕组的通电方式实现该步进电动机的正转控制时，若将通电顺序改变为“A→AC→C→CB→B→BA→A”则实现电动机的反转。此种通电方式可以三相六拍反应式步进电动机的相序控制真值表 5-2-1 表示。

表 5-2-1　三相六拍反应式步进电动机正、反转相序控制真值表

正　转			反　转		
A	B	C	A	B	C
1	0	0	1	0	0

续表

正　　转			反　　转		
A	B	C	A	B	C
1	1	0	1	0	1
0	1	0	0	0	1
0	1	1	0	1	1
0	0	1	0	1	0
1	0	1	1	1	0

控制要求：结合上述控制真值表实现 PLC 对三相步进电动机正、反向的运行和停止控制；结合步进电动机的转速控制原理实现该电动机低速、高速运转的控制。

步进电动机的 PLC 控制设备安装清单见表 5-2-2。

表 5-2-2　步进电动机的 PLC 控制设备安装清单

	名称	型号或规格	数量	序号	名称	型号	数量
1	PLC	FX3U-48MR	1	7	启动按钮	红	1
2	PC	台式机	1	8	停止按钮	绿	1
3	断路器	DZ47C20	1	9	步进电机		1
4	熔断器		1	10	驱动器		1
5	编程电缆	FX-232AW/AWC	1	11	端子排		
6	安装轨道	35mm DIN	1	12	开关电源	24V/3A	

一、步进电动机的 PLC 控制方法

1. I/O 端口地址定义

由控制任务分析可知，该控制任务的输入控制信号可由正转控制、反转控制开关、高低速控制拨动开关及停止按钮实现；输出与三相绕组相对应。I/O 定义如下：

I 端口		O 端口		注　　释
SB1	X000	A	Y000	SB1 用于步进电机的正转控制开关
SB2	X001	B	Y001	SB2 用于步进电机的反转控制开关
SB3	X002	C	Y002	SB3 用于停车控制开关
SB4	X003			SB4 用于高、低速控制开关

2. 控制逻辑分析

利用周期性二进制数据的移位操作，结合移位载体辅助继电器 M0～M5（一个通电周期六拍）与输出 Y000、Y001、Y002 的逻辑设计，即可实现周期性输出正、反转控制信号；而利用移位节奏（控制移位动作频率）即可实现电机转速快慢的控制。辅助寄存器 M0～M5 与输出继电器 Y000～Y002（对应 A、B、C 相）状态真值表见表 5-2-3。

表 5-2-3　辅助寄存器移位及输出状态真值表

M5	M4	M3	M2	M1	M0	正　转			反　转		
						Y000	Y001	Y002	Y000	Y001	Y002
0	0	0	0	0	0	0	0	0	0	0	0
1	0	0	0	0	0	1	0	0	1	0	0
0	1	0	0	0	0	1	1	0	1	0	1
0	0	1	0	0	0	0	1	0	0	0	1
0	0	0	1	0	0	0	1	1	0	1	1
0	0	0	0	1	0	0	0	1	0	1	0
0	0	0	0	0	1	1	0	1	1	1	0

　　为满足移位频率可调的控制需要，本例中位右移指令采用脉冲执行方式，SFTR 的执行取决于定时振荡电路控制的 M0 由 OFF→ON 的变化瞬间。

　　由上述真值表可得各输出端 Y000～Y002 与移位辅助寄存器 M0～M5 间的逻辑关系，见表 5-2-4。

表 5-2-4　步进电机控制逻辑关系

正　转		反　转	
A 相	Y000= M5 + M4 + M0	A 相	Y000 = M5 + M4 + M0
B 相	Y001 = M4 + M3 + M2	B 相	Y001 = M2 + M1 + M0
C 相	Y002 = M2 + M1 + M0	C 相	Y002 = M4 + M3 + M2

　　3. 控制梯形图

　　结合移位指令 SFTR 及正反转控制真值表和逻辑关系可得如图 5-2-5 所示的梯形图。其中指令 SFTR S0 M0 K6 K1 的功能有：①当 M1～M5 全为 0 时的 S0 的 1 状态，M1～M5 不全为 0 时的 S0 的 0 状态移入 M5 中，实现任一工作时刻 M0～M5 中只有一个 1 状态；②将 M5 中的数据 0 或 1 移至 M4，M4 中的 0 或 1 移至 M3，……，依次类推，高位中的数据向相邻的低位中转移。在启动脉冲 M8002 或时钟控制辅助继电器 M10 的作用下每次逐位移动一次，可实现上述辅助寄存器移位及输出状态真值表的数据转换。

　　注：在程序设计与分析中对涉及的控制开关性质要有明确的定义，即选用的是自动复位按钮开关还是不具有自动复位功能的开关，如切换开关、拨动开关或拉拔开关等，不同性质的控制器件在控制程序设计中要求不同。

　　试结合所学知识及右移位指令 SFTR，试分析上述梯形图各回路块①～⑦的程序功能。程序中①、②两回路解决了 M0～M5 移位控制及初始移位数据的问题；③、④三个回路块解决了高、低速移位控制时钟的问题；⑤～⑦三个回路块解决了正、反转对应的"三相六拍"相序问题。试讨论分析如何实现的。

　　4. 三相步进电动机的 PLC 控制电路

　　三相反应式步进电动机的 PLC 控制电路如图 5-2-6 所示。

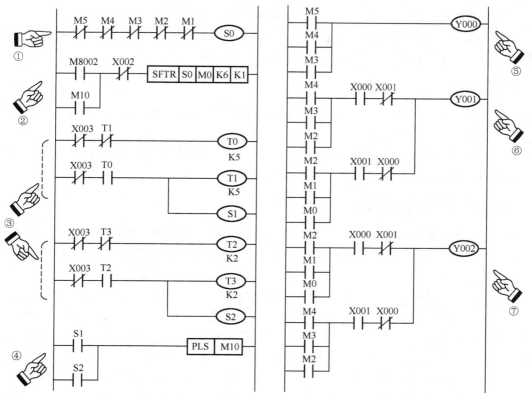

图 5-2-5 三相六拍步进电动机的 PLC 控制梯形图

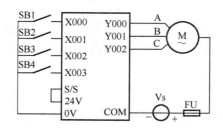

图 5-2-6 PLC 步进电动机的控制电路

二、设备安装与训练

（1）试编辑三相六拍步进电动机的控制梯形图，编译转换；设计调试方案，进行仿真调试。

（2）结合如图 5-2-6 所示的控制电路连接图进行设备连接，检查核对确保无误。连接时须结合手册或说明书分清步进电动机的电源线及接法要求，并按要求连接相应的熔断器。

（3）通过 RS-422 数据线将所编辑程序下载传输至 PLC，进行空载调试，检验程序功能。

（4）负载运行调试：检查各开关的工作位置，SB1、SB2 均处于断开状态，停止按钮 SB2 处于复位状态，SB4 处于低速断开状态。试根据本控制任务按低速正转、低速反转、高速正转、高速反转的功能要求设计调试方案，调试并观察步进电动机的运行状态。

（5）根据转速控制原理、程序转速控制方法及程序作用效果，对程序速度控制的时间参数作适当的调整并运行，结合运行状态进行分析比较。

（6）比较步进电动机脱机状态和联机停止状态下分别用手拧电机转子出现的现象，试结合移位指令的功能及联机状态监控，分析原因并分析工程控制的意义。

思考与训练

（1）本控制任务是采用右移位指令 SFTR 进行程序设计的，也可采用左移位指令 SFTL 进行设计，试设计程序并调试验证。

（2）除采用移位指令实现外，是否还有其他方法可以实现？试讨论步进状态编程的可能性，若能够实现试画出步进状态梯形图并调试运行。

阅读与拓展二：步进电动机的基础知识

现代步进电动机的种类繁多，分类方法也较多，常见的是根据步进电动机的工作原理进行分类，分为反应式（VR 型）步进电动机、永磁式（PM 型）步进电动机和混合式（HB 型）步进电动机三大类。

反应式（又称磁阻式）步进电动机的定子、转子均不含永久磁铁，定子上绕有一定数量的绕组线圈，当线圈轮流通电时，便产生一个旋转磁场，吸引转子一步步转动，线圈断电则磁场立即消失，输出转矩降为零（输出转矩降为零的现象即不能自锁）。反应式步进电动机结构简单、材料成本低、驱动容易且步距角比较小，但动态性能相对较差。

永磁式步进电动机转子由永磁钢制成，换相时定子电流不大，断电时具有自锁能力。具有动态性能好、输出转矩大、驱动电流小等优点，但存在制造成本高，步距角较大的缺点，同时对驱动电源要求较高（要求有细分功能）。

混合式（又称永磁感应式）步进电动机的转子上嵌有永久磁钢，但定子和转子的导磁体与反应式相似，故称混合式。此类电机具有输出转矩大、动态性能好、步距角小、驱动电源电流小、功耗低等优点，同时也存在着结构较复杂、成本相对较高的缺点。但由于总体性价比很高，所以目前应用较为广泛。

结合如图 5-2-1 所示三相反应式步进电机结构原理的分析，在"三相单三拍"方式下，每改变一次通电方式则转子转过 30°，该角度称步进电动机的步距角，工程上把步进电动机每改变一次通电方式（即一拍）转过的角度称步距角，用 α 表示。该电机若采用"A→AB→B→BC→C→CA→A"的"三相六拍"方式，则步距角 $\alpha=15°$。显然增加拍数可减小步距角，不难理解步距角越小则系统的稳定性和控制精度越高。

不同于我们熟悉的三相交流电动机，实现对步进电动机的控制是从方向、转角和转速三个方面进行的。方向、转角及转速的控制主要采用硬件电路控制方法或利用计算机软件的方法。一般硬件电路速度快，不易实现变拍驱动；而软件实现则可克服硬件驱动的难变拍驱动的缺陷，除节省了硬件电路外还可提高电路的可靠性。

步进电动机的控制与驱动系统主要包括脉冲信号发生电路、环形脉冲分配器及功率驱动电路三大部分，其组成如图 5-2-7 所示。步进电动机的脉冲信号发生电路可以是专门硬件电路或由计算机电路组成，用于产生一个频率从几 Hz 到几万 Hz 连续可调的变频率脉冲信号，并确保输出脉冲的个数及频率的精确性，从而达到准确控制步进电动机转角和转速的目的。由于步进电动机的各相绕组必须按一定的顺序通电才能正常工作，环形脉冲分配器实现的功能是将脉冲信号发生电路输出的一定频率脉冲信号转化为满足步进电动机各相绕组的通电顺序要求的脉冲电流（环形脉冲分配器简称脉冲分配器）。功率驱动电路用于将环形脉冲分配器输出的不足以驱动步进电动机的较小的功率信号进行功率放大，并同时通过光电隔离处理提高信号的抗干扰能力。

实际应用中常将脉冲信号发生电路和环形脉冲分配器合并在一起,功率驱动电路单独设置以满足不同控制任务和控制对象的要求（也有的将后两者合并用以驱动配套设备），如图 5-2-8 所示为用于配套步进电机的驱动器。一般含环形脉冲分配器的步进电机驱动电路均会提供方向控制端，只需改变该控制端输出电平的高低即可实现步进电机转向的改变。

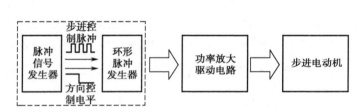

图 5-2-7 步进电动机控制系统组成框图　　　　图 5-2-8 驱动器

需注意的是：不同的步进电动机有不同的驱动装置。使用时需结合步进电动机型号来选择步进驱动模块，再配以电源及信号发生装置即可驱动步进电动机运转。

随着现代控制技术要求的提高，普通驱动电路已不能满足要求，许多场合的步进电动机配套采用了具有细分功能的驱动电路。步进电动机细分驱动电路不但可以提高设备的运动平稳性，而且可以有效地提高设备工作的定位精度。所谓步进电动机的细分控制方法，是通过控制步进电动机各相绕组中的电流，使其按一定的阶梯规律上升（或下降），从而获得从零到最大相电流间的多个稳定的中间电流状态。与之相对应的磁场矢量也就存在多个中间状态，即各相合成磁场有多个稳定的中间状态。由于合成磁场矢量的幅值决定了转矩的大小，相邻两条合成磁场矢量的夹角决定微步距（与细分对应）的大小，转子则沿着这些中间状态以微步距方式转动。

细分数是衡量细分电路的主要参数，细分数是指电动机运行时的真正步距角是固有步距角（整步）的几分之一。如某一步进电动机转速控制系统，当驱动器工作在不细分的整步状态时，控制系统每发出一个步进脉冲，电动机转动 1.8°；若该驱动器工作在 10 细分状态时，其步距角只为"电机固有步距角"的十分之一，也就是说当该驱动器工作在 10 细分状态时，电动机每次只转动了 0.18°。试验表明：当步进电动机采用 4 细分技术时，电动机每步都可以实现准确定位，细分功能完全是由驱动器提供的控制电动机的精确相电流所保障的，与步进电动机无关。

任务三 亚龙实训设备的气动机械手的 PLC 控制

任务目的

1. 通过 YL-235A 型机电一体化设备的机械手单元的控制，熟悉机械手的组成机构、工作机理及控制方法。

2. 进一步熟悉和掌握现代控制和检测技术中传感器的运用方法，熟悉机械手工作流程，学会机械手控制逻辑的分析方法。

3. 能结合工程设计的要求掌握较为复杂设备的 PLC 控制技术、设备安装及调试方法。

想一想：随着现代科技的发展，气动回路中的执行器件——气缸及气马达的运用已突破简单的直线或旋转运动，在许多工业场合将两者适当地改进并有机组合可以实现较为复杂的机械动作，工业应用的气动机械手便为典型的应用案例，那么气动机械手是如何工作的，又是如何利用 PLC 实施控制的？

专业技能培养与训练三：气动机械手的认识与 PLC 控制

任务阐述：结合 YL-235A 机电一体化实训设备中气动机械手、配套 PLC、电源及按钮模块试完成以下任务。

（1）完成气动机械手的气动回路、控制回路与检测器件的连接。

（2）编写 PLC 控制程序，要求能够当物料检测开关检测到零件时，机械手悬臂伸出→手抓下降到零件位置→手抓夹紧零件→手抓夹持零件上升到位→机械手悬臂缩回→机械手悬臂向右旋转到位→机械手悬臂伸出对准零件进口→手抓夹持零件下降到工作位置→手抓松开零件，将零件从零件进口放在皮带输送机上→手抓回升到位→机械手悬臂缩回→机械手悬臂向左旋转复位。

（3）基本控制功能要求：①设备启动要求能够进行设备自检，保证各部件处于初始复位状态；符合要求才能进行物料搬运，反之要求设备进行自动复位处理。②要求能够实现单步运行方式、单周期运行和循环运行方式。③必要保护措施及联锁措施。

气动机械手 PLC 控制设备安装清单见表 5-3-1。

表 5-3-1 气动机械手 PLC 控制设备安装清单

序号	名称	型号或规格	数量	序号	名称	型号	数量
1	实训台	YL-235A	1	3	编程电缆	FX-232AW/AWC	
2	PC	台式机	1				

一、气动机械手机构组成与控制方式的认知

YL-235A 机电一体化设备气动机械手的组成与控制如图 5-3-1 所示（天煌机械手的结构与亚龙设备相似，尺寸上有区别）。

① 机械动力（气动）部分：机械手抓气缸、双作用提升气缸、双出杆双作用手臂气缸、旋转气缸（旋转马达）。

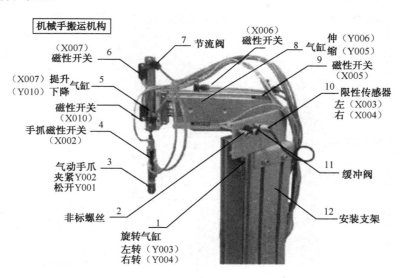

图 5-3-1　YL-235A 气动机械手的组成与 PLC 控制 I/O 端口的定义

② 控制部分：电磁换向阀，该实训装置中对于机构手控制部分均采用双电控电磁换向阀，分别控制手抓的松紧、提升机构的升降、手臂机构的伸缩及手臂的左右旋转。

③ 检测器件：用于手抓松紧和气缸位置检测的电磁开关及旋转位置检测的电感传感器。

需要注意的是：电磁开关检测气缸是通过气缸活塞磁环来进行位置检测的；电感传感器用于检测手臂左、右旋转是否到位，其检测金属件的有效距离为 1～3mm。

二、I/O 端口定义

主要 I/O 端口的定义如图 5-3-1 所示，启动、停止及各种工作方式选择的控制结合以下相关分析进行说明。

三、控制状态分析

1. 机构初始状态

工程设备控制中，常需要明确设备的初始状态，也就是设备进入正常运转须满足的条件，对于 YL-235A 机械手一般默认的初始位置是指机械手抓张开、提升机构缩回、手臂机构缩回及旋转手臂处于左侧位停止状态。

本例中，PLC 实现机械手初始状态的判断是通过相应传感器的检测信号实现的，判断依据是：手抓抓紧检测电磁开关 X002 处于 OFF 状态，提升气缸上限位电磁开关 X007、手臂缩回检测开关 X005 及手臂左旋限位检测开关 X003 均处于 ON 状态。

初始状态在程序中的实现方法：在如图 5-3-2 所示梯形图中，M0 为初始状态复位标志，当满足初始条件时 M0 为 ON 状态，否则为 OFF 状态，一般利用初始状态复位标志在设备启动时决定程序的流向。

设备复位的处理是在 S10～S19 状态步中实施完成的，状态的复位操作可结合条件分别在不同状态步中实现，每一状态的状态检测作为下一状态的转移条件；也可在一个独立的状态中对所有部位进行复位驱动处理，如图 5-3-3 所示。

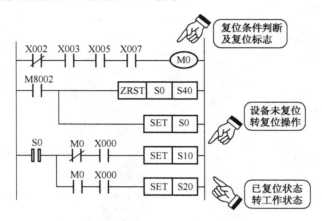

图 5-3-2　设备初始状态自检与复位控制

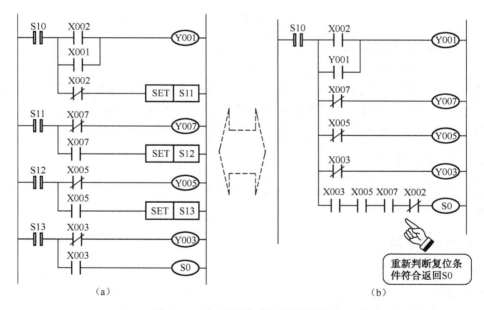

图 5-3-3　气动机械手复位控制方法

注：手抓检测电磁开关只在抓紧时有输出信号，利用 X002 闭合驱动 Y001 复位时需要考虑自锁。

2. 工作状态分析

机械手由初始状态位置开始，将物料从左端（源位置）送至右端（目的位置）并回到初始位置为一个完整工作过程。此过程包含的工序状态如下。

手臂气缸左侧位伸出：S20　物料检测光电传感器 X001 闭合（源位置安装），驱动 Y006 输出

提升气缸伸出（下降）：S21　手臂气缸缩回检测 X006 闭合，驱动 Y010 输出

机械手抓夹紧（取物）：S22　提升机构下降检测 X010 闭合，驱动 Y002 输出

提升气缸缩回（提升）：S23　手抓收紧检测 X002 闭合，驱动 Y007 输出

手臂气缸左侧位缩回：S24　提升机构上升检测 X007 闭合，驱动 Y005 输出

旋转手臂气缸右转：S25　手臂缩回检测 X005 闭合，驱动 Y004 输出

手臂气缸右侧位伸出：S26　右侧位检测 X004 闭合，驱动 Y006 输出

提升气缸伸出（下降）：S27　手臂伸出检测 X006 闭合，驱动 Y010 输出

机械手抓张开（放物）：S28　提升机构下降检测 X010 闭合，驱动 Y001 输出

提升气缸缩回（提升）：S29　手抓收紧检测 X002 断开，驱动 Y007 输出

手臂气缸右侧位缩回：S30　提升机构上升检测 X007 闭合，Y005 输出

旋转手臂气缸左转：S31　手臂缩回检测 X005 闭合，Y003 输出

需要注意的是：若仅仅从控制流程上看上述分析符合逻辑控制要求，但气动回路动作相对速度较快，建立在上述转移条件下的状态转换速度非常快，整个过程一气呵成，与工程控制中对设备稳定性的要求不相符，被夹持工件易甩脱造成事故，故在确定转移条件时可考虑采用定时器进行延时处理。

由上述工作状态分析可得出物料检测和搬运的控制梯形图如图 5-3-4 所示；T0、T1 用于各工序的延时以保证气动设备工作的节奏性，考虑到工艺对工序节奏无特别要求，各状态延时相同可减少程序长度，采取状态外梯形图块（LAD1）实施定时器驱动的方法可采用如图 5-3-5 所示的两种方式。为保证定时器的正常工作，尽管状态编程中理论上定时器在不同状态可以重复使用，但相邻状态继电器驱动的定时器应注意编号不要重复，以避免出现异常。试分析理解如图 5-3-5 所示两种方式的用法区别。

上述任务状态分析中的 S29～S30 状态用于机械手返回初始位置，而在梯形图中并未反映，试补充完整。

四、控制任务中设备运行方式的实现

1. 单步、单循环及循环工作方式

本控制任务中，涉及工程控制中常见设备控制的方式：单步运行、单循环运行（半自动运行）及循环运行（自动运行）方式。循环运行方式的控制在前面相关任务中已经有所认识，即利用 OUT S20（重复方式）实现的工作循环。下面着重讨论单步运行和单循环方式的实现方法。

设备控制中的单步运行方式是指控制过程中满足一定转移条件时，工序状态步不是自动转移，而是通过按下相应的控制按钮，状态步才得以转移。其特征在于设置一个控制按钮，操作一次则完成一个符合转移条件的顺序状态的转移。在步进顺控状态程序中，单步运行方式可通过特殊辅助继电器 M8040（禁止状态转移辅助继电器）进行控制，当步进顺控状态程序运行中出现 M8040 被驱动处于 ON 状态时，状态间的转移将被禁止。

单循环（半自动运行）方式是指在控制过程中状态间满足转移条件时，状态步按照规定方式工作一个完整流程，返回初始状态后自动停止。中途按下停止按钮，则当前状态步工序完成后停止，当再次按下启动按钮后，进入下一状态继续下一道工序运转，直到回到原点即自动停止。

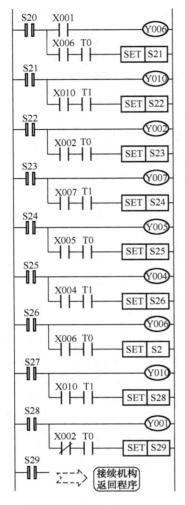

图 5-3-4　机械手物料搬运工序部分控制梯形图

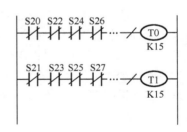

（a）动作延时处理程序梯形图方式一

（b）动作延时处理程序梯形图方式二

图 5-3-5　状态动作延时方法

在单步运行控制中，实现状态间转移的停止与继续均是通过对 M8040 的驱动/停止控制实现的；单循环运行和循环运行方式控制的区别是在结束状态步（或结束状态后的虚拟状态）中通过设置相应的判断条件决定返回初始状态 S0 实现单循环或返回一般状态开始的 S20 实现循环运行方式。另一方面单循环运行中状态暂停转移功能需要通过对 M8040 的驱动实现，循环运行方式中 M8040 不能被驱动。

2. 三种基本工作方式的控制实现

单步运行、单循环运行及循环运行三种方式间存在着相互联锁，一般要求采用转换开关实现机械上的联锁，确保只能运行一种方式。可以利用 YL-235A 配套按钮盒提供的三挡转换开关实现，结合本任务要求该三挡分别对应 X021 单步运行、X022 单循环运动和 X023 自动连续运行方式。

① 单步运行方式：单步运行方式是通过对特殊辅助继电器 M8040 控制实现的，在如图 5-3-6 所示的梯形图中，M8042 为特殊启动脉冲辅助继电器，当回路块 2 中 X021 单步运行闭合时，启动按钮 X000 按下一次则 M8042 输出一个扫描周期的启动脉冲，用于断开 M8040

的驱动实现满足转移条件的状态转移。

②单循环运行方式：单循环运行是直接通过 X000 启动运行的，工序结束时结合 OUT S0 返回初始状态实现停止。单循环 X022 闭合时，在设备启动运行后若按下停车按钮 X020 则 M8040 被驱动，状态间转换被禁止，则当前状态的输出继续，而当转移条件成立时不能进行状态转换。当再次按下启动按钮 X000，则进行状态的转移并继续运行。该梯形图部分解决了单循环控制中暂停状态转移的控制，而完成当前加工工序停止程序则需要由 X022 在末状态时控制状态返回 S0 实现，如图 5-3-6 所示。

单步运行和单循环运行中状态间转移的控制均是针对加工工序状态而言的，在如图 5-3-6 所示的梯形图回路块 3、4 中采用初始状态继电器 S0 和一般状态继电器 S20 通过对 M1 置、复位处理，实现在 S0～S9 的初始状态及 S10～S19 复位状态的状态转移正常，以 S20 开始的工序在单步和单循环方式中受 M8040 的控制。

③循环运行方式：结合如图 5-3-7 所示梯形图进行说明，本控制任务中 X000 是三种方式运行控制中的启动控制按钮，X020 是停止按钮，启/停按钮和辅助继电器 M3 构成启保停回路，用于反映运行/停止状态。X022 的单周期运行要求直接返回 S0，单步和自动连续运行循环次数受 X020 的控制。

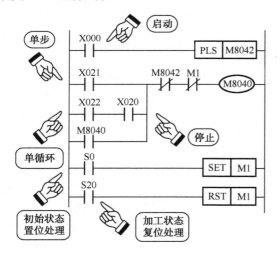

图 5-3-6 单步及单循环方式的实现方法

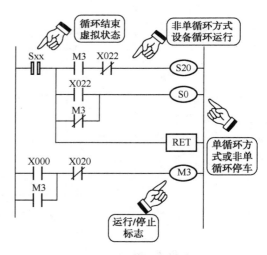

图 5-3-7 不同运行模式程序流向方式

五、机械手物料搬运任务程序

做一做：试结合上述控制要求及任务分析，完成上述机械手控制程序。在程序设计与编辑中，注意如何在任务分析过程中的各功能块间建立联系，根据步进顺控梯形图的格式将首部、尾部梯形图块，中间机械手的复位检测、复位操作及机械手搬运工序间建立联系，构成完整的工作任务梯形图程序。注意中间不能出现状态梯形图和顺序梯形图的交叉。另外对于如图 5-3-6 所示梯形图中的回路块 3、4 可以通过 SET M1 和 RST M1 进行置位和复位处理，可也放入相应的状态步中进行处理。

六、PLC 控制电气连接图

按 I/O 端口定义及任务分析中对控制端的定义要求可以画出 YL-235A 机械手 PLC 控制电气连接图，如图 5-3-8 所示。

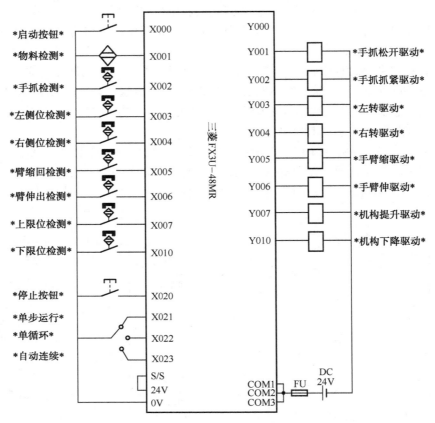

图 5-3-8　机械手 PLC 控制电气连接示意图

七、设备安装与调试训练

（1）仔细观察 YL-235A 机械手的机构组成，熟悉动作流程、控制原理和安装连接方法。

（2）在教师指导下练习以下操作。

① 机构的安装：按支架、气动元件、气动回路、检测回路、控制回路的顺序进行设备连接，并进行检查，练习气动回路的基本调节。

② 气动元件的手动控制：手抓抓紧、松开；手臂伸、缩；提升机构提升、下降；旋转机构左转、右转控制。

③ 手动控制观察各检测电磁开关的工作状态。

（3）按前述要求完成机械手控制程序的设计，结合工序进行程序的仿真和空载调试。

（4）完成带负载调试，观察设备的运行工序是否符合要求。

（5）分别进行单步运行、单循环运行和自动连续运行方式的调试，结合监控正确理解各运行方式的功能实现与控制方法。

思考与训练

（1）若要求初始状态机械手处于右侧位，而搬运物料源位置不变，应如何实现上述控制，试编写相应程序。

（2）自动循环控制系统中，常常需要结合循环加工的次数实施控制，如循环六次暂停一定时间后继续运行，按下停止按钮实现立即停止或停止当前加工工序进行复位操作等，试结合"阅读与拓展三：常见比较指令及用法"寻找解决问题的方法。

阅读与拓展三：常见比较指令及用法

在设备控制技术，常需要根据计数器或数值运算结果决定程序运行的流向，此种情况下常需要结合数值比较指令来完成。三菱 PLC 提供了具有数值比较功能的数据比较指令和触点比较类、接点形式比较类的应用指令，为用户针对不同情况选取与功能相吻合的指令提供了便利。

应用指令链接五：区间数据比较指令（CMP）

FNC 10—CMP/比较指令格式及用法说明

概要

比较两个值，将其结果（大、一致、小）输出给位软元件（3 点）。

1. 命令格式

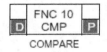

16位指令	指令符号	执行条件
7步	CMP	连续执行型
	CMPP	脉冲执行型

32位指令	指令符号	执行条件
13步	DCMP	连续执行型
	DCMPP	脉冲执行型

2. 设定数据

操作数种类	内　容	数据类型
(S1.)	成为比较值的数据或软元件编号	BIN 16/32 位
(S2.)	成为比较源的数据或软元件编号	BIN 16/32 位
(D.)	输出比较结果的起始位软元件编号	位

3. 对象软元件

操作数种类	位软元件						字软元件											其他				
	系统.用户						位数指定				系统.用户				特殊模块	变址		常数	实数	字符串	指针
	X	Y	M	T	C	S	D□.b	KnX	KnY	KnM	KnS	T	C	D	R	U□\G□	V	Z	修饰	K	H	E	"□"	P
(S1.)								●	●	●	●	●	●	●	●	●	●	●	●	●	●			
(S2.)								●	●	●	●	●	●	●	●	●	●	●	●	●	●			
(D.)	●	●					●	▲											●					

▲：D□.b 不能变址修饰（V、Z）

如图 5-3-9（a）所示为比较指令 CMP 的格式，如图 5-3-9（b）所示为 CMP 用法示例，结合示例试理解比较指令如何将运行结果反映出来的。

（a）比较指令CMP的格式

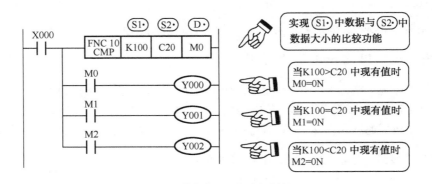

（b）比较指令CMP的用法示例

图 5-3-9　比较指令 CMP 的格式与用法

需要注意的是：当 CMP 指令执行后，若执行控制触点（如图 5-3-9（b）所示示例中 X000）断开，而（D.）中指定单元（如 M0～M2）仍保持比较结果的状态。如果不再需要利用该指令执行比较的结果时，为避免对程序其他部分的影响，可以通过逐个复位或批复位处理对比较结果进行清除。

该比较指令的执行可用于状态编程条件分支中状态的流向控制，试在机械手程序 S26 中利用计数器 C20 对 X002 常闭上升沿计数，在 S20 中利用 C20 与 K6 进行比较，当 C20 计数等于 K6 时，驱动作为转移条件的定时器定时或用于设备暂停处理，但此程序需结合单循环和自动循环方式的不同要求，考虑利用相关条件对计数器 C20 进行复位处理。

应用指令链接六：触点比较类指令 LD（=、>、<、<>、<=、>=）

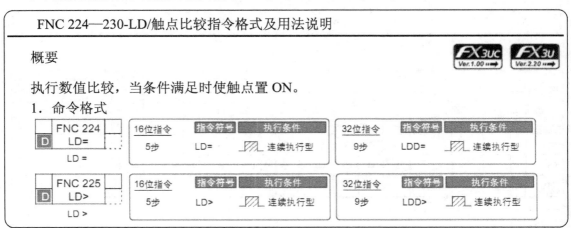

2．设定数据（FNC224～230 通用）

操作数种类	内容	数据类型
(S1.)	保存比较数据软元件编号	BIN 16/32 位
(S2.)	保存比较数据软元件编号	BIN 16/32 位

3．对象软元件（FNC224～230 通用）

操作数种类	位软元件						字软元件								特殊模块	变址		其他				
	系统.用户						位数指定				系统.用户				U□\G□	V	Z	常数		实数	字符串	指针
	X	Y	M	T	C	S	D□.b	KnX	KnY	KnM	KnS	T	C	D	R		修饰	K	H	E	"□"	P
(S1.)								●	●	●	●	●	●	●	●	●	● ●	●	●			
(S2.)								●	●	●	●	●	●	●	●	●	● ●	●	●			

　　用于对源（S1.）、（S2.）中的数据进行二进制大小的比较，比较结果则通过指令触点动作的形式（ON/OFF）对应表示，据此作为输出继电器或其他指令（包括步进指令）的触发条件。触点比较指令 LD 是起始于母线的比较类指令，所含指令形式及功能见表 5-3-2，该比较类指令的用法示例如图 5-3-10 所示。

表 5-3-2　触点比较类指令形式及功能表

功能号	16 位指令	32 位指令	导通条件	非导通情况
224	LD=	LD**D**=	$(S1)=(S2)$	$(S1)\neq(S2)$
225	LD>	LD**D**>	$(S1)>(S2)$	$(S1)\leq(S2)$
226	LD<	LD**D**<	$(S1)<(S2)$	$(S1)\geq(S2)$
228	LD<>	LD**D**<>	$(S1)\neq(S2)$	$(S1)=(S2)$
229	LD<=	LD**D**<=	$(S1)\leq(S2)$	$(S1)>(S2)$
230	LD>=	LD**D**>=	$(S1)\geq(S2)$	$(S1)<(S2)$

　　注意事项：当比较数据的最高位（16 位比较指令的数据有 15 位、32 位比较指令的数据有 31 位）为 1 时，说明为二进制数的负数形式，比较应按负数规则进行。对于 32 位计数器

的比较必须采用 32 位的指令形式，若误用 16 位形式会导致程序或运算结果出错。

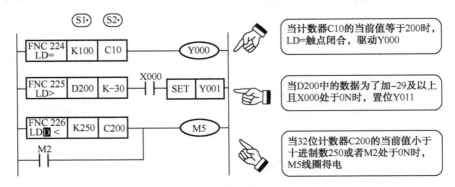

图 5-3-10　触点比较指令的用法示例

应用指令链接七：接点形式类比较指令 AND（=、>、<、<>、>=、<=）

FNC 232—238-AND=、>、<、<>、<=、>=接点比较指令格式及用法说明

概要

执行数值比较，当条件满足时使触点置 ON。

1. 命令格式

2. 设定数据（FNC232～238 通用）

操作数种类	内容	数据类型
(S1.)	保存比较数据软元件编号	BIN 16/32 位
(S2.)	保存比较数据软元件编号	BIN 16/32 位

3. 对象软元件（FNC232～238 通用）

操作数种类	位软元件 系统.用户							字软元件 位数指定				系统.用户			特殊模块	变址			其他 常数		实数	字符串	指针
	X	Y	M	T	C	S	D□.b	KnX	KnY	KnM	KnS	T	C	D	R	U□\G□	V	Z	修饰	K	H	E	"□"	P
(S1.)								●	●	●	●	●	●	●	●	●	●	●	●	●	●	●		
(S2.)								●	●	●	●	●	●	●	●	●	●	●	●	●	●	●		

注：FNC233～238-AND>（<、<>、>=、<=）与 AND=接点比较指令格式相同。

　　此类指令用于实现数值的比较，其比较结果影响的触点状态与其前端触点形成串联逻辑与运算功能。该类指令包含的指令形式见表 5-3-3，用法如图 5-3-11 所示。

表 5-3-3　接点形式类比较指令 AND 指令形式及功能表

功能号	16 位指令	32 位指令	导通条件	非导通情况
232	AND=	AND D =	(S1)=(S2)	(S1)≠(S2)
233	AND>	AND D >	(S1)>(S2)	(S1)≤(S2)
234	AND<	AND D <	(S1)<(S2)	(S1)≥(S2)
235	AND< >	AND D < >	(S1)≠(S2)	(S1)=(S2)
237	AND<=	AND D <=	(S1)≤(S2)	(S1)>(S2)
238	AND>=	AND D >=	(S1)≥(S2)	(S1)<(S2)

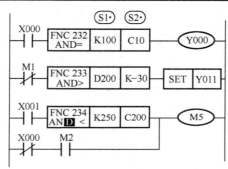

图 5-3-11　接点形式类比较串联指令的用法示例

应用指令链接八：接点形式类比较指令 OR（=、>、<、<>、>=、<=）

FNC 240—246-OR=、>、<、<>、<=、>=触点比较指令格式及用法说明

概要

执行数值比较，当条件满足时使触点置 ON。

1. 命令格式

2. 设定数据（FNC240～246 通用）

操作数种类	内容	数据类型
(S1.)	保存比较数据软元件编号	BIN 16/32 位
(S2.)	保存比较数据软元件编号	BIN 16/32 位

3．对象软元件（FNC240~246 通用）

操作数种类	位软元件						字软元件								其他			
	系统.用户						位数指定				系统.用户			特殊模块	变址		常数	实数	字符串	指针
	X	Y	M	T	C	S	D□.b	KnX	KnY	KnM	KnS	T	C	D	R	U□\G□	V	Z	修饰	K	H	E	"□"	P
(S1.)								●	●	●	●	●	●	●		●	●	●	●	●	●			
(S2.)								●	●	●	●	●	●	●		●	●	●	●	●	●			

注：FNC241~246-OR>（<、<>、>=、<=）与 OR=触点比较指令格式相同。

此类指令用于实现数值的比较，其比较结果影响的触点状态与其上端触点形成并联逻辑或运算功能。该类指令包含的指令形式见表 5-3-4，用法如图 5-3-12 所示。

表 5-3-4　接点形式类比较指令 OR 指令、形式及功能表

功能号	16 位指令	32 位指令	导通条件	非导通情况
240	OR=	OR $\boxed{D}$ =	(S1)=(S2)	(S1)≠(S2)
241	OR>	OR $\boxed{D}$ >	(S1)>(S2)	(S1)<(S2)
242	OR<	OR $\boxed{D}$ <	(S1)<(S2)	(S1)≥(S2)
244	OR<>	OR $\boxed{D}$ <>	(S1)≠(S2)	(S1)=(S2)
245	OR<=	OR $\boxed{D}$ <=	(S1)≤(S2)	(S1)>(S2)
246	OR>=	OR $\boxed{D}$ >=	(S1)≥(S2)	(S1)<(S2)

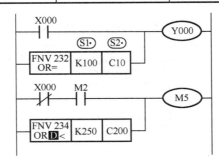

图 5-3-12　接点形式类比较并联指令的用法示例

练一练：选择上述触点比较或接点形式比较的相关指令，试结合机械手控制任务的设计完成计数循环的控制。

任务四　高效率的初始状态化指令 IST 在设备控制中的应用

 任务目的

1．熟悉初始状态指令 IST 的功能和用法；熟悉 IST 功能指令实现手动、单步、单循环及连续工作方式的方法。

2. 通过 IST 指令的运用，加深对特殊辅助继电器 M8040～M8047 的功能与用法的认识与理解，掌握 IST 用于气动机械手控制的编程方法。

3. 了解程序控制中掉电保护功能的含义和实现方法，了解三菱 FX3U 系列 PLC 的掉电保护性软元件及其使用注意事项。

想一想：结合接触到的机械设备的控制，除了有前面介绍的单步、单循环及连续循环控制外，会发现有些设备还会提供与各工序相对应的按钮，实现每按一个按钮则完成一个单独的动作，也就是常说的手动方式，那么我们该如何利用该控制方法呢？

上一任务中我们结合机械手的动作控制介绍了设备控制中的单步运行、单周期运行及自动连续运行方式的控制功能和操作要领，对各种控制方式的区别及实现方法有了一定的了解。对于机械手的单步运行：手抓抓紧、松开；提升机构提升、下降；手臂伸、缩；手臂左转、右转等，是通过状态顺序转移方式实现的，也就是当按下单步功能按钮时，状态顺序转移一步，执行该状态下的输出动作。这种单步工作方式与工程控制要求的手动模式不一样，工程中的手动模式一般根据不同的动作的要求设置有不同的控制按钮，用户可根据具体要求不按工序顺序完成工序中的任一动作，包括可重复进行某一动作的控制。

知识链接二：初始化指令 IST 的运用

对于工程上同一机械设备需要实现多种运行方式控制的程序设计，FX3U 系列 PLC 提供了专用的状态初始化指令 IST。利用 IST 指令对相关特殊辅助继电器的设置与控制，在步进顺控状态编程中应用于有多种工作方式要求的系统设计中，可有效地降低设计任务的难度，减少程序设计的工作量。

应用指令链接九：初始化指令（IST）

FNC 60-IST/初始化状态指令格式及用法说明

概要

在执行步进梯形图的程序中，对初始化状态及特殊辅助继电器进行自动控制。

1. 命令格式

	FNC 60 IST	INITIAL STATE		16位指令	指令符号	执行条件		32位指令	指令符号	执行条件
				7步	IST	连续执行型			—	

2. 设定数据

操作数种类	内容	数据类型
（S1.）	运行模式切换开关的起始软元件编号	位
（D1.）	自动模式下实用状态的最小状态编号（D1.）＜（D2.）	位
（D2.）	自动模式下实用状态的最大状态编号（D1.）＜（D2.）	位

3．对象软元件

操作数种类	位软元件							字软元件											其他				
	系统.用户							位数指定				系统.用户				特殊模块	变址			常数		实数	字符串	指针
	X	Y	M	T	C	S	D□.b	KnX	KnY	KnM	KnS	T	C	D	R	U□\G□	V	Z	修饰	K	H	E	"□"	P
(S1.)	●	●	●				▲1												●					
(D1.)						▲2													●					
(D2.)						▲2													●					

▲1：D□.b 不能变址修饰　　▲2：S20～S899、S1000～S4095

如图 5-4-1（a）所示为初始化指令 IST 的格式，用法示例如图 5-4-1（b）所示。

图 5-4-1　初始化 TST 指令格式及用法

一、状态初始化指令 IST 与软元件的规定

在 IST 用法示例中，运行监控辅助继电器 M8000 驱动该指令执行时，对于由（S.）指定的以 X020 开始的 5 个输入继电器 X020～X024 分别对应控制系统的手动操作、回原点、单步运行、单循环工作及连续运行 5 种工作方式。以上所列的 5 种工作方式间相互独立，同时彼此不能兼容，所以在控制方式选择上采用旋转选择开关确保同一时刻只能选择其中一种工作方式。对于使用 IST 指令编程时，指令中由（S.）指定的输入继电器的指定用法还包括 X025 的回原点开始、X026 的自动运行启动及 X027 的停止按钮功能。各输入继电器的指定功能见表 5-4-1，指定的输入继电器用户不得更改其用途。

表 5-4-1　IST 指令输入继电器系统定义表

输入继电器 X	功能	备注	输入继电器 X	功能	备注
X020	手动方式	相互间不能重叠，采用选择（旋钮）开关	X025	回原点启动	按钮开关
X021	回原点方式		X026	自动运行启动	按钮开关
X022	单步运行方式		X027	停止按钮	按钮开关
X023	单循环方式				
X024	自动连续方式				

状态初始化指令 IST 的应用系统中，为控制方便起见，（S.）最常见指定以输入继电器为控制量，起始编号从一组开始的"0"到该组的"7"共计八位输入继电器的控制功能由系统自动定义生成。示例中的 X020～X027 是结合常用的 FX3U-48MR 定义的，X000～X017 可用于系统设计中其他检测信号。而（D1.）、（D2.）分别用于指定在自动运行方式编程所用到的首状态继电器号和末尾状态继电器号，也就是说自动状态下必须开始于（D1.）指定的状态步

（如图 5-4-1 所示的 S20）结束于（D2.）指定的状态步（如图 5-4-1 所示的 S35）。

二、状态初始化指令 IST 中特殊辅助继电器的功能与用法

在 IST 指令的使用中涉及特殊辅助继电器 M8040～M8047，各特殊辅助继电器的相应含义及在 IST 指令中的使用方法如下。

M8040：禁止状态转移辅助继电器，在 IST 指令的手动控制方式下 M8040 总是处于接通为 ON 状态；在回原点方式、单循环方式时，在按下停止按钮后到再次按下启动按钮期间内，M8040 一直保持 ON 状态；在单步运行方式执行时，M8040 在启动按钮按下的瞬间断开为 OFF 状态，以使当前状态在转移条件满足时能够按顺序转移至下一状态；在连续工作方式下 M8040 均处于 OFF 状态。另外，在 PLC 由 STOP 到 RUN 切换时，M8040 保持 ON 状态，按下启动按钮后为 OFF 状态。

M8041：状态转移开始辅助继电器，用于实现初始状态 S2 向另一状态转移的转移条件。在手动及回原点方式时 M8041 不动作；在单步运行、单循环运行时仅在按下启动按钮时动作；而在自动连续方式时，按下启动按钮后 M8041 一直保持为 ON 状态，按停止按钮后为 OFF 状态。

M8042：启动脉冲辅助继电器，在启动按钮按下的瞬间接通一个扫描周期。

M8043：回原点结束辅助继电器，与原点条件辅助继电器 M8044 一起由用户程序进行控制。

M8044：原点条件辅助继电器，用于检测机器的原点条件是否满足，满足时驱动该继电器有效，并在 IST 所定义的全部模式中有效。

M8045：全部输出复位禁止辅助继电器，在手动方式、回原点方式、自动连续运行方式间进行转换时，机器不在原点位置则执行全部输出停止和活动状态复位。

M8047：状态驱动 STL 监控有效，当 M8047 有效为 ON 时，S0～S899 中正在动作的状态继电器从最低号开始顺序存入特殊数据寄存器 D8040～8047 中，最多可存 8 个状态，与状态编程分支数不超过 8 条对应。

M8046：在 M8047 监控状态下 D8040～8047 动作，则 M8046 动作为 ON 状态。

当 IST 被驱动执行时，上述各特殊辅助继电器则处于设备自动控制中（用户不可用），若 IST 指令失效时则全部处于 OFF 状态，并可以由用户程序进行设置控制。

三、IST 指令的控制功能的实现

PLC 应用指令的实质是一段由基本指令构成的可以完成特定功能的子程序，IST 指令对应的基本指令控制梯形图及指令应用原理分别如图 5-4-2 和图 5-4-3 所示，结合两图即可对上述 IST 指令的功能及控制方式有一定的认识，同时更能加深对该指令所涉特殊功能辅助继电器的理解，为灵活运用打下基础。

回路块 1：单步运行时，X022 闭合，按下启动按钮 X026，实现一次初始状态 S2 的转移；单循环方式时，X023 闭合，按下 X206 实现一次 S2 的转移；自动方式时，X024 闭合，按下 X026 则 M8041 驱动并自锁，实现 S2 可连续转移即完成自动循环。

回路块 2：在非手动方式下，启动 X026 或回原点启动按钮 X025 按下，M8042 输出一个周期启动脉冲，用回路块 3 清除禁止转移 M8040 的状态。

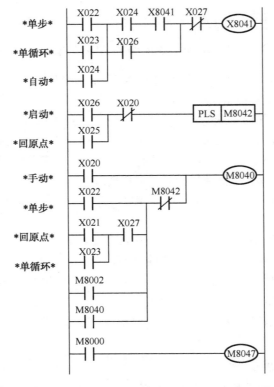

图 5-4-2　状态初始化指令 IST 用法示例的控制原理梯形图

回路块 3：手动 X020 闭合，状态转移全部被禁止；开机时 M8002 及 M8040 的自锁确定系统的状态转移被禁止，M8042 解除；单步 X022 闭合，一个启动脉冲对 M8040 实现瞬间禁止的解除，即状态转移一步；回原点复位及单循环中停止按钮 X027 按下则状态转移被禁止，按下启动或回原点开始按钮则禁止被解除。

PLC 运行标志 M8000 有效，状态监控 M8047 有效，对状态转移进行监控。

在如图 5-4-3 所示的状态转移图中，初始状态 S0 中原点复位条件 M8044 对 M8043 的驱动，复位结束时同样对 M8043 实施的置位处理，在初始状态 S1 回原点启动 X025 对 M8043 实施的复位，自动方式初始状态 S2 通过 M8041 对 M8043 的复位处理，均由 IST 执行系统程序时自行完成（用户程序中不需处理）。

该指令运行时，必须原点先完成复位的操作，即让 M8043 有效为 ON，否则在手动操作（X020）、回原点复位（X021）、各自动（X022、X023、X024）间进行切换时，则所有输出进入 OFF 状态。

IST 指令中状态继电器的用法：IST 对状态继电器有强制约定，不能随意更改用法，其中初始状态继电器 S0～S9 中，S0 为手动运行方式的初始状态；S1 为原点复位程序的初始状态；S2 则为自动运行方式的初始状态（而 S3～S9 未作强制约定可由用户自由定义使用）。复位状态继电器 S10～S19 只用于设备的原点复位，在编程过程中均不能将上述状态继电器用于普通状态，也就是说 IST 指令对程序的结构也有明确的约束。

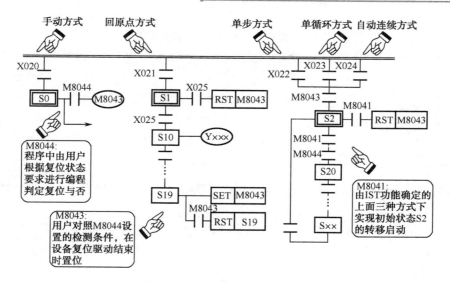

图 5-4-3　IST 指令的应用原理

以下我们仍以机械手控制任务来认识 IST 指令的功能及用法。

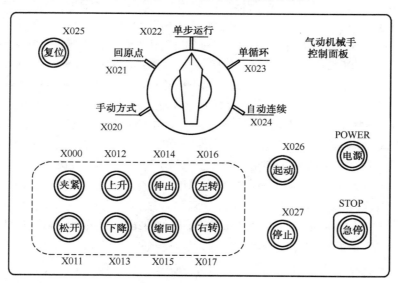

图 5-4-4　气动机械手 IST 指令编程面板

专业技能培养与训练四：初始化指令 IST 在气动机械手控制中的运用

任务阐述：结合 YL-235A 机电设备中的气动机械手和典型 IST 应用指令的控制面板（如图 5-4-3 所示），实现手动方式、回原点方式、单步运行方式、单循环方式和自动连续运行 5 种工作方式。

IST 指令机械手控制设备安装清单见表 5-4-2。

表 5-4-2　IST 指令机械手控制设备安装清单

序号	名称	型号或规格	数量	序号	名称	型号	数量
1	实训台	YL-235A	1	4	按钮		12
2	PC	台式机	1	5	急停开关		1
3	编程电缆	FX-232AW/AWC		6	转换开关	5 档	1

一、任务分析与 I/O 端口定义

在如图 5-4-4 所示气动机械手的控制面板中，除提供了机械手启动、停止控制功能外，还提供了可以实施手动控制的面板按钮。

该控制任务除面板按 IST 指令要求定义的 I/O 端口外，机械手各检测器件的输入端、设备控制的输出端定义与任务三相同。

由 I/O 端口定义可画出 PLC 控制接线图，如图 5-4-5 所示。

二、IST 指令的控制梯形图识读

利用 IST 指令实现上述功能的控制梯形图如图 5-4-6 所示。该指令使用的程序结构：①设备原点位置（复位）条件通过原点条件辅助继电器 M8044 的状态反映；②利用 PLC 的 RUN 运行监控 M8000 对 IST 指令进行驱动；③利用 S0 实施手动控制的编程；④利用 S1 结合复位（回原点）控制按钮（X025）对复位状态 S10 进行驱动；⑤S10～S×× （≤S19）复位程序，复位结束后通过顺序设定的虚拟状态设置回原点结束状态标志及对该虚拟状态的重复；⑥自动连续方式初始状态 S2 中，在复位条件 M8044 满足的情况下允许状态转移开始，M8041 自动运行驱动；⑦自动循环状态程序结束，采用返回自动连续的初始状态 S2 结束。试结合梯形图进行理解与比较（该程序中并未结合气动回路工作迅速的特征进行延时处理）。

程序的执行：手动方式是通过转换开关置于 X020 时，分别按下面板虚线框内的手动按钮，则对应执行一次指定动作。当转换开关置于 X021 回原点方式时，按下 X025，回原点启动则执行复位程序。本指令实现的单步、单循环和自动连续方式均建立在回原点方式结束的前提下，转换开关置于 X022 单步运行则通过每按下一次 X026 启动按钮，则执行状态转移一步；转换开关置于 X023 单循环运行按下启动按钮则完成一次工作循环后自动结束运行；转换开关置于 X024 自动连续运行按下启动按钮，则设备进行自动加工循环过程，直到按下停止按钮则完成当前循环后结束。

综上应用 IST 指令进行程序设计，系统的手动、回原点、单步、单循环及自动连续方式的控制是系统自动执行完成的（程序中只出现指令定义中的回原点启动 X025 触点）。

三、设备安装与调试训练

（1）结合 YL-235A 实训设备进行设备安装、气动回路和电气回路的连接，并仔细检查，结合任务三手动核实气缸的动作是否与设计要求一致。

（2）编辑如图 5-4-6 所示的梯形图，并进行编译转换。

（3）根据控制要求设计相应的调试方案，采用仿真手段进行程序调试。

（4）将程序传送至 PLC，采取先空载、后负载的调试方法。

（5）结合设备调试存在的问题，试根据"思考与训练（1）"中的要求进行程序设计与调试。

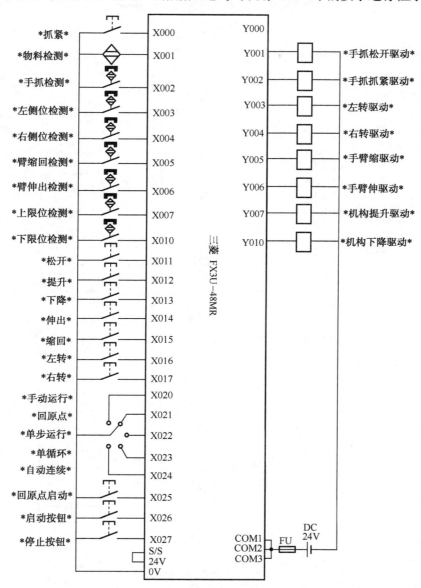

图 5-4-5　机械手 PLC 控制电气连接示意图

思考与训练

（1）在上述程序中，各状态工序的切换未设置延时导致工序特征不能有效地体现，试结合上述程序设置必要的延时（注意：手动、单步执行不需要考虑）。

（2）试结合已学习过的控制任务，选取其中某一个具有可实现手动、单步、单循环及连续工作方式的任务，试采用 IST 指令进行编程，并调试。

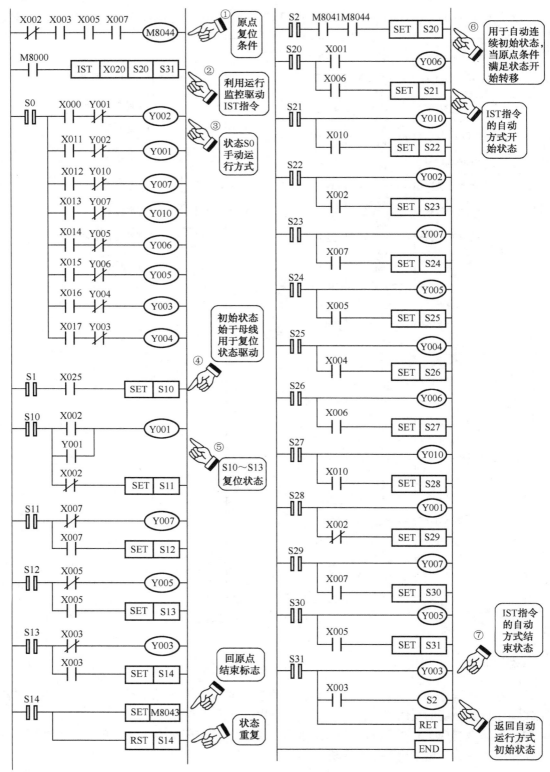

图 5-4-6　初始状态 IST 指令的机械手控制梯形图

阅读与拓展四：程序设计中的掉电状态保持

在设备控制任务中，常会出现运行过程中停电，停电时所有输出继电器及一般辅助继电器都处于断开状态的情况。供电恢复设备再运行时，除输入条件为接通状态外，上述软元件仍处于断开状态。但有些设备控制需要能够在供电恢复再运行时能够延续停电时的工作状态，要求设备控制程序具有断点记忆或称掉电保持功能。PLC 掉电保持用软元件如辅助继电器称为保持用继电器，具有掉电保持的状态继电器称为保持用状态继电器（具有此功能的定时器称为积算型定时器）等。

各类掉电保持用软元件利用可编程控制器内装的备用电池或 E²PROM 实现状态的保持或存储。若将掉电保持用软元件作为一般软元件使用，应在程序开始处利用复位 RST 或批复位 ZRST 指令进行已有状态的清除。

掉电保持用辅助继电器：具有掉电保持功能的辅助继电器，编号范围为 M500～M3071。其中 M500～M1023 共 524 点，可通过参数设定将其改为通用辅助继电器；M1024～M3071 共 2048 点，为专用断电保持辅助继电器。

掉电保持型状态继电器：具有掉电保持功能的状态继电器，编号范围为 S500～S899，共 400 点。

积算型定时器：积算型定时器具有掉电保持功能，分 1ms 时钟脉冲的 T246～T249（共 4 点中断用）和 100ms 时钟脉冲的 T250～T255（共 6 点）两种。

掉电保持型计数器：分编号范围在 C100～C199（共 100 点）的 16 位掉电保持计数器和编号范围在 C220～C234（共 15 点）的 32 位加减计数器。

停电保持型数据寄存器和停电保持专用型数据寄存器：停电保持型数据寄存器的元件号为 D100～D511，共 312 点。停电保持专用型数据寄存器的元件号为 D512～D7999，共 7488 点。注意停电保持型数据寄存器的使用方法和普通型数据寄存器一样，不同的是 PLC 在停止/停电时，停电保持型数据寄存器能将数据保存下来。停电保持专用型数据寄存器的特点是不能通过参数设定改变其停电保持数据的特性，若要改变停电保持的特性，可以在程序的起始步采用初始化脉冲（M8002）和复位（RST）或区间复位（ZRST）指令将其内容清除。另外在并联通信中 D490～D509 会被通信占用。

区别于掉电保持型数据寄存器的数据在断电后被保持，掉电保持用辅助继电器和状态继电器掉电时线圈及触点的状态均被保持，而积算型定时器和掉电保持型计数器的设定值、当前数值及触点均被保持。另外有些掉电保持软元件通过参数的设定也可改变为普通型非掉电保持型软元件，具体可查阅 FX3U 手册。同时若在程序中作如图 5-4-7 所示形式的处理，同样可将掉电保持用元件转化为普通元件（非掉电保持）使用。

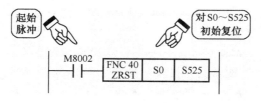

图 5-4-7　掉电保持型状态元件的普通用法

对于掉电保持型定时器并不能通过断开驱动条件实施复位，所以在程序中掉电保持型定时器和计数器一样要结合控制任务要求进行必要的复位处理。

以如图 5-4-8 所示为例来看掉电保持功能的实现方法。

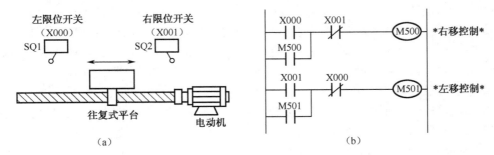

图 5-4-8　工作平台往返机构及掉电状态保持的实现

如图 5-4-8 所示为工作平台自动往返机构及可实现掉电状态保持功能的控制程序，即断电恢复后工作平台保持与停电前相同的方向继续工作。M500 和 M501 驱动采用启保停结构与普通辅助继电器的用法相同，停电时状态被保存下来，恢复供电时只要回路块 1 中 X001 或回路块 2 中 X000 的常闭触点不断开，则设备继续沿原状态运行。当相应的常闭触点断开时则状态不能保持。

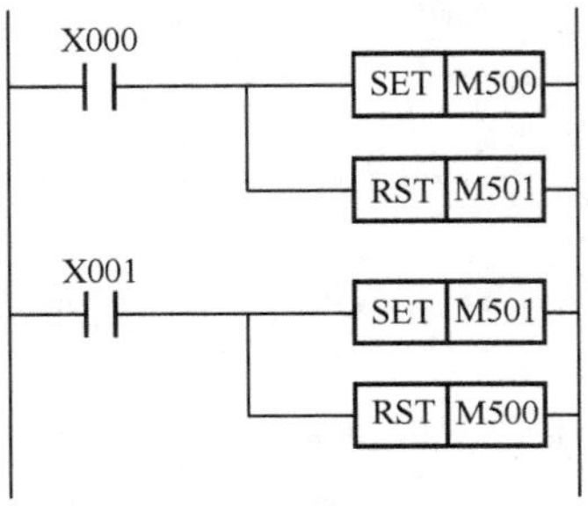

除上述启保停结构外，也同样可用置位 SET 和复位 RST 指令进行控制，如上述功能可同样由如图 5-4-9 所示梯形图实现。

实际控制任务中要完全保证能够实现掉电保持功能，则不能仅顾及某一种软元件，而对程序中涉及的软元件均要全面考虑使用具有掉电保持功能的元件，并要考虑正常运行的状态复位问题。

图 5-4-9　掉电保持启保停

任务五　顺序功能流程图的编辑方法与训练

三菱 GX Developer（SW5D5C-GPPW-E 或以后的版本）均支持 SFC（顺序功能流程图的英文缩写）图表编程。相比较于梯形图和指令表的程序方式，SFC 图表能够清晰地反映 PLC 应用系统的步进顺序控制的特征，该编程语言能够让使用者从整体上掌握系统的工作方式，使得编程更加便捷。另外 SFC 图表程序的优势还在于程序执行的方式与梯形图形式不同，执行梯形图程序时每次扫描都要执行程序的所有指令，SFC 图表程序的执行则只需要运行程序中必要的部分，由速度决定的设备控制精度必然有所提高。目前三菱 FX 系列、A 系列及 QCPU（Q 模式）/QnA 系列的 PLC，均能支持 SFC 图表程序，这种新的编程方式的优势越来越引起工程技术人员和使用者的关注。

FX 系列 PLC 的步进状态梯形图编程是通过步进梯形图指令 STL 和返回指令 RET 进行的，步进状态梯形图与 SFC 图表是步进状态编程的两种方式，步进状态梯形图和 SFC 图表是可以对应转换的。在 FX 系列 PLC 步进状态编程中，状态继电器 S0～S9 规定用于表示初始化状态，在 SFC 图表程序中对应表示 SFC 起始块号，说明 FX 系列 PLC 最多可以创建有 S0～S9 的十个 SFC 块。S10 及更高状态号用作一般步（状态）号，步号只能定义一次且每个块中最大步号不能突破 512 的限制（与梯形图 S10～S19 定义用于复位相同）。在 SFC 图表程序编程中，包含程序首部梯形图块（LAD0）、中间部位的 SFC 块及尾部梯形图块（LAD1）的编辑。

如图 5-5-1 所示为某一控制任务的 SFC 图表程序的书面描述形式。如图 5-5-2 所示为如图 5-5-1 所示 SFC 图表程序在 GX Developer 环境下 SFC 块部分的编辑图，显然书面描述与实际操作程序的表述差异给初学者带来了困惑。下面我们重点讨论在 GX Developer 运行环境下进行状态编程的 SFC 图表程序的编辑、调试等操作方法。

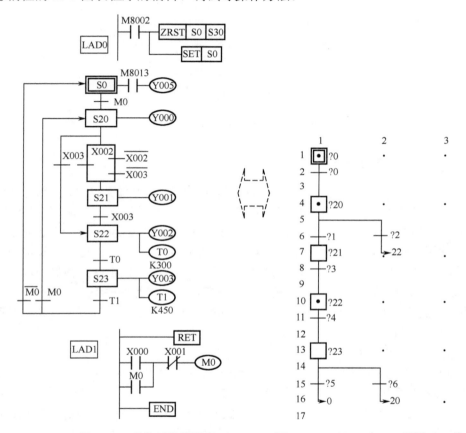

图 5-5-1 状态转换图程序　　　　图 5-5-2 GX Developer 界面 SFC 块

一、GX Developer 环境下 SFC 新工程的创建

运行 GX Developer 软件后，单击【创建新工程】工具按钮或执行【文件】菜单中的【创建新工程】命令，在弹出的如图 5-5-3 所示的【创建新工程】对话框中进行如下设置：在【PLC 系列】下拉列表中选取"FXCPU"选项；在【PLC 类型】下拉列表中选取"FX3U（C）"选项；在【程序类型】选项栏中选取"SFC"单选项。并在【工程名设定】选项栏中勾选"设置工程名"复选框，可通过【浏览】按钮确定【驱动器/路径】和【工程名】，然后单击【确定】按钮创建新工程。

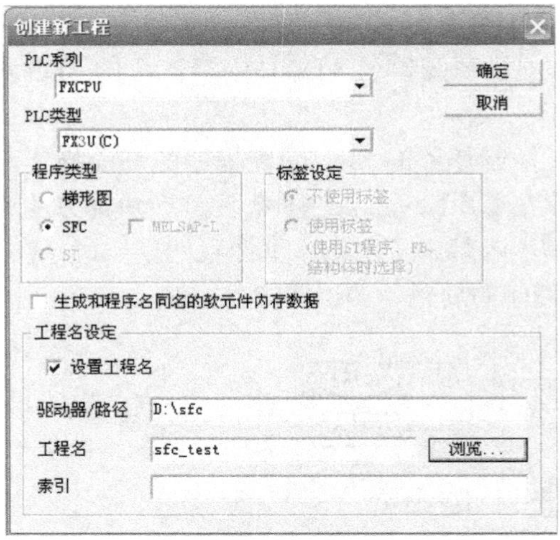

图 5-5-3 【创建新工程】对话框

二、SFC 工程的块列表注册

编辑 SFC 程序时，首先要求在【块列表显示】窗口中对所编辑程序的各部分的块性质进行注册。块列表含有序号 N0、块标题和块类型 3 项。序号由系统自然生成，简单的"三段式"SFC 图表程序的块首部分、中间部分及块尾三部分按其位置与顺序号 0、1、2 对应；块标题一般是用户根据程序段功能自行定义的；块类型是 SFC 图表编辑的关键，有梯形图块和 SFC 块两种，用户必须根据块性质作出明确选择，显然块首和块尾须定义为梯形图块，中间状态程序部分定义为 SFC 块。SFC 工程的建立必须注册后才能进行程序编辑，注册与编辑关系可采用先整体注册后编辑或注册一项编辑一项的方式。对初学者而言，可采用先注册后编辑的方法加深对 SFC 图表程序组成的理解。

1. 块首部分梯形图块的注册方法

在如图 5-5-3 所示的【创建新工程】对话框设置完成单击【确定】后直接进入【块列表显示】窗口，或在编辑状态下在左侧的【工程】窗口中，双击程序下的"MAIN"图标，弹出【块列表显示】窗口及【块信息设置】对话框，在【块信息设置】对话框中进行如下设置：在【块类型】选项栏中选取"梯形图块"单选项，在【块标题】文本框中输入"初始 LAD 0"（用户自行定义），完成后单击【执行】按钮，完成程序首部梯形图块的注册，如图 5-5-4 所示。单击【执行】按钮后弹出【SFC 图表编辑】和【输出/转移梯形图】两个并列窗口，可单击窗口右上角的"关闭"按钮关闭该窗口。

2. 程序中部 SFC 块的注册方法

双击块列表序号 NO1 所在行，弹出【块信息设置】对话框：在【块类型】选项组中选取"SFC 块"单选项，在【块标题】文本框中输入"顺序功能流程图块部分"（用户自行定义），单击【执行】按钮完成程序中部 SFC 块的注册，如图 5-5-5 所示。

3. 块尾梯形图块的注册

重复上述过程，可完成如图 5-5-6 所示梯形图块的定义。至此，一个简单的"三段式"工程的块列表注册完成。

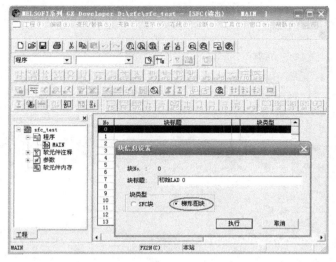

图 5-5-4 块首部分初始梯形图块的设置

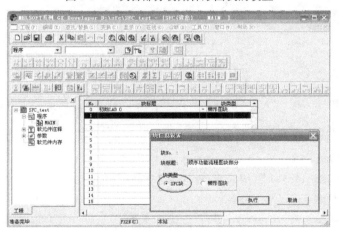

图 5-5-5 程序中部 SFC 块的设置

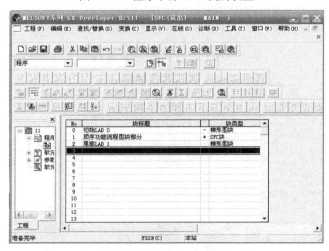

图 5-5-6 块信息设置情况

三、SFC 图表程序的编辑

1. 块首部分梯形图块的编辑

在【块列表显示】窗口中，选中与块首定义对应的序号 NO0 行并双击，进入【SFC 图表编辑】窗口，选中 "□LD" 梯形图块图标，在右侧的【输出/转移梯形图】窗口内编辑初始化程序梯形图，如图 5-5-7 所示。

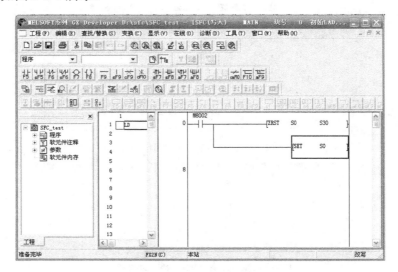

图 5-5-7　程序首部梯形图块的编辑

2. SFC 块程序的编辑

SFC 块程序的编辑分 SFC 图和输出/转移条件程序两部分进行。

（1）SFC 图表的编辑。

双击【工程】窗口程序下的 "MAIN" 图标或关闭当前编辑窗口，在【块列表显示】窗口中双击表中与 SFC 块对应的 NO1 行，进入【SFC 图表编辑】窗口，【SFC 图表编辑】窗口显示如图 5-5-8（a）所示步号 0 的状态符号。

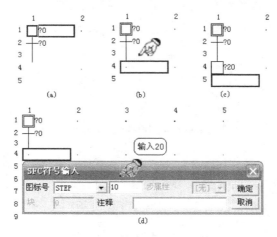

图 5-5-8　程序 SFC 块的编辑

图中的"方框"表示状态步,"十字符"表示状态转移条件,十字下边的直线则表示转移方向。状态步、转移条件前有"?"说明该状态或该转移条件程序还未定义编辑,编辑后该问号消失。状态步后的数字为步号,可以自行定义。转移条件后的数字是系统根据转移条件的编辑顺序自动定义的,也可视用户需要进行编辑修改。初始状态的 SFC 图是由系统自动给出的,而其他状态及状态转移等均需由用户编辑完成。

SFC 图表部分的编辑均在【SFC 图表编辑】窗口内进行,并从如图 5-5-8(b)所示位置开始。

① S20 状态的编辑。

将光标置于如图 5-5-8(b)所示位置,按下工具栏中的 工具按钮,弹出如图 5-5-8(d)所示的【SFC 符号输入】对话框,在【图标号】下拉列表中选择"STEP"(默认 STEP)选项,并将随后的参数"10"改为"20",单击【确定】按钮后,状态设置如图 5-5-8(c)所示。

S20 状态内有两个方向的状态转移,一个为顺序状态(向 S21)转移、另一个为跳转(非顺序,向 S22)方式。

顺序状态转移的编辑:将光标置于如图 5-5-8(c)位置处,单击工具栏中的 按钮,弹出【SFC 符号输入】对话框,如图 5-5-9 所示。在【图标号】对话框输入表示转移的"TR",参数为"1"(均为默认值),确认后单击【确定】按钮,至此该顺序转移的设置完成。在当前光标位置处按下 工具按钮完成顺序状态 S21 的添加,方法与 S20 相同,设置完成后如图 5-5-10 所示。

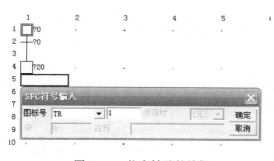

图 5-5-9　状态转移的编辑

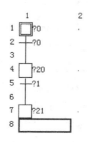

图 5-5-10　添加顺序转移

非顺序转移跳转方式的编辑:将光标移至如图 5-5-11 所示的"?1"处,单击工具栏中的 按钮,弹出如图 5-5-11 所示的【SFC 符号输入】对话框,在【图标号】文本框中输入表示并列分支的"--D",参数"1"是并行分支的顺序编号,均按默认处理,单击【确定】后,编辑效果如图 5-5-12 所示。

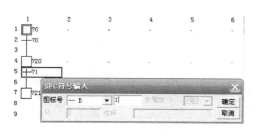

图 5-5-11　分支状态转移的编辑

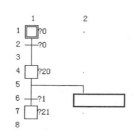

图 5-5-12　添加并列分支

在如图 5-5-12 所示的光标处设置转移条件 "TR 2" 后，按下工具按钮 ，弹出【SFC 符号输入】对话框，在【图标号】对话框中输入 "JUMP"（默认值），在参数栏中输入跳转目的状态编号 "22"，注意状态继电器标志 "S" 输入无效，如图 5-5-13 所示。其中跳转（JUMP）有两种属性，可以根据需要进行选取：跳转至其他步（含向下跳及向上跳）或其他流程时，在【步属性】下拉列表中选择 "无" 选项；但要实现自状态的复位时，需要在【步属性】下拉列表中选择 "R" 选项。

上述设置完成后，SFC 图表效果如图 5-5-14 所示。

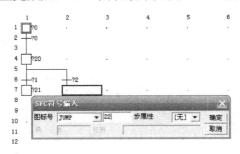
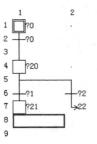

图 5-5-13　状态跳转的编辑　　　　　　图 5-5-14　SFC 图像效果

在分支编辑时可以配合【Ctrl+Insert】（插入列）、【Shift+Insert】（插入行）、【Shift+Delete】（删除行）和【Ctrl+Delete】（删除列）4 种组合键使用，试根据需要选用。

② S20 后各顺序状态的编辑。

结合 S20 顺序状态的状态设置和条件转移及非顺序状态的状态设置、状态转移和状态跳转的编辑方法，试编辑如图 5-5-1 所示的 S22、S23 状态对应的 SFC 图表。

注意事项：状态 S23 跳转的表述方法中，跳转符号与转移目的状态间存在着明显的符号对应关系。在跳转目的状态设置完成后，实现跳转的目的状态符号会发生变化，这种符号的对应关系为程序中跳转控制的检查提供了帮助。

（2）状态驱动及转移条件的程序编辑。

① S0 状态驱动输出梯形图的编辑：单击【SFC 图表编辑】窗口中的初始状态 S0，激活右侧的【输出/转移梯形图】窗口（对应 S0 的输出梯形图窗口），编辑状态输出梯形图如图 5-5-15 所示。

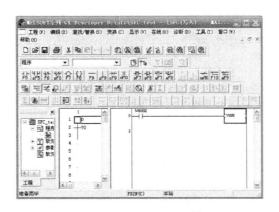

图 5-5-15　状态内输出驱动的编辑

S0 状态转移控制条件的编辑：将光标移至转移"？0"处，激活 TR 0 转移对应梯形图编辑窗口（不同于步进顺控梯形图的编辑，SFC 中每一个状态及每一状态转移条件均对应一个独立的梯形图窗口），编辑转移条件"LD M0"梯形图，并在如图 5-5-16 所示的光标位置处双击，弹出【梯形图输入】对话框，在图示对应位置键入"TRAN"，其左侧的下拉列表为空白状态。

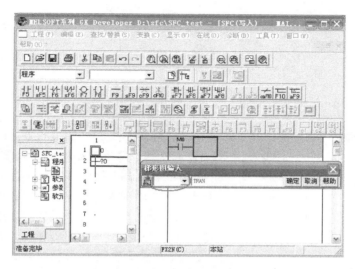

图 5-5-16　状态转移的编辑

　　在输入"TRAN"并确认完成后，对应的梯形图如图 5-5-17 所示。注意此梯形图用 TRAN 代替了原先梯形图方式中的"SET S21"（在 LAD0 中出现的 SET S20 的状态转移恰是在梯形图方式下）。

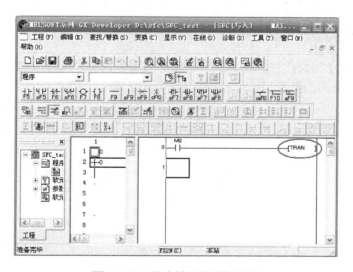

图 5-5-17　状态转移的编辑效果

　　② S20 状态输出控制梯形图的编辑：S20 状态输出控制梯形图的编辑与 S0 的编辑方法相同，可自行完成。

S20 状态转移控制条件的编辑分顺序转移编辑和跳转条件编辑。当选中 TR1（转移条件 "?1"），在 TR1 梯形图窗口进行编辑时，其转移条件的梯形图如图 5-5-18 所示，为顺序转移；当选中 TR2 跳转方式时，编辑转移梯形图如图 5-5-19 所示（选中跳转 JUMP S22，梯形图窗口无效，说明此处不需要编程），此处 TRAN 转移到 JUMP 指定的 S22，而前一个 TRAN 顺序转移至 S21。

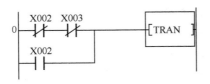

图 5-5-18　TR1 转移的编辑　　　　　　图 5-5-19　TR2 转移的编辑

　　③ S21 状态输出控制梯形图和 S21 顺序状态转移条件 TR3 的编辑方法同上，试自选完成。

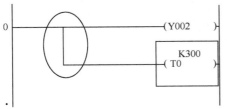

图 5-5-20　并行及多重输出的编辑

　　④ S22 状态输出控制梯形图的编辑：该状态区别于前者，状态输出同时驱动 Y002 和定时器 T0，为并行输出方式。状态输出为并行输出或多重输出形式，当前一输出起始于"子母线"时，后者则需从前面输出控制线上画"竖线"引出分支再进行驱动，如图 5-5-20 所示。

　　⑤ 在完成 S22 顺序转移条件的编辑后，结合 S22 的输出形式完成 S23 输出控制梯形图的编辑。在编辑其转移条件时，JUMP S0 和 JUMP S20 的转移条件需将干路 T1、支路 M0 常闭，M0 常开进行必要的逻辑转换，试练习自行完成。

　　注意在上述编辑过程中均需及时对所编辑的梯形图进行编译转换，转换过程中结合转换信息及时采取应对措施可有效地强化对编辑方法的理解和掌握。

四、梯形图块 LAD1 的编辑

　　切换至【块列表】窗口，双击表中 LAD1 梯形图块所在的 NO2 行，进入【SFC 图表编辑】窗口和【输出/转移梯形图】窗口，编辑块尾对应的梯形图，如图 5-5-21 所示。

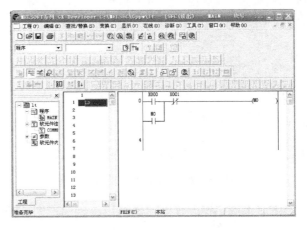

图 5-5-21　尾部梯形图块的编辑

编译转换完成后即完成了该任务 SFC 工程的创建。

需要注意的是：上述编辑中并未涉及步进返回指令 RET 和程序结束指令 END 的编辑。原来，在 SFC 块编辑结束时，步进梯形图中的步进返回指令 RET 被系统自动写入至与梯形图块的连接部分；同样程序结束指令 END 也由系统自动添加至尾部梯形图块的结束处。故 RET 和 END 指令均不会出现在画面中，也不能将 RET 指令输入至 SFC 块或梯形图块中。

五、相关基本操作

完成编辑、转换编译后，需要对创建的工程进行保存处理。程序的下载和上传均与模块一中的方法相同。

说明：为验证所编辑的 SFC 程序与我们熟悉的步进顺控梯形图及指令表间的对应关系，选择【文件】菜单下【编辑数据】子菜单中的【改变程序类型…】选项，在弹出的【改变程序类型】对话框中默认选项"梯形图"并确认，即可实现 SFC 程序形式转变为梯形图的形式。这种改变程序的类型是可逆的，即步进顺控梯形图也可转化为 SFC 图的形式，但需注意的是：在梯形图程序与 SFC 程序进行转换时，由于 RET 指令的处理方式不同，两种方式下程序的步数会有所变化。另外若跳转控制在两个不同 SFC 块之间进行，变换时跳转目的的标识也会有变化。

对于已建工程文件，在程序打开后进行浏览或编辑时，有时需要设定或确认采取"读出模式"还是"写入模式"。不正确的设置可能会带来一定的麻烦，体现在无法编辑或程序改变造成异常，须引起初学者的注意。

说明：对于完成含有分支结构的 SFC 图表的编辑，GX Developer 工具栏中提供相关分支结构工具按钮：按钮 F6 和 F7 分别用于选择性和并列性分支的实现，F8 和 F9 分别用于对应实现选择性分支和并列性分支的合并。在编辑时试运用上述工具。另外在上述工具栏的右侧排列有相似的工具按钮组 sF5、sF7、sF8、sF9、sF0 和 cF9，可用于实现相应功能的划线输入，可自行尝试，探索其用法。

思考与训练

试编辑完成如图 5-5-22 所示的状态转换图。

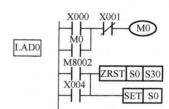

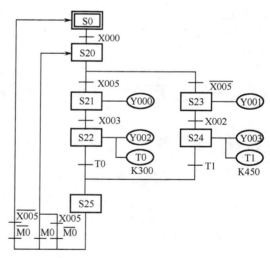

图 5-5-22　思考与训练题状态转移图

模块六

FX系列PLC通信功能的实现初探

 教学目的

1. 了解现代 PLC 通信技术的应用，熟悉 PLC 的 RS-422、RS-232 及 RS-485 通信接口的区别与用途；熟悉 PLC 常见外围设备的连接方式。

2. 认识和了解三菱 FX3U 系列各类通信板卡、通信扩展模块及通信电缆的连接方法。

3. 了解 PC 与 PLC 的通信、PLC 与 PLC 间的 1∶1 并行通信链接和 N∶N 通信网络的链接方式，了解相关通信参数的设置和基本通信方法。

4. 了解 FX3U 系列 PLC 与三菱变频器间的通信控制方式，了解变频器的控制指令及使用方法。

5. 了解与通信相关的 PLC 应用指令的功能及用法，为后续的再学习和能力的提高奠定基础。

任务一 三菱 FX3U 通信设备的识别训练

任务目的

1. 初步认识 PLC 通信技术的应用，对三菱 PLC 的通信接口标准有初步的认识，能够识别常用 FX 系列 PLC 的通信功能扩展板卡、特殊功能模块等。

2. 了解 PLC 与 PC 间的通信方式，能够初步认识利用 RS-232 接口实现 PLC 与 PC 间通信的方法，熟悉 D8120 通信参数的设置方法。

想一想： 随着现代工业控制技术的发展，工业自动化网络的应用也越来越广泛，PLC 是否能满足网络技术发展的需要，其通信功能如何实现？

随着现代控制技术网络化迅速发展的需要，德国西门子、美国罗克韦尔、日本三菱、欧姆龙等 PLC 厂商均开发并推出了面向 PLC 通信技术的接口电路及专用通信模块。大、中型 PLC 的通信均是通过配套的专用通信模块实现的，而小型 PLC 一般则通过具有通信功能的扩展接口电路实现。如图 6-1-1 所示为三菱公司基于 CC-LINK（Control Communication Link）现场总线网络技术在现代物流控制网络上的运用，该网络使用特殊模块 FX-16CCL 或 FX-32CCL，将分散在不同位置的 I/O 模块、特殊高速模块等控制设备进行连接，通过 PLC 对上述设备进行管理控制，实现高速网络通信及远距离控制。

除由远程通信模块构成的 CC-LINK 通信网络外，三菱 FX 系列小型 PLC 还可以利用本身标配 RS-422 标准通信接口、扩展用的三种标准通信接口板卡以及 RS-485 通信适配器，实现 PLC 与 PLC 间、PLC 与外围设备间的通信。

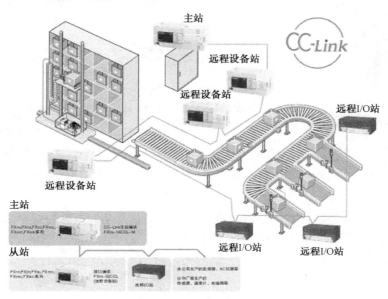

图 6-1-1　CC-LINK 通信网络应用

专业技能培养与训练一：FX 系列 PLC 通信接口和适配器的认知及安装训练

　　可编程控制器与外围设备的通信方式有两种：一是利用标配 RS-422 接口与外围设备连接。该方式通过系统标准配置（简称标配）的标准 RS-422 接口直接与一台具有 RS-422 接口的设备连接，或者通过 RS-422/232 转换器或 RS-422/485 转换器与一台具有 RS232 接口或 RS-485 接口的外围设备对应连接。二是通过专用扩展端口实现与外围设备的通信连接。如图 6-1-2 所示为三菱公司提供的 RS-232C-BD、RS-422-BD、RS-485-BD 扩展通信板，选取并安装这些通信板卡需考虑扩展设备的端口类别；或为这些通信端口配上相应的转换器，实现与扩展端口相匹配。

一、FX3U 系列三种接口标准的通信扩展板卡识读

　　如图 6-1-2 所示为 FX3U 系列 PLC 的三种通信接口板卡及可连接设备示意图。

　　FX3U-232-BD 型 RS-232 通信板：利用该通信板可实现 PLC 与 PC、打印机、条形码阅读器等具有 RS232C 接口设备的连接通信。

　　FX3U-422-BD 型 RS-422 通信板：该通信板接口标准和标配 RS-422 接口的形式相同，通过该板卡也可以实现与顺控编程工具、显示器、数据存取单元 DU 及各种人机界面等的连接。

　　FX3U-485-BD 型 RS-485 通信板：该板可用于两个 PLC 基本单元间的并列连接，也可以通过 FX-485PC-1F 型 RS-485/232C 转换接口，实现与个人 PC 的连接通信。除此之外通过 RS-485 通信板还可连接其他具有 RS-485 接口的设备。

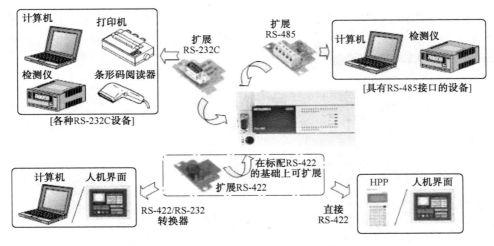

图 6-1-2　FX 系列通信板卡与外围设备

如图 6-1-3 所示为三菱 PLC 的三种标准通信接口形状及功能端排列顺序图。各厂家的 PLC 均相应提供了 RS-232、RS-422 及 RS-485 的通信接口,由于 RS-232、RS-422 及 RS-485 只是一种通信标准,而对接口形式并没有统一的规定,接口形式由厂家自行定义,故不同厂家接口形式可能会有所不同。

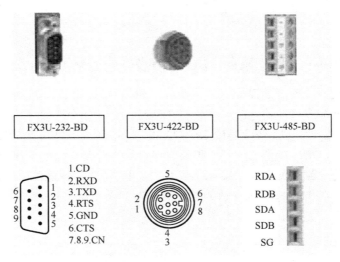

图 6-1-3　三种标准通信接口及功能端排列顺序图

不同系列的 PLC 均拥有各自系列的通信板卡型号,选用时注意型号不能混淆。

二、通信适配器与专用板卡的识读

除采用通信扩展板卡实现通信外,还可以利用特殊通信适配器实现远距离通信。三菱 FX 系列通信用适配器有:FX_{2N}-232ADP 型 RS-232C 通信用适配器、FX_{2N}-485ADP 型 RS-485 通信用适配器;FX3U-232ADP 型 RS-232C 通信用适配器以及 FX3U-485ADP 型 RS-485 通信用适配器。对于三菱 FX 系列 PLC 采用通信适配器时,需选用相应系列的 FX-CNV-BD 型适配器连接板卡。通信适配器一般安装在 PLC 基本单元的左侧，与安装在 PLC 基本单元内部的 FX-CNV-BD 左侧接线端相连。

如图 6-1-4 所示分别为 FX3U 系列各通信扩展板、通信适配器以及适配器连接板卡，其中特殊适配器模块需与 FX3U-CNV-BD 配合使用。

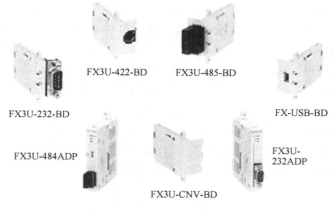

图 6-1-4　FX 系列各种通信设备

三、FX 系列 PLC 内置扩展板卡的安装练习

关闭并切断 PLC 的电源，参照如图 6-1-5 所示安装顺序，根据以下步骤要领安装 RS-232-BD 板卡（RS-485-BD 和 RS-422-BD 的安装方法相同）。

① 按图示箭头方向，从基本单元的上表面卸下面板端盖。

② 将 RS-232-BD 板卡连接到基本单元的板卡安装连接器上，安装部位及方向如图中⑤所示。

③ 使用 M3 自攻螺丝将 RS-232-BD 板卡固定在基本单元上，将附带有地线的圆插片端子和安装夹拧紧，注意安装方向如图中所示方向，以保证接地线能按要求引出。

④ 使用工具卸下面板盖左边的扩展引出孔，以保证扩展端口的引出。

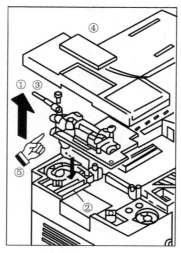

图 6-1-5　内置卡安装

知识链接一：可编程控制器 PLC 与 PC 间的通信认知

在可编程控制器的应用系统中，PLC 与外围设备间的连接通信，如可编程控制器 PLC 与 PC 间、PLC 基本单元间、基本单元与扩展单元间的通信等，实现了适时系统数据的交换和处理，为远程监视与控制和网络化管理提供了保障。三菱 FX3U 系列 PLC 具有编程口通信功能、无协议串口通信功能、计算机连接功能、并行网络通信功能、N∶N 网络通信功能、变频器通信功能、CC-Link 通信功能等。

在可编程控制器 PLC 与 PC 间的通信系统中，通过 PC 适时监控来自 PLC 控制现场运行过程中数据和状态变化的信息，并及时分析处理，转换为 PLC 应用系统各软元件的状态信息，通过 PLC 用户程序实现对现场过程的"直接"控制。

PLC 与 PC 间的通信是通过 RS-422 通信接口（或 RS-232C 通信板）与计算机上的 RS-232C 接口连接实现的。PLC 与 PC 之间的信息交换一般采用字符串、全双工（或半双工）、异步、串行通信方式。一般具有 RS-232C 接口的个人计算机与可编程控制器间均能实现通信，通信方式主要有以下几种。

一、基于标准配置 RS-422 编程口或选件接口的 PLC 与 PC 间的通信连接

1. 通过标配 RS-422 接口连接计算机或手持编程工具

利用 PLC 基本单元上的标配 RS-422 通信接口，可以配置一个 PLC 与外部 PC 间实现 1∶1 的通信系统。①通过 RS-232C/422 转换（FX-232AW/AWC 或 AWC-H）单元实现 PLC 标配 RS-422 接口与个人 PC 的 RS-232 接口对接；②利用 FX-USB-AW（即 RS-422/USB 转换器）单元将 RS-422 接口与个人 PC 的 USB 接口对接（部分个人 PC 或系统并不能识别该 USB 设备，需安装转换单元的驱动程序），如图 6-1-6 所示。

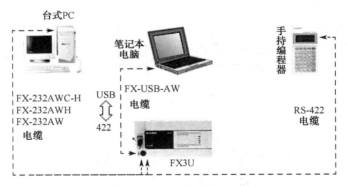

图 6-1-6　FX3U 编程口通信方式

2. 通过选件接口连接个人 PC

在标配 RS-422 接口被占用的情况下，可通过 FX-USB-BD 或 FX3U-232-BD 实现与笔记本电脑 USB 接口或台式机 RS-232 接口的直接连接，如图 6-1-7 所示。该编程通信可实现顺控程序传送，实施程序变更，运行监控等。

图 6-1-7 FX3U 的扩展 USB 接口通信

二、基于 RS-232-BD 通信扩展卡实现的计算机 1∶1 连接功能

如图 6-1-8 所示，采用 PLC 内置扩展 RS-232-BD 板卡，外部通过 F2-232CAB-1 型通信电缆实现与 PC 机 RS-232 接口的通信连接。此种连接方式的最大通信距离仅为 15m，也可采用特殊通信适配器 FX3U-232ADP（需内置安装 FX3U-CNV-BD）来代替上述扩展设备。RS-232接口通信采用非平衡方式传输数据只适合近距离传输，对于大功率、长距离且单机监测信息量多等控制要求复杂的 PLC 通信中，一般不直接采用 RS-232 接口通信方式。

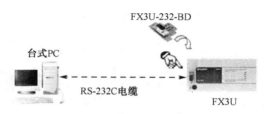

图 6-1-8 内置 RS-232 板卡的计算机通信连接

FX3U 系列 PLC 与通信设备间的数据交换是通过 PLC 的数据寄存器和文件寄存器实现的，交换数据的长度、存放地址则由通信指令 RS 设置。数据交换方式则是通过特殊寄存器 D8120 进行设定的。

通信参数的设置：RS-232 接口采用串行通信方式，串行通信必须要对包括波特率、停止位和奇偶校验等通信参数进行正确的设置，且两端设备参数一致时才能进行相互间的通信。表 6-1-1 为特殊数据寄存器 D8120 中十六位二进制数所对应的通信参数的定义，用户可根据定义和要求对相应位进行选取和按顺序组合并转化为十六进制数的形式，在控制程序中将其赋值给 D8120。在完成对 PLC 通信参数 D8120 的设定后，必须对机器进行断电重启操作，否则参数不能生效。

表 6-1-1 串行通信数据格式

D8120 位号	名　　称	位状态		说　　明
		0	1	
b0	数据长度	7 位	8 位	
b1	奇偶校验	（00）：无校验　　（01）：奇校验		
b2	(b2 b1)	（11）：偶校验		
b3	停止位	1 位	2 位	

D8120 位号	名　称		位状态		说　明
			0	1	
b4 b5 b6 b7	波特率（bps）		（0011）：300bps　　（0100）：600bps （0101）：1200bps　　（0110）：2400bps （0111）：4800bps　　（1000）：9600bps （1001）：19200bps		顺序 b7、b6、b5、b4
b8	标题符		无	D8124：默认值 STX	计算机连接均须设为0状态
b9	终结符		无	D8125：默认值 ETX	
b10 b11	控制线	无协议	（00）：无 RS-232 作用 （01）：普通模式 （10）：互锁模式（FX3U、FX3UC-2.0 版本以上） （11）：调制解调器模式（RS-232、RS-485 接口）		顺序 b11、b10，（01）和（10）均用于 RS-232C 接口通信，RS-485 不考虑控制线的方法，使用 FX3U-485-BD 和 FX0N-485ADP 设定（11）
		计算机通信	（00）：RS-485（RS-422）接口 （10）：RS-232 接口		
b12	不可使用				
b13	和校验		没有添加和校验	自动添加和校验	计算机连接时用，在使用 RS 指令时此项必须设为全 0 状态
b14	协议		无协议	专用协议	
b15	控制顺序		格式 1	格式 4	

参数选择说明如下。

例如 D8120 = 0C9EH（b15～b0 对应 0000 1100 1001 1110），其中："0"表示采用无协议通信，没有添加和校验码；"C"表示普通模式 1、无标题符和终结符；"9"表示波特率为 19200bps；"E"表示采用 7 位数据位且为偶校验方式。标题符、终结符有、无的设置是由用户根据需要决定的，当设置有标题符、终结符时系统自动将相关字符（或字符串）附加在发送的信息的首、尾端。在接收数据时，除非接收到起始字符，否则数据将被忽略；所接收数据将被连续不断地读到终结字符，直到接收缓冲区全部占满为止。显然要求将接收缓冲区的长度与所发送信息的长度设定相一致。

应用指令链接一：串行数据传送指令（RS）

利用相应转换器，PLC 可与具有 RS-232C 接口单元的个人 PC、打印机、条形码识读机等设备间进行数据通信，数据传送和接收的控制通过 RS 指令实现。通过 RS 指令指定的数据寄存器进行的通信方式属于无协议通信。

串行数据传送指令 RS 的格式和用法如下。

FNC 80—RS/串行数据传送

概要

通过安装在基本单元上的 RS-232 或 RS-485 串行通信口（仅通道 1）进行无协议通信，从而执行数据的传送和接收。

---

1. 命令格式

FNC 80
RS

SERIAL COMMUNICATION

16位指令	指令符号	执行条件
9步	RS	连续执行型

32位指令	指令符号	执行条件
		—

2. 设定数据

操作数种类	内 容	数据类型
（S.）	保存发送数据的数据寄存器起始软元件	BIN 16 位/字符串
m	发送数据的字节数（设定范围为 0~4096）	BIN 16 位
（D.）	数据接收结束时，保存接收数据的数据寄存器起始软元件	BIN 16 位/字符串
n	接收数据的字节数（设定范围为 0~4096）	BIN 16 位

3. 对象软元件

操作数种类	位软元件							字软元件										其他				
	系统.用户							位数指定				系统.用户		特殊模块	变址			常数		实数	字符串	指针
	X	Y	M	T	C	S	D□.b	KnX	KnY	KnM	KnS	T	C	D	R	U□\G□	V Z	修饰	K	H	E	"□"	P
（S.）														●	●			●					
M														●	●				●	●			
（D.）														●	●			●					
n														●	●				●	●			

RS 指令的梯形图格式与用法，如图 6-1-9 所示。

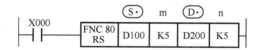

图 6-1-9 RS 指令的梯形图格式与用法

指令中（S.）用于指定传送缓冲区的首地址，（D.）用于指定接收缓冲区的首地址，m、n 分别用于指定发送和接收数据的长度。

上例中 X000 闭合，执行 RS 指令，指定 D100 及 D200 分别为发送和接收数据的首地址，m、n 均为 K5，则发送数据地址为 D100~D104，对应的接收数据地址为 D200~D204。

与串行数据传送指令 RS 执行相关的特殊数据寄存器和特殊辅助继电器的功能与说明见表 6-1-2。

表 6-1-2 使用 RS 指令所涉及的标志软元件的功能说明

特殊数据寄存器	操作及含义	特殊辅助继电器	操作及含义
D8063	用于存放串行通信出错的错误代码编号	M8063	串行通信出错标志
D8120[*3]	用于存放通信参数 M8120 设定的参数	M8121[*1]	为 ON 时表示传送被延迟，直到目前接收操作完成

特殊数据寄存器	操作及含义	特殊辅助继电器	操作及含义
D8122[*3]	用于存放当前发送信息中的尚未发出的字节	M8122[*1]	设置为 ON 时用于触发数据的发送
D8123[*3]	用于存放当前接收信息中的已接收到的字节数	M8123[*1]	被触发为 ON 时用于表示一条数据信息被接收完成
D8124	用于存放表示发送信息起始的标题符字符串的 ASCII 码，默认值为"STX（十六进制 02）"	M8124	载波检测标志，主要用于采用调制解调器的通信中
D8125	用于存放表示发送信息结束的终结符字符串的 ASCII 码，默认值为"ETX（十六进制 03）"	M8129	通信超时的判断标志
D8129[*2]	超时时间的设定	M8161[*3]	8 位/16 位操作模式切换，ON 为 8 位操作模式，在各个源和目标元件中只有低 8 位有效；OFF 为 16 位操作模式，在各源和目标元件中均 16 位有效

注*1：在 RUN→STOP 或 RS 指令为 OFF 时清除；*2：停电保持；*3：在 RUN→STOP 时清除。

应用指令链接二：数据成批传送指令（BMOV）

在通信过程中对于多个数据的传输，可利用数据成批传送指令 BMOV 实现集中快速传输。数据成批传送指令 BMOV 的格式及功能如下。

FNC 15—BMOV/成批传送

概要

对指定的多个数据进行成批传送（复制）。

1．命令格式

FNC 15 BMOV P	16位指令	指令符号	执行条件	16位指令	指令符号	执行条件
BLOCK MOVE	7步	BMOV / 连续执行型 BMOVP 脉冲执行型			—	

2．设定数据

操作数种类	内　容	数据类型
（S.）	传送源数据或保存数据的软元件	BIN 16 位
（D.）	传送目标的软元件编号	BIN 16 位
n	传送点数（包括文件寄存器）（n≤512）	BIN 16 位

3．对象软元件

操作数种类	位软元件 系统.用户						字软元件 位数指定				字软元件 系统.用户				特殊模块	变址		其他 常数		实数	字符串	指针
	X	Y	M	T	C	S	D□.b	KnX	KnY	KnM	KnS	T	C	D	R	U□\G□	V	Z	修饰	K	H	E	"□"	P
（S.）								●	●	●	●	●	●	●	●	●			●					
（D.）									●	●	●	●	●	●	●	●			●					
n														●						●	●			

如图 6-1-10 所示为 BMOV 指令的梯形图格式，其执行的功能和效果由右侧执行结果示意图表示。图（a）表示将以源指定软元件开头的 n 点数据向目标指定的软元件开头的 n 点软元件传送；图（c）是带有位指定的位元件间数据的成批传送，源和目标指定位元件具有相同的位数，其执行结果分别如图（b）和（d）所示。

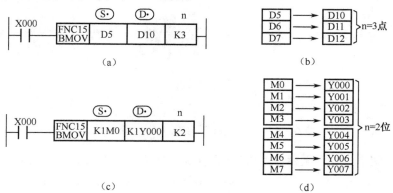

图 6-1-10　BMOV 指令格式

如图 6-1-11（a）所示为 BMOV 的拓展应用，通过特殊辅助继电器 M8024 控制实现数据的正反向传送。M8024 为 ON 时反向传送，为 OFF 时正向传送。示例中特殊辅助继电器 M8001 为运行 OFF 状态标志，实现 PLC 在由 RUN→STOP 状态时对 M8024 复零。

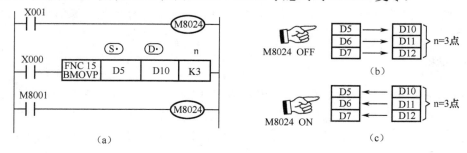

图 6-1-11　BMOV 指令的数据双向传送方法

三、基于 RS-485-BD 通信扩展卡实现的计算机 1：N 链接功能

根据 PLC 系列类型选用相应的 RS-485 扩展设备，可按如图 6-1-9 所示的连接方式构成一

台个人 PC 与一台或多台（最多不超过 16 台）同一系列或不同系列 PLC 间建立 1：N 的通信系统。基于 RS-485 进行数据通信的 1：N 系统中，个人 PC 不是直接与每台 PLC 连接的，而是作为通信系统的主站，每台 PLC 作为从站形式，采用专用协议可实现生产线的分散控制和集中管理，如图 6-1-12 所示。

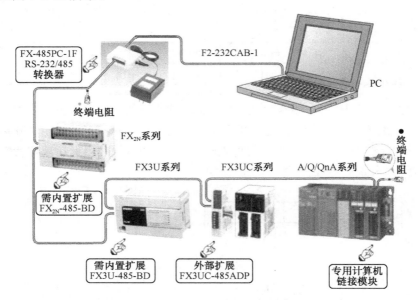

图 6-1-12　PC 与 PLC 构成的 1：N 通信系统

上述通信系统中，由于采用 RS-485-BD 板卡可实现的最大通信连接距离仅有 50m。当系统中的 FX1S/FX1N 内置扩展通信板卡 FX1N-485BD 采用功能扩展板卡 FX1N-CNV-BD+特殊功能适配器 FX3UC-485ADP 替代，FX3U 中的内置扩展板卡 FX3U-485-BD 用功能扩展板 FX3U-CNV-BD+特殊功能适配器 FX3UC-485ADP 替代时，实现的最大通信距离可达 500m。RS-485-BD 板卡间的连接导线采用可屏蔽双绞线，接线端子需进行压接方式处理。

MX Component 是三菱公司开发的计算机与三菱 PLC 连接的通信软件，该软件由建立通信连接路径的 Commumication Setup Utility 组件和 PLC Monitor Utility 数据监控组件构成。通过软件逻辑站的建立可以实现一台计算机与多台 PLC 间的计算机链接通信功能，适时监控 PLC 运行数据。

思考与训练

（1）网络搜索并下载 FX-USB-AW（RS-422/USB 转换器）单元的 USB 驱动程序，阅读使用说明书（readme.txt）并练习安装。

（2）网络搜索并下载三菱 FX3U 系列 PLC 的 RS-232-BD、RS-422-BD 及 RS-485-BD 的使用说明书，简要了解三种通信标准的区别。

任务二　PLC 的并行链接通信方式的实现

任务目的

　　1. 熟悉两台 PLC 间实现 1：1 并行通信的链接方式，熟悉 1：1 并行通信系统的连接方式。

　　2. 熟悉并行链接通信的普通模式与高速模式的区别，如实现方法。

　　想一想： 除 PLC 与 PC 间可实现通信外，两台 PLC 间如何进行通信，通信参数如何设置？

专业技能培养与训练二：两台 PLC 并行通信的认识与设备安装

　　如图 6-2-1 所示为两台 FX3U 系列 PLC 基本单元通过通信接口扩展板卡 FX3U-485-BD 连接进行通信的示意图。两台 FX 系列 PLC 通过通信接口进行直接链接实现 1：1 的通信方式称为并行链接。

　　在并行链接的两台 FX 系列 PLC 的基本单元中，只须通过程序指定主站和从站便可实现主、从站间的简单数据通信。两站点间的用于通信的位软元件（50～100 点）和字软元件（10 点）自动进行数据链接，通过分配给各自站点的软元件可以方便地掌握对方站点的相关元件的状态及数据寄存器的存储信息。

　　并行链接有如图 6-2-1 所示的单对线连接方式和如图 6-2-2 所示的双对线连接方式两种。将图中通信用内置扩展板卡 FX3U-485-BD 用特殊功能适配器 FX3U$_C$-485ADP+FX3U-CNV-BD 替代，在保证有效接地措施的前提下，采用可屏蔽双绞线进行连接可实现远距离通信。

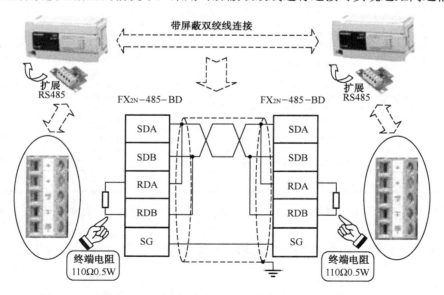

图 6-2-1　两台 FX3U 可编程控制器 1:1 并行通信单对线连接示意图

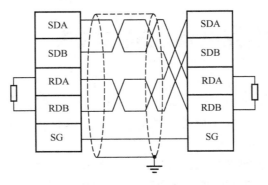

图 6-2-2　并行 1:1 通信双对线连接示意图

两台 PLC 实现并行通信须满足以下两条件之一：①为同一系列 PLC，如同为 FX3U、FX1S 或 FX2N 等；②不同系列间的组合，只有在 FX3U 与 FX3UC、FX2N 与 FX2NC 间实现此类并行通信。

两台 FX3U 系列 PLC 间并行通信的设备安装步骤：①参照任务一中 RS-232-BD 的安装方法分别在主、从站 PLC 基本单元内部安装 RS-485-BD 卡；②将 RS-485-BD 的附件电阻（110Ω/0.5W）按图示位置连接在 RDA 和 RDB 两端间；③在扩展端口引出端采用带屏蔽层的双绞线按单对线方式进行连接，注意屏蔽层要求接公共地。

知识链接二：主、从站的设置与并行通信模式

FX3U 系列 PLC 并行链接时，必须设置表 6-2-1 中所列的特殊辅助继电器及数据寄存器。

表 6-2-1　并行链接设置的特殊软元件

类别	软元件号	名称	内容
特殊辅助继电器	M8070	设定并行链接主站点	置 ON 时，作为主站链接
	M8071	设定并行链接从站点	置 ON 时，作为从站链接
	M8078	并行链接通道的设置	设定要使用的通信口通道（FX3U、FX3UC） OFF：通道 1　　ON：通道 2
	M8162	高速通信模式选择设置	M8162 置 ON 时，并行链接采用高速模式
数据寄存器	D8070	判断出错时间（单位 ms）	设定判断并行链接数据通信出错的时间（初始值为 500ms）
特殊辅助继电器	M8072	并行链接运行中的状态	在并行链接运行时置 ON
	M8073	并行链接操作主/从站设定异常	主站或从站的设定内容中存在不正确设置时置 ON
	M8063	并行链接出错	通信出错时置 ON

判断并行链接出错用的软元件在通信程序中作为状态输出，在顺控程序中作为互锁等使用。

PLC 间的并行链接通信方式分为普通模式和高速模式两种，不同模式下对主、从站的设置方法不同。

一、并行链接通信的普通模式

在并行链接通信方式中，当特殊辅助继电器 M8162 处于 OFF 状态时为普通模式并行链接通信。普通模式下参与通信的软元件及主、从站间数据流的方向如图 6-2-3 所示。

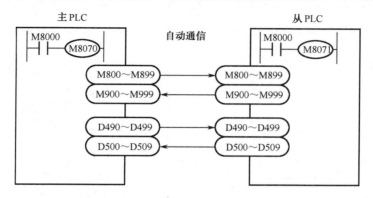

图 6-2-3　并行链接通信方式——普通模式

普通模式下通信专用数据寄存器的用法和通信时间参数见表 6-2-2。

表 6-2-2　普通模式主、从站通信元件

PLC 系列		FX3U、FX3UC、FX2N、FX2NC、FX、FX2C	FX1S、FX0N
通信软元件及数据流向	主站→从站	M800 到 M899（100 点）	M400 到 M449（50 点）
		D490 到 D499（10 点）	D230 到 D239（10 点）
	从站→主站	M900 到 M999（100 点）	M450 到 M499（50 点）
		D500 到 D599（10 点）	D240 到 D249（10 点）
通信时间		70（ms）+主扫描时间（ms）+从扫描时间（ms）	

在 1：1 的普通模式下，FX3U、FX3UC、FX2N、FX2NC、FX2C 系列可编程控制器的数据通信是通过 100 个辅助继电器和 10 个数据寄存器完成的；FX1S、FX0N 系列可编程控制器的数据通信是通过 50 个辅助继电器和 10 个数据寄存器完成的。

普通模式下的通信示例：如图 6-2-1 所示的两台 FX3U 系列 PLC 基本单元、RS-485-BD 扩展板卡及屏蔽双绞线构成通信系统。

系统通信控制：主站点与从站点间通信控制的梯形图分别如图 6-2-4（a）、（b）所示。通信用程序分主、从站点程序，两程序段的通信功能的实现是由相对应的站点定义、数据传送指令等构成的。主、从站点通信程序回路块①：在 PLC 运行状态下，可将主站点 PLC 的输入继电器 X000～X007 的状态信息，通过通信用辅助继电器 M800～M807 对应传送到从站 PLC 输出继电器 Y000～Y007 中。回路块②：当主站点 D0 与 D2 相加的结果通过通信用数据寄存器 D490 与从站点的 K100 进行比较时，结果通过辅助继电器 M10、M11 及 M12 反映，当 D490 中的数据不大于 K100 时，从站点的 Y010 有输出。回路块③：将从站点 PLC 的 M0～M7 的 ON/OFF 状态通过 M900～M907 反送到主站点，用于控制主站点 PLC 的 Y000～Y007 输出。回路块④：在 X010 按钮按下时，利用通信用数据寄存器 D500 将从站点数据寄存器 D10 中的

数值反送到主站点，用于设定主站点定时器 T0 的时间值。

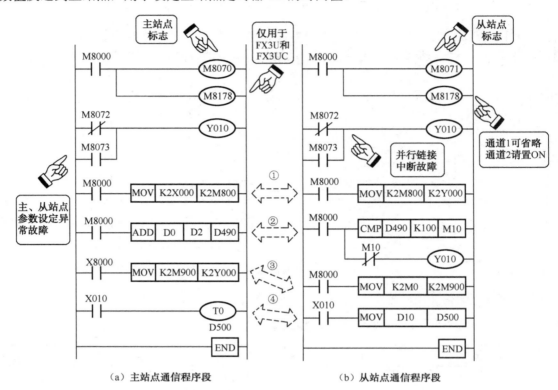

（a）主站点通信程序段　　　　（b）从站点通信程序段

图 6-2-4　普通模式并行链接通信方式主、从站通信控制梯形图

FX3U 及 FX3UC 系列 PLC 在普通模式下支持"FUN 81 PRUN"实现八进制位传送。"FUN 81 PRUN"指令功能及用法可参阅三菱 FX 系列的编程手册或相关书籍。

二、并行链接通信的高速模式

当特殊辅助继电器 M8162 设置为 ON 状态时，并行链接通信为高速模式。高速模式下参与通信的软元件及主、从站间数据流的方向如图 6-2-5 所示。

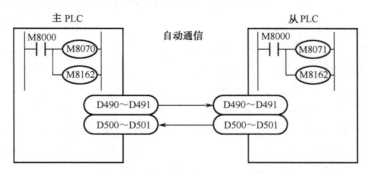

图 6-2-5　并行链接通信方式——高速模式

高速模式下主、从站通信专用数据寄存器的用法和通信的时间参数见表 6-2-3。

表 6-2-3　高速模式主、从站通信元件表

PLC 系列区分		FX3U、FX3UC、FX2N、FX2NC、FX1N、FX、FX2C	FX1S、FX0N
通信软元件	主站→从站	D490 到 D491（2 点）	D230 到 D231（2 点）
及数据流向	从站→主站	D500 到 D501（2 点）	D240 到 D241（2 点）
通信时间		20（ms）+主扫描时间（ms）+从扫描时间（ms）	

高速模式参与数据通信的数据寄存器的点数明显少于普通模式，但通信时间节省 50ms。高速模式下的通信示例如图 6-2-6 所示。

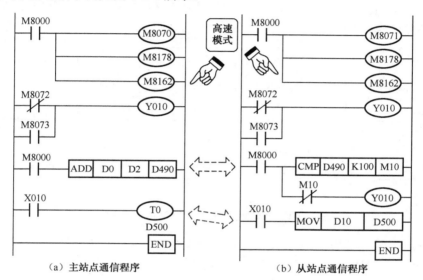

（a）主站点通信程序　　　　　　　　（b）从站点通信程序

图 6-2-6　高速模式并行通信方式主、从站点的通信梯形图

采用并行高速模式，主、从站均须驱动各自的特殊功能辅助继电器 M8162，利用 M8070 和 M8071 分别对应设定主、从站点，如图 6-2-6 所示，该通信任务仅实现了上述普通模式运用实例中的回路块②、回路块④的通信功能。因高速模式仅有表中所列的 4 点通信软元件，若要实现回路块①和回路块③的功能则需采取分时传送。

思考与训练

（1）结合普通模式主、从站通信梯形图，试完成结合相关指令完成对主站 D0、D1 的赋值；从站设置中设置 M0～M7 状态设置及对 D500 的赋值，进行通信程序的调试。

（2）结合上题，试完成高速模式的通信任务的程序调试。

任务三　PLC 间 N : N 通信网络的实现

**任务目的**

1. 了解三菱 PLC 的 N : N 通信网络的构成方式、通信状态标志及专用特殊数据寄存器的功能。

2. 通过示例了解三菱 PLC 的 N∶N 通信网络的参数设置和数据传输的方法，了解 ADD 指令格式，熟悉 MOV 和 ADD 指令的用法。

知识连接三：PLC 间 N∶N 通信网络的组成

一、N∶N 网络的构建方法

两台 PLC 间可建立 1∶1 通信网络，而多台如 FX3U、FX2N、FX1N 等系列可编程控制器间的数据传输可建立在 N∶N 的基础上，相互间只需简单的程序即可进行一定规模的数据通信。N∶N 通信网络建立在 RS-485 通信标准上，支持波特率 38400bps，最多可以链接 8 台 FX 系列 PLC。N∶N 网络的构建如图 6-3-1 所示。

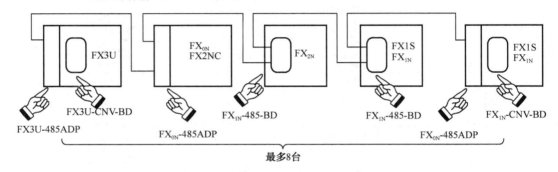

图 6-3-1　PLC 间 N∶N 通信网络构成示意图

各站点的分配有与工作方式相对应的位软元件和字软元件，通过这些软元件可以了解相互各站点软元件的 ON/OFF 状态及数据寄存器的数值。

二、PLC 间 N∶N 网络通信软元件及参数设置的方法

1. 网络专用辅助继电器（见表 6-3-1）

表 6-3-1　网络通信专用辅助继电器

辅助继电器		特性	名称	描述	响应类型
FX0N FX1S	FX1N、FX2N、FX2NC、 FX3U、FX3UC				
M8038		只读	参数设置	用于设置 N∶N 网络参数标志	主、从站点
M8179		只读	通道设置	在 FX3U 及 FX3UC 设置通道 M8179 置 ON 时采用通道 2	主、从站点
D8176		只读	站点号设置	用于设置自身的站点号	主、从站点
D8177		只读	总从站点数设置	用于设置从站点总数	主站点
D8178		只读	刷新范围设置	用于设置刷新范围	主站点
D8179		读/写	重试次数设置	用于设置重试次数	主站点
D8180		读/写	通信超时设置	用于判断通信异常的时间	主站点
M504	M8183	只读	主站点的通信错误	当主站点产生通信错误时置 ON	从站点

续表

辅助继电器		特性	名称	描述	响应类型
FX0N FX1S	FX1N、FX2N、FX2NC、 FX3U、FX3UC				
M504～M511	M8184～M8190	只读	从站点的通信错误	当从站点产生通信错误时置 ON	主、从站点
M503	M8191	只读	数据通信	当与其他站点通信时置 ON	主、从站点

注：特殊辅助继电器与主、从站点的编号有对应关系，对于 FX0N、FX1S 系列，主站点 0 与 M504 对应，从站点 1～7 分别与 M505～M511 相对应；而对于 FX1N、FX3U、FX3UC 系列，主站点 0 与 M8183 对应，从站点 1～7 分别与 M8184～M8190 相对应。

在 N∶N 网络中 M504～M511 被定义为特殊功能用辅助继电器，同 M8183～M8190 的功能相对应，故在 FX0N、FX1S 系列 PLC 中不能定义其他用途。

各数据寄存器的参数设置方法与要求有以下几点。

① D8176——站点号设置。

设置范围为（0～7），0 对应主站点，1～7 对应从站点。在各站点梯形图程序中，利用 M8038 网络参数设置辅助继电器驱动指令 MOV 实现站点号的设置，设置方法及要求见表 6-3-2 示例。

表 6-3-2　三种模式下通信软元件范围

站点号	模式 0 FX0N、FX1S、FX1N、FX1NC、 FX2N、FX2NC、FX3U、FX3UC		模式 1 FX1N、FX1NC、FX2N、FX2NC、 FX3U、FX3UC		模式 2 FX1N、FX1NC、FX2N、FX2NC、 FX3U、FX3UC	
	位软元件（M）	字软元件（D）	位软元件（M）	字软元件（D）	位软元件（M）	字软元件（D）
	0 点	4 点	32 点	4 点	64 点	8 点
第 0 号	—	D0～D3	M1000～M1031	D0～D3	M1000～M1063	D0～D7
第 1 号	—	D10～D13	M1064～M1095	D10～D13	M1064～M1127	D10～D17
第 2 号	—	D20～D23	M1128～M1159	D20～D23	M1128～M1191	D20～D27
第 3 号	—	D30～D33	M1192～M1223	D30～D33	M1192～M1255	D30～D37
第 4 号	—	D40～D43	M1256～M1287	D40～D43	M1256～M1319	D40～D47
第 5 号	—	D50～D53	M1320～M1351	D50～D53	M1320～M1383	D50～D57
第 6 号	—	D60～D63	M1384～M1415	D60～D63	M1384～M1447	D60～D67
第 7 号	—	D70～D73	M1448～M1479	D70～D73	M1448～M1511	D70～D77

注：模式选择时应注意系统中 PLC 的系列要一致，否则未包含系列的 PLC 运行时会出错。

② D8177——从站点总数设置。

设置范围为（0～7），默认值为 7（0 表示没有从站点），只需要在主站点设置，各从站点不需要设置。

③ D8178——刷新范围设置。

设置范围为（0、1、2），默认值为 0。设定值 0、1、2 分别对应于模式 0、模式 1、模式 2，3 种模式下分别分配给各站点的通信专用软元件与构成 N∶N 网络的 PLC 系列类别有关，见表 6-3-2。

④ D8179—设定重试次数。

设置范围为（0～10），默认值为 3。只需要在主站点通信程序中设置，各从站点均不需要设置。

⑤ D8180—设置通信超时。

设置范围为（5～255），默认值为 5。通信超时的持续时间为 D8180 所设参数乘以 10ms。

二、N∶N 通信网络应用示例的解读

通信网络的配置：以 3 台 FX3U-485-BD PLC 构成 N∶N 网络链接，要求：刷新模式 1，刷新范围为 32 点位软元件和 4 点字软元件。

1. 网络链接硬件部分

如图 6-3-2 所示为该网络构成示意图，3 台 PLC 通过 RS-485 通信扩展板卡端口接线如图 6-3-3 所示。

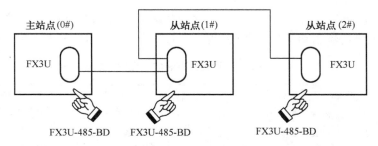

图 6-3-2　三台 FX3U 系列 PLC 构成构成的 N∶N 网络链接示意图

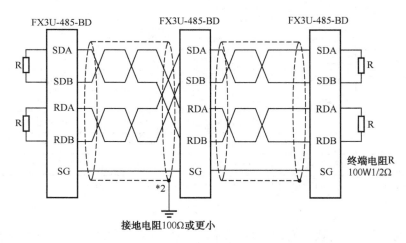

图 6-3-3　三台 FX3U 系列 PLC 构成的 N∶N 网络系统接线示意图

2. 站点通信参数设置与数据通信程序

主站点参数设置的程序段需要完成主站点号和从站点总数的定义及对刷新范围、重试次数和通信超时等参数的设置。设置方法如图 6-3-4 所示。

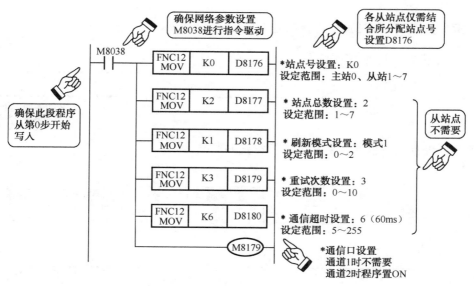

图 6-3-4　N：N 网络参数设置程序段

以上设置须在主站点程序的第 0 步开始，利用 N：N 网络参数设置专用辅助继电器 M8038 进行数据移位指令的驱动，此位置的 M8038 常开触点在 PLC 运行或上电时自动生效。

主站点 0 用于实现网络通信的程序段如图 6-3-5 所示。

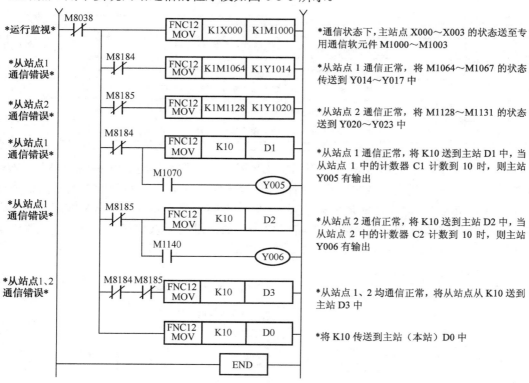

图 6-3-5　N：N 网络主站点通信程序

应用指令链接三：BIN 加法运算指令（ADD）

ADD 指令格式及功能说明如下。

FNC20—ADD/BIN 加法运算

概要

对两个值进行加法运算（A+B=C）后得出的结果。

1．命令格式

2．设定数据

操作数种类	内容	数据类型
（S1.）	加法运算的数据或是保存数据的字软元件编号	BIN 16/32 位
（S2.）	加法运算的数据或是保存数据的字软元件编号	BIN 16/32 位
（D.）	保存加法运算结果的字软元件编号	BIN 16/32 位

3．对象软元件

操作数种类	位软元件 系统.用户						字软元件 位数指定				系统.用户				特殊模块	变址		修饰	其他 常数		实数	字符串	指针
	X	Y	M	T	C	S	D□.b	KnX	KnY	KnM	KnS	T	C	D	R	U□\G□	V	Z	修饰	K	H	E	"□"	P
（S.）									●	●	●	●	●	●	●	●	●	●	●	●	●			
（D.）									●	●	●	●	●	●	●	●	●	●	●					
n									●	●	●	●			●		●	●	●	●	●			

如图 6-3-6 所示为 ADD 指令的梯形图模式与用法，该指令实现功能：将两个（S1.）、（S2.）指定的源数据采用二进制代数求和后送到目标位置（D.）处，各二进制数据的最高位为符号位，正为 0、负为 1。运算结果会影响标志位：当运算结果为 0 时，零标志 M8020 置 1；当运算结果超过 32767（16 位）或 2147483647（32 位）时，进位标志 M8022 置 1；当运算结果小于-32768（16 位）或-2147483648（32 位）时，借位标志 M8021 置 1。

（a）16位加法指令　　　　　　　　　（a）16位加法指令的执行

（b）32位加法指令　　　　　　　　　（b）32位加法指令的执行

图 6-3-6　二进制加法 ADD 指令格式及运算规则

进行 32 位运算时，（S1.）、（S2.）指定字软元件地址用于存放数据的低 16 位，而高 16 位数据对应存放于指定的地址号+1 的数据寄存器中。为防止编号重复，可结合示例将软元件编号指定为偶数。该指令允许将源元件和目标元件指定为相同的编号，若为连续执行型方式则每个扫描周期均会导致结果发生变化。

如图 6-3-7 所示的顺控梯形图 ADD 指令采用脉冲执行方式，当每出现一次 X000 由 OFF →ON 变化时，（D.）的内容被加 1。这与三菱的 INC（P）指令（可参阅手册或相关书籍）相似，所不同的是该指令会影响零、借位及进位标志。

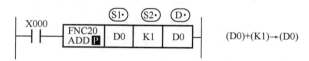

图 6-3-7　脉冲执行型加法运算

如图 6-3-8 所示梯形图为网络从站点 1 的参数设置和进行网络通信的程序段。

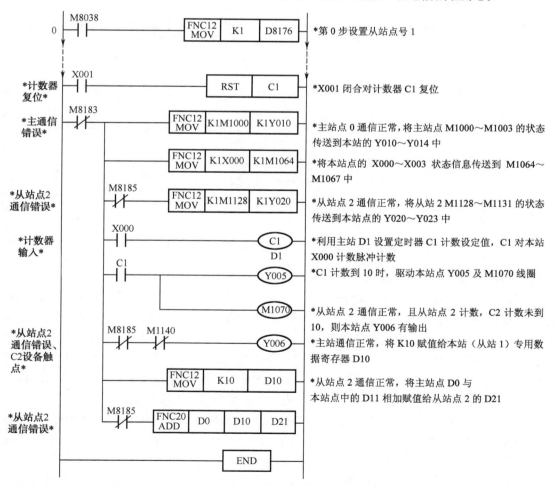

图 6-3-8　从站点 1 的参数设置及通信程序

如图 6-3-9 所示梯形图为网络从站点 2 的参数设置和进行网络通信的程序段。

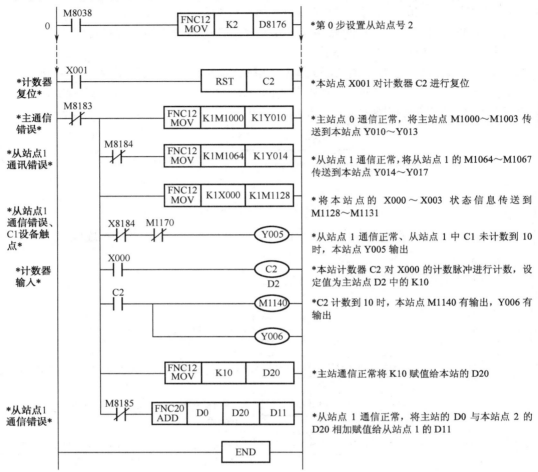

图 6-3-9　从站点 2 的参数设置及通信程序

通过分析上述 N:N 网络通信系统，其具有的功能如下。

（1）通过分配的主站点专用辅助继电器 M1000～M1003，将主站点 0 的 X000～X003 输入继电器状态信息对应传送到从站点号 1 和 2 的输出继电器 Y010～Y013 中；也就是采用网络通信通过站点 1、2 可以反映出主站点的输入信息。

（2）通过分配的从站点 1 的专用辅助继电器 M1064～M1067，将从站点 1 的 X000～X003 输入继电器状态信息对应传送到主站点 0 的 Y010～Y013 输出继电器和从站点 2 的 Y014～Y017 输出继电器中；同样可通过主站点 0 和从站点 2 反映从站点 1 的输入信息。

（3）通过分配的从站点 2 的专用辅助继电器 M1128～M1131，将从站点 2 的 X000～X003 输入继电器状态信息对应传送到主站点 0 和从站点 1 的 Y020～Y023 输出继电器中；同样通过主站点 0 和从站点 1 能够反映从站点 2 的输入信息。

（4）利用分配给主站点的数据寄存器 D1、D2 分别对从站点 1、2 中的 C1、C2 进行参数设置；并通过分配给从站点 1 的 M1170 将从站点 C1 的计数器工作状态传送到主站点 0 和从站点 2 中；通过分配给从站点 2 的 M1140 将从站点 C2 的计数器工作状态传送到主站点 0 和从站点1中。

（5）利用分配给主站点的数据寄存器D0～D4，从站点1的D10、D11及从站点2的D20、D21能够进行主站点0、从站点1及从站点2间的数据交换。

任务四　三菱FX系列PLC与变频器通信应用实例

任务目的

1. 通过本任务进一步拓展对PLC通信技术的应用认知，了解三菱FX3U系列PLC与变频器RS-485接口的通信控制方法。

2. 熟悉FX3U系列PLC的变频器通信（FNC270～274）指令的格式及用法，通过对PLC与变频器的通信程序的解读，熟悉两者的通信控制方法。

想一想：模块四中讨论了PLC对变频器的控制端施加开关信号实现多段速控制的方法，该方式中变频器的运行频率是通过手动参数设置实现的。现代控制设备中常需要根据控制过程中现场采集相关的信息进行运算，再由运算结果对设备运行频率进行控制，多段速控制方式不能满足该要求，那么如何利用PLC实现对变频器运行过程中频率的控制？

如图6-4-1所示为三菱FX3U系列PLC与三菱变频器实现通信控制的连接示意图。E500和S500系列是三菱公司在我国推广的最具代表性的变频器产品系列，除此还有A500系列、F500系列、F700系列等。FX3U与变频器的PU端口通信可通过FX3U-485-BD或FX3Uc-485ADP（需配套FX3U-CNV-BD）实现，一台PLC最多可与8台变频器进行通信链接。

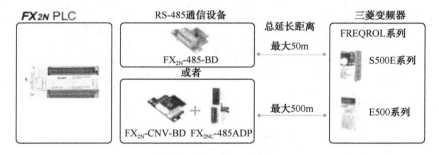

图6-4-1　FX3U系列PLC与变频器通信连接示意图

知识链接四：FX3U系列PLC变频器通信指令的认知训练

在PLC与三菱变频器的通信控制中，对变频器工作方式的控制是通过PLC发送控制指令实现的。区别于其他FX系列PLC的变频器通信控制，由于增添了专用PLC与变频器通信指令使得FX3U与变频器间的通信控制变得非常简单。以下首先介绍相关指令格式，用法结合运用实例分析予以理解。

应用指令链接四：变频器运行监视指令（IVCK）

变频器运行监视指令IVCK的格式和功能如下。

FNC270—IVCK/变频器运行监视

概要

使用变频器一侧的计算机连接运行功能，在 PLC 中读出变频器的运行状态（版本不同适用变频器也不同）。

1. 命令格式

| | | FNC 270
IVCK
INVERTER CHECK | 16位指令
9步 | 指令符号
IVCK | 执行条件
连续执行型 | 32位指令 | 指令符号
— | 执行条件
— |

2. 设定数据

操作数种类	内容	数据类型
（S1.）	变频器站号（0～31）	BIN 16 位
（S2.）	变频器的指令代码	BIN 16 位
（D.）	保存读出值的软元件编号	BIN 16 位
n	使用的通道（K1：通道 1；K2：通道 2）	BIN 16 位

3. 对象软元件

操作数种类	位软元件						字软元件										其他				
	系统.用户						位数指定				系统.用户			特殊模块	变址			常数	实数	字符串	指针
	X	Y	M	T	C	S	D□.b	KnX	KnY	KnM	KnS	T	C	D	R	U□\G□	V	Z	修饰	K	H	E	"□"	P
（S1.）														●	●	●			●	●	●			
（S2.）														●	●	●			●	●	●			
（D.）									●	●	●			●	●	●			●	●	●			
n																				●	●			

IVCK 指令的梯形图格式如图 6-4-2 所示

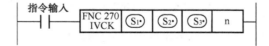

图 6-4-2　变频器运行监视指令 IVCK 指令格式

变频器运行监视指令 IVCK 所涉对象的指令代码见表 6-4-1。

表 6-4-1　变频器运行监视指令 IVCK 所涉对象的指令代码表

（S2.）中指定的变频器 指令代码	读出的内容	适用的变频器						
		F700	A700	V500	F500	A500	E500	S500
H7B	操作模式	○	○	○	○	○	○	○
H6F	输出频率（速度）	○	○	○	○	○	○	○

续表

（S2.）中指定的变频器指令代码	读出的内容	适用的变频器						
		F700	A700	V500	F500	A500	E500	S500
H70	输出电流	○	○	○	○	○	○	—
H71	输出电压	○	○	○	○	○	—	—
H72	特殊监视	○	○	○	○	○	—	—
H73	特殊监视选择号	○	○	○	○	○	○	○
H74	故障内容	○	○	○	○	○	○	○
H75	故障内容	○	○	○	○	○	○	○
H76	故障内容	○	○	○	○	○	○	—
H77	故障内容	○	○	—	○	○	—	—
H79	变频器状态监控（扩展）	○	○	○	○	○	○	○
H7A	变频器状态监控	○	○	○	○	○	○	○
H6E	读取设定频率（E2PROM）	○	○	○	○	○	○	○
H6D	读取设定频率（RAM）	○	○	○	○	○	○	○

变频器通信专用辅助继电器及数据寄存器见表6-4-2。

表6-4-2 变频器通信专用软元件

特殊辅助继电器			特殊数据寄存器		
编号		内容	编号		内容
通道1	通道2		通道1	通道2	
M8029		指令执行结束	D8063	D8438	串行通信出错代码
M8063	M8438	串行通信出错（通道1）	D8150	D8155	变频器通信响应等待时间
M8151	M8156	变频器通信中	D8151	D8156	变频器通信中步编号
M8152	M8157	变频器通信出错	D8152	D8157	变频器通信错误代码
M8153	M8158	变频器通信出错锁定	D8153	D8158	变频器通信出错步的锁定
M8154	M8159	IVBWR指令出错	D8154	D8159	IVBWR指令出错参数设为ON

应用指令链接五：变频器运行控制指令（IVDR）

变频器运行控制指令IVDR的格式和功能如下。

FNC271—IVDR/变频器的运行控制

概要

使用变频器一侧的计算机连接运行功能，通过PLC中写入变频器运行所需的控制值。

1．命令格式

FNC 271 IVDR INVERTER DRIVE	16位指令　9步　指令符号 IVDR　执行条件 — 连续执行型	32位指令　指令符号 — 执行条件 —

2．设定数据

操作数种类	内容	数据类型
（S1.）	变频器站号（0～31）	BIN 16 位
（S2.）	变频器的指令代码	BIN 16 位
（S3.）	写入到变频器参数中的设定值，或是保存设定数据的软元件编号	BIN 16 位
n	使用的通道（K1：通道 1；K2：通道 2）	BIN 16 位

3．对象软元件

操作数种类	位软元件 系统.用户						字软元件 位数指定				字软元件 系统.用户			特殊模块	变址		其他 常数		实数	字符串	指针
	X	Y	M	T	C	S D□.b	KnX	KnY	KnM	KnS	T	C	D R	U□\G□	V Z	修饰	K	H	E	"□"	P
（S1.）													● ●	●		●	●	●			
（S2.）													● ●	●		●	●	●			
（S3.）							●	●	●	●			● ●	●		●					
n																	●	●			

IVDR 指令的梯形图格式如图 6-4-3 所示。

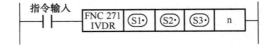

图 6-4-3　变频器运行控制 IVDR 指令格式

变频器运行控制指令 IVDR 所涉指令代码见表 6-4-3。

表 6-4-3　变频器运行控制指令所涉指令代码表

（S2.）中指定的变频器 指令代码	写入的内容	适用的变频器						
		F700	A700	V500	F500	A500	E500	S500
HFB	操作模式	○	○	○	○	○	○	○
HF3	特殊监视的选择号	○	○	○	○	○	○	○
HF9	运行指令（扩展）	○	○	—	—	—	—	—
HFA	运行指令	○	○	○	○	○	○	○
HEE	写入设定频率（E2PROM）	○	○	○	○	○	○	○
HED	写入设定频率（RAM）	○	○	○	○	○	○	○
HFD	变频器复位	○	○	○	○	○	○	○
HF4	故障内容的成批清除	○	○	—	○	○	○	○
HFC	参数的全部清除	○	○	○	○	○	○	○

应用指令链接六：变频器参数读取指令（IVRD）

变频器参数读取指令 IVRD 的格式和功能如下。

FNC272—IVRD/读取变频器的参数

概要

使用变频器一侧的计算机连接运行功能，通过 PLC 读取变频器参数的指令值。

1．命令格式

| FNC 272 IVRD INVERTER READ | 16位指令 9步 | 指令符号 IVRD — | 执行条件 连续执行型 | 32位指令 — | 指令符号 — | 执行条件 — |

2．设定数据

操作数种类	内容	数据类型
(S1.)	变频器站号（0~31）	BIN 16 位
(S2.)	变频器的参数编号	BIN 16 位
(D.)	保存读出值的软元件编号	BIN 16 位
n	使用的通道（K1：通道 1；K2：通道 2）	BIN 16 位

3．对象软元件

操作数种类	位软元件 系统.用户						字软元件 位数指定				系统.用户			特殊模块	变址			其他 常数		实数	字符串	指针
	X	Y	M	T	C	S	D□.b	KnX	KnY	KnM	KnS	T	C	D	R	U□\G□	V	Z	修饰	K	H	E	"□"	P
(S1.)														●	●	●			●	●	●			
(S2.)														●	●	●			●	●	●			
(D.)														●	●	●			●					
n																				●	●			

IVRD 指令的梯形图格式如图 6-4-4 所示。

图 6-4-4　变频器参数读取 IVRD 指令格式

应用指令链接七：变频器参数写入指令（IVWR）

变频器运行监视指令 IVWR 的格式和功能如下。

FNC273—IVWR/写入变频器的参数

概要

使用变频器一侧的计算机连接运行功能，写入变频器参数的指令。

1. 命令格式

| FNC 273 IVWR INVERTER WRITE | 16位指令 9步 | 指令符号 IVWR — | 执行条件 连续执行型 | 32位指令 | 指令符号 — | 执行条件 — |

2. 设定数据

操作数种类	内容	数据类型
(S1.)	变频器站号（0～31）	BIN 16 位
(S2.)	变频器的参数编号	BIN 16 位
(S3.)	向变频器中写入的设定值，或是保存设定数据的软元件编号	BIN 16 位
n	使用的通道（K1：通道 1；K2：通道 2）	BIN 16 位

3. 对象软元件

操作数种类	位软元件						字软元件										其他			
	系统.用户						位数指定				系统.用户				特殊模块	变址			常数	实数	字符串	指针
	X	Y	M	T	C	S	D□.b	KnX	KnY	KnM	KnS	T	C	D	R	U□\G□	V	Z	修饰	K	H	E	"□"	P
(S1.)													●	●	●			●	●	●			
(S2.)													●	●	●			●	●	●			
(S3.)													●	●	●			●	●	●			
n																			●	●			

IVWR 指令的梯形图格式如图 6-4-5 所示。

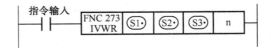

图 6-4-5　变频器参数写入 IVWR 指令格式

应用指令链接八：变频器参数成批写入指令（IVBWR）

变频器参数成批写入指令 IVBWR 的格式和功能如下。

FNC274—IVBWR/成批写入变频器的参数

概要

使用变频器一侧的计算机连接运行功能，成批写入变频器参数的指令。

1. 命令格式

	16位指令	指令符号	执行条件	32位指令	指令符号	执行条件
FNC 274 IVBWR	9步	IVBWR –	▨ 连续执行型		–	–

INVERTER BLOCK WRITE

2. 设定数据

操作数种类	内容	数据类型
(S1.)	变频器站号（0~31）	BIN 16 位
(S2.)	变频器的参数写入个数	BIN 16 位
(S3.)	写入到变频器中参数表的起始软元件编号	BIN 16 位
n	使用的通道（K1：通道 1；K2：通道 2）	BIN 16 位

3. 对象软元件

操作数种类	位软元件 系统.用户						字软元件 位数指定				系统.用户		特殊模块	变址		常数		实数	字符串	指针
	X	Y	M	T	C	S	D□.b	KnX	KnY	KnM	KnS	T C	D	R	U□\G□	V	Z	修饰	K	H	E	"□"	P

操作数种类	X	Y	M	T	C	S	D□.b	KnX	KnY	KnM	KnS	T	C	D	R	U□\G□	V	Z	修饰	K	H	E	"□"	P
(S1.)													●	●					●	●	●			
(S2.)													●	●		●			●	●	●			
(S3.)													●	●		●			●					
n																				●	●			

IVBWR 指令的梯形图格式，如图 6-4-6 所示。

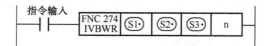

图 6-4-6 变频器参数成批写入 IVBWR 指令格式

变频器参数成批写入指令的格式及参数说明见表 6-4-6。

表 6-4-4 变频器参数成批写入指令 IVBWR 数据传输方式

软元件	写入的参数编号及设定值		说明
(S3.)	第 1 个	参数编号	
(S3.) +1		设定值	
(S3.) +2	第 2 个	参数编号	
(S3.) +3		设定值	
...	...	...	(S2.)：写入参数的个数
(S3.) +2 (S2.) -2	第 (S2.) -1 个	参数编号	(S3.)：数据表格起始
(S3.) +2 (S2.) -1		设定值	软元件的编号
(S3.) +2 (S2.)	第 (S2.) 个	参数编号	
(S3.) +2 (S2.) +1		设定值	

注意：以上变频器通信指令（FNC 270～FNC 274）不能和 RS（FNC 80）、RS2（FNC 87）指令用于同一端口编程，但变频器通信指令（FNC 270～FNC 274）可以在同一端口同时对多台变频器实施驱动。

专业技能培养与训练三：三菱变频器 PU 通信端口的识别与通信参数的设置训练

一、三菱变频器 PU 通信端口的识别

拆卸下变频器前盖面板或辅助面板，观察三菱变频器 RS-485 通信端口。三菱系列变频器的 RS-485 通信端口及功能端排列顺序如图 6-4-7 所示，各功能端的名称和用途见表 6-4-5。

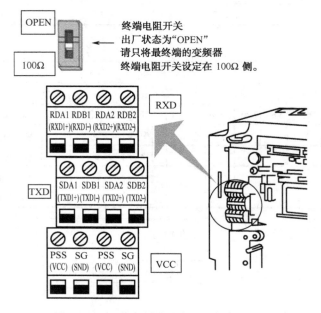

图 6-4-7　三菱变频器 RS-485 端口分布图

表 6-4-5　变频器 RS-485 各功能端定义

端口分布		名称	内容	端口分布		名称	内容
RXD	①	RDA1	接收数据端+	VCC	③	P5S	VCC+5V
	②	RDB1	接收数据端-		④	SG	电源接地端
	③	RDA2	接收数据端+（分支用）	TXD	①	SDA1	发送数据端+
	④	RDB2	接收数据端-（分支用）		②	SDB1	发送数据端--
VCC	①	P5S	VCC+5V		③	SDA2	发送数据端+（分支用）
	②	SG	电源接地端		④	SDB2	发送数据端-（分支用）-

三菱 FX3U 系列 PLC 与多台变频器的 RS-485 通信口的连接如图 6-4-8 所示，FX3U 通信板卡 FX3U-485-BD 与变频器 RS-485 通信口各功能端的连接方法见表 6-4-6。

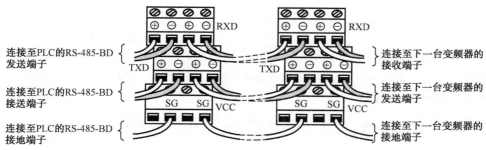

图 6-4-8　三菱变频器 RS-485 通信连接示意图

表 6-4-6　通信功能端的连接

FX3U-485-BD	变频器①RS-485 端口	变频器②RS-485 端口
RDA	SDA1	RDA1
RDB	SDB1	RDB1
SDA	RDA1	SDA1
SDB	RDB1	SDB1
SG	SG	SG

二、三菱变频器的通信参数设置

在 PLC 与变频器 RS-485 端口间进行通信，必须对变频器进行初始通信参数的设定，如果没有进行初始设定或存在错误设定，数据将不能进行传输。在每次参数初始化设定完成时，均需要复位变频器，如果改变与通信相关的参数后，变频器没有复位，通信也将不能进行。三菱 A500\E500\F500\F700\A700 系列变频器的 RS485 通信参数设置要求和说明见表 6-4-7。

表 6-4-7　A500\E500\F500\F700\A700 系列变频器通信参数说明

参数种类	参数号	名称	设定值	说明
通信参数	Pr.331	RS-485 通信站号	0	设定变频器站号为 0
	Pr.332	RS-485 通信速率	96	设定波特率为 9600bps
	Pr.333	RS-485 通信停止位长	1	设定停止位 2 位，数据位 8 位
	Pr.334	奇偶校验有/无	2	设定为偶校验
	Pr.335	通信再试次数	1	即使发生通信错误，变频器也不停止
	Pr.336	通信校验时间间隔	0s	通信校验终止
	Pr.337	等待时间设定	9999	用通信数据设定
	Pr.341	CR、LF 有/无选择	1	选择有 CR 无 LF
	Pr.549	协议选择	0	三菱变频器（计算机连接）协议
模式参数	Pr.79	变频器工作模式	0/2	0 为外部/PU 切换模式，2 为外部操作模式
	Pr.340	通信启动模式选择	≠0	1、2、10、12 网络运行模式开始

三、三菱 PLC 的通信参数设置

利用编程工具软件 GX Developer 进行 PLC 通信参数的设置，进入 GX Developer 通信参数设置界面的方法如图 6-4-9 所示，在如图 6-4-10 所示的【FX 参数设置】对话框中须将通信参数与变频器参数设置为相同。

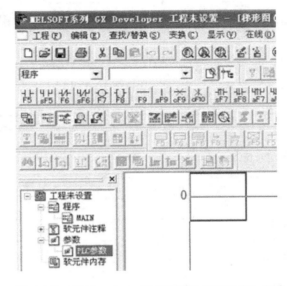

图 6-4-9　GX Developer 通信参数设置界面进入方法

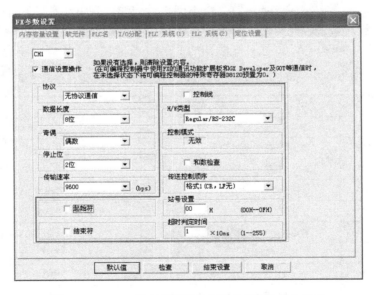

图 6-4-10　PLC 端变频器通信参数的设置方法与要求

四、变频器的状态控制指令与通信数据

三菱变频器的状态控制指令含状态代码和指令参数两部分，均采用十六进制数表示。

表 6-4-8 为三菱变频器的基本状态控制指令，当变频器接收到状态代码 HFA 及指令参数 H02 时进入正转状态。

表 6-4-8　三菱变频器的基本状态控制指令

序号	项目		读取/写入	指令代码	数据内容	数据位数
1	运行模式		读取	H7B	H0000：网络运行	4 位
			写入	HFB	H0001：外部运行 H0002：PU 运行	4 位
2	监视器	输出频率/转速	读取	H6F	H0000～HFFFF：输出频率单位为 0.01Hz [转速单位为 1r/min]	4 位
		输出电流	读取	H70	H0000～HFFFF：输出电流（十六进制）单位为 0.01A（55kW 以下）/0.1A（75kW 以上）	4 位
		输出电压	读取	H71	H0000～HFFFF：输出电压（十六进制）单位为 0.1V	4 位
		特殊监视器	读取	H72	H0000～HFFFF：根据命令 HF3 选择监视器数据	2 位
		特殊监视器选择代码	读取	H73	H01～H36：监视器选择数据（参考手册中的特殊监视器代码表）	2 位
			写入	HF3		4 位
		异常内容	读取	H74～H77	H0000～HFFFF：过去 2 次异常内容（参考手册中的异常数据表）	4 位
3	运行指令（扩展）		写入	HF9	能够设定反转及停止的控制输入指令	4 位
	运行指令		写入	HFA	H00 停止、H02 正转、H04 反转	2 位
4	变频器状态监视器（扩展）		读取	H79	监视正转、反转中及变频器运行中（RUN）的输出信号状态	4 位
	变频器状态监视器		读取	H7A		2 位
5	读取设定频率（RAM）		读取	H6D	H0000～HFFFF：设定频率单位为 0.01Hz、转速单位为 r/min	4 位
	读取设定频率（E^2PROM）		读取	H6E		2 位
	写入设定频率（RAM）		写入	HED	H0000～H9C40（0～400Hz），单位为 0.01Hz H0000～H270E（0～9998），单位为 r/min	4 位
	写入设定频率（RAM、E^2PROM）		写入	HEE		4 位
6	变频器复位		写入	HFD	H9696：变频器复位。计算机通信时变频器复位不返回数据	4 位
7	异常内容一揽子清除		写入	HF4	H9696：一揽子清除异常历史记录	4 位
8	参数全部清除		写入	HFC	使各参数返回出厂值，依据数据 H9696、H9966、H5A5A、H55AA 选择不同的清除形式，前两者清除后需要重新设置通信参数	4 位
9	参数		读取	H00～H63	根据需要实施写入和读取，设定 Pr.100 后的参数需要通过链接参数扩展设定	4 位
10	参数		写入	H80～HE3		4 位

续表

序号	项目	读取/写入	指令代码	数据内容	数据位数
11	链接参数扩展设定	读取	H7F	根据 H00～H09 的设定，进行参数内容的切换，设定值详见命令代码	2 位
		写入	HFF		2 位
12	第 2 参数切换（命令代码 HFF=1, 9）	读取	H6C	设定校正参数时，H00 设定参数的模拟值；H02 设定从端子输入的模拟量	2 位
		写入	HEC		2 位

五、PLC 与变频器通信用 PLC 程序识读

如图 6-4-11～图 6-4-13 所示为 FX3U 系列 PLC 与三菱变频器 INV 通信初始化程序段梯形图，分别为变频器复位与基本参数写入，变频器运转频率写入，变频器正转、反转和停止控制，以及变频器运行状态的监控，将这 4 部分顺序对接即构成完整的 PLC 与变频器通信控制程序。

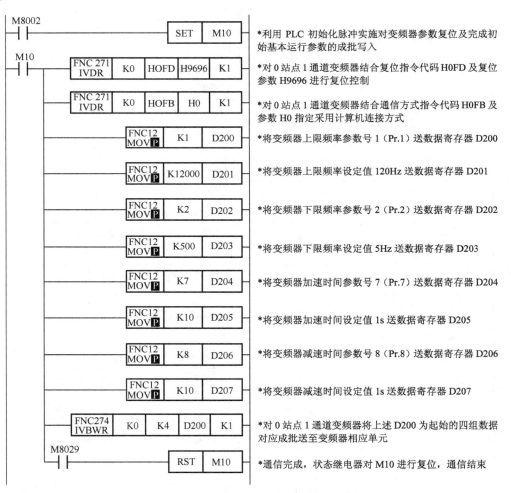

图 6-4-11　FX3U 与 INV 通信初始化程序段

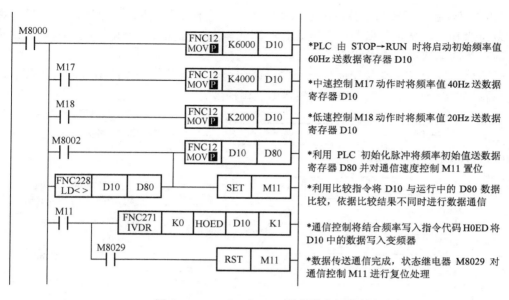

图 6-4-12 FX3U 与 INV 通信速度调节程序段

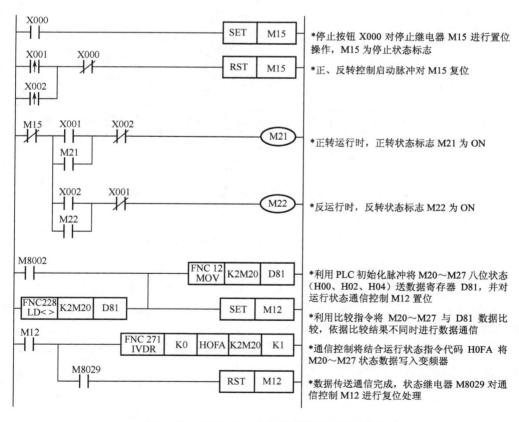

图 6-4-13 FX3U 与 INV 通信正反转控制程序段

程序中的 M17 和 M18 分别为 40Hz 和 20Hz 的运行转速控制辅助继电器，X000、X001 和

X002 分别为外接停止、正转和反转控制输入继电器。该程序实现：通过通信方式由 PLC 对变频器进行复位操作，基本运行参数及不同运行频率的写入、正反转及停止控制；在不执行参数写入时对变频器实施运行状态监控。

试结合四段程序及相关变频器通信指令的功能和用法阅读各程序段；结合设备的安装训练完成通信程序的编辑，结合下一模块完成通信调试任务。

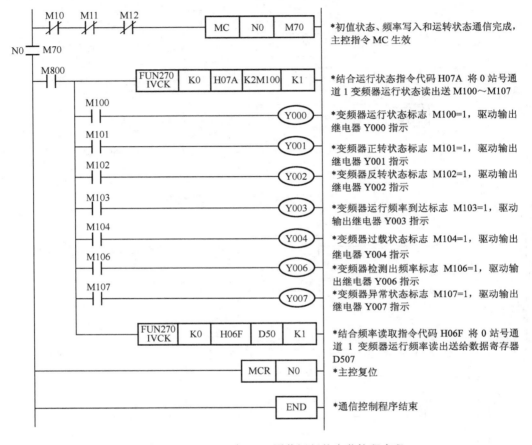

图 6-4-14 FX3U 与 INV 通信运行状态监控程序段

思考与训练

（1）试结合 FX3U 系列 PLC 与三菱变频器 RS-485 端口通信程序，思考若需在运行过程中根据控制需要在上、下限频率间任意调整转速，该如何实现？

（2）试查阅变频器用户使用手册，理解变频器运行状态指令代码 HFA、变频器状态监视器指令代码 H7A 的相关控制参数的涵义。

昆仑通态人机界面与PLC通信控制

教学目的

1. 了解现代控制技术中人机界面的作用、应用及发展，熟悉昆仑通态人机界面的安装方法。

2. 学会组态软件 MCGS 的安装方法，组态软件的基本操作，简单控制界面的组态设计与编辑方法。

3. 结合 FX3U 系列 PLC 与变频器通信控制的人机界面设计，熟悉简单人机界面控件的制作和控制方法，学会模拟仿真和设备调试方法。

任务一 组态软件 MCGS 及 TPC 硬件的安装

任务目的

1. 了解人机界面的应用和功能特点，对昆仑通态触摸屏主流产品的主要性能、功用及使用方法形成一定的认识。

2. 学会 MCGS 组态软件和 TPC 触摸屏的基本安装方法。

3. 能够识别 TPC 系列设备的接口类型、功能和使用方法。

想一想： 当我们步入银行选择自助 ATM 服务和进入高铁车站选择自动售票时，便捷的操作带来的革新正悄然改变着我们的生活方式，同样在现代生产设备的控制技术中，已越来越多地使用这种图形界面的操作控制方式，这种控制方式是如何实现的，我们能否自己学会开发？

知识链接一：昆仑通态人机界面的认知

如图 7-1-1 所示，人机界面是现代控制技术中搭建在操作人员与机器设备间双向沟通的桥梁，是一种可以摆脱传统设备面板操作方式向实现现代数字设备控制转化的操作平台。利用人机界面，用户可以通过自由地组合文字、按钮、图形、数字等构建控制界面，并适时监控和分析现场设备加工信息，并辅之实现设备控制的自动化。随着可编程控制技术的发展与运用，使用人机界面不仅可以使机器的配线标准化和简单化，同时能有效地减少 PLC 控制器所需的 I/O 点数，降低生产的成本，同时由于面板控制的小型化及高性能，相对地提高了控制设备的工业产品附加值。

图 7-1-1　触摸屏界面

随着科技的飞速发展，越来越多的机器与现场操作趋向于使用人机界面，PLC控制器强大的功能及复杂的数据处理更需要一种功能与之匹配，而操作简便的人机界面——工控触摸屏HMI的应运而生无疑是21世纪自动化领域里一个巨大的革新。

触摸屏作为一种新型的人机界面，从一出现就受到关注，它的简单易用、强大的功能以及优异的稳定性使其广泛运用于现代工业控制及日常生活中，如自动化停车设备、自动洗车机、生产线监控等，甚至可用于智能大厦管理、图书馆查询管理系统以及现代会议厅的声、光、温度的控制等。

北京昆仑通态自动化科技有限公司是国内一家高科技企业集团，公司主要面向自动化产品的研发、设计与集成，并向用户提供由硬件到软件的总体设计方案。

MCGS TPC系列嵌入式工控触摸屏是步科电气旗下全新一代面向工业过程控制的嵌入式触摸屏人机界面，其性能优势体现在：使用高速低功耗嵌入式CPU及嵌入式操作系统，可获得较高的处理速度，操作更流畅；采用65536色TFT真彩显示具有更丰富的色彩，显示图形细腻、生动；支持USB高速接口及以太组网，能满足现代网络化控制的需求；具有操作简单易用，运行稳定可靠及较高的性价比。

专业技能培养与训练一：EV5000组态软件及HMI硬件的安装

"MCGS嵌入版组态软件"是基于RTOS（Real-time Multi-tasks Operating System）实时多任务系统的组态软件，用户只需要通过简单模块化组态便可构成用户应用系统。安装环境要求如下：①硬件推荐Intel Pentium 233以上级别的CPU，内存不低于128MB，硬盘占用空间为80MB，4倍速以上光驱，支持分辨率800像素×600像素，可工作65535色模式；②软件要求操作系统为Windows 9.x/ Windows XP。

一、组态软件 MCGS 7.2 的安装步骤与方法

1. 将MCGS 7.2的安装光盘放入光驱，计算机将会通过autorun.exe自动运行并执行安装程序，或者采用打开安装文件夹，执行安装文件夹下的Setup.exe文件进行安装。运行安装文件后进入安装选项向导界面，如图7-1-2所示。

图 7-1-2　昆仑通态组态软件安装选项界面

单击【安装组态软件】按钮，弹出如图 7-1-3 所示的作品产权页并随之转到安装向导欢迎界面，如图 7-1-4 所示。

图 7-1-3　MCGS 组态软件产权页界面

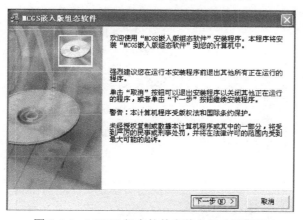

图 7-1-4　MCGS 组态软件安装向导欢迎界面

单击【下一步】按钮，在随后弹出的对话框中均分别按顺序单击对话框中的【下一步】按钮。

2．在如图 7-1-5 所示安装向导的【请选择目标目录】界面中，可选取默认安装目录或通过单击【浏览】按钮创建用户安装目录，继续单击【下一步】按钮。

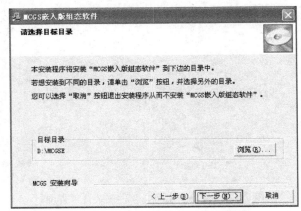

图 7-1-5　MCGS 安装目录选取界面

进入如图 7-1-6 所示的向导安装文件复制界面，等待复制完成【下一步】按钮被激活后单击该按钮。

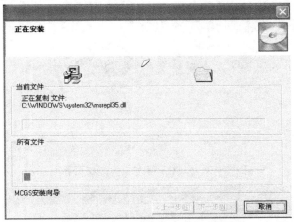

图 7-1-6　MCGS 安装文件复制界面

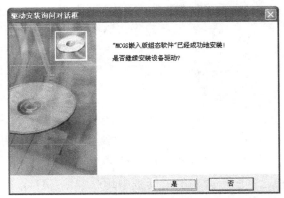

图 7-1-7　MCGSTPC 安装完成及驱动安装询问对话框

3．在弹出的【驱动安装询问对话框】对话框中可根据需要单击【是】按钮完成驱动安装，不需安装驱动则单击【否】按钮完成组态软件 MCGS 的安装，如图 7-1-7 所示。

组态软件 MCGS 7.2 的运行方法：同 Windows 应用程序的执行方法一样，在【开始】→【程序】→【MCGS7.2】菜单下找到相应的 MCGS 7.2 执行程序或者双击桌面上的"MCGSE 组态环境"图标。程序的关闭可通过选择窗口中的关闭按钮或执行【文件】菜单下的【退出】命令实现。

二、TPC7062K 的电源连接训练

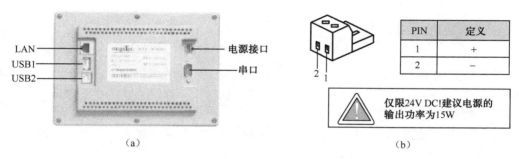

图 7-1-8　MCGS TPC 背板配置与电源接法

基本安装要求：MCGS TPC 系列人机界面的设计、生产安装均须遵循欧洲 CE/FCC 认证标准，满足工业三级抗电气噪声干扰能力的要求。系统设计、设备安装的规范布线和良好的接地措施是保证设备正常运行和抗电气噪声干扰性能发挥的前提，同时应避免在有强烈的机械振动的环境中安装使用。

TPC7062K 系列触摸屏的工作电源参数：输入电源电压为 DC24V，建议电源输出功率达到 15W，电源引入与端子的接法如图 7-1-8（b）所示。

电源安装的操作：

① 观察开关电源，核查电源参数是否能与上述参数相吻合，可选取 DC24V、输出电流 0.5A 及以上的开关电源作为 HMI 的供电电源。

② 按用电规范选取适当长度的绝缘软导线，线端采取压接端子的方式处理，将开关电源正、负极及接地端对应与 HMI 的电源端子相连接。

③ 接通电源，观察 HMI 的启动和主界面画面。

三、通信端口的识别与设备连接安装的训练

1．串行接口功能认知与连接训练

TPC706K 系列 HMI 设置有 9 针 D 型公头串行接口，当采用不同的接法分别实现 RS-232（COM1）RS-485（COM2）接口标准时，D 型串口管脚分布及两种接口标准接法如图 7-1-9 所示。

接口	PIN	引脚定义
COM1	2	RS-232 RXD
	3	RS-232 TXD
	5	GND
COM2	7	RS-485+
	8	RS-485−

串口引脚定义

图 7-1-9　MCGSTPC 串口管脚分布与接法

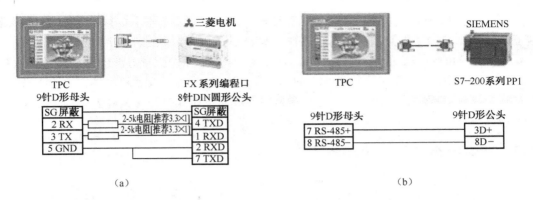

（a）　　　　　　　　　　　　　　　　　　（b）

图 7-1-10　MCGS TPC 与三菱、西门子 PLC 的连接

三菱 FX3U 系列 PLC、西门子 S7200 系列 PLC 与 TPC 人机界面的连接分别如图 7-1-10 所示。

设备连接训练：

① 观察 TPC7062K 系列 HMI 背部串口 COM0 通信端口及连接通信电缆，注意区分 9 针 D 型公、母通信插座形状的异同。

② 利用随机电缆，练习 HMI 的串口（COM1）与三菱 PLC 的编程 RS-422 口的连接。

2. 高速 USB 接口

TPC7062K 提供了 USB1（主口）、USB2（从口）两个高速端口，USB 端口可以用于实现组态数据的高速下载，采用通用 USB 通信电缆和 PC 连接可有效地加快数据下载的速度，且不需设置当前触摸屏的 IP 地址。利用从口 USB2 实现 PC 与 HMI 间的通信连接，实现组态软件编程数据的下载，如图 7-1-11 所示。

图 7-1-11　MCGSTPC 与 PC 的连接

3. 以太网 LAN（RJ45）口：TPC 以太网口支持 10M/100M 网速自适应功能，为工业以太组网提供接口。

四、串口设置跳线设置

COM2 终端匹配电阻设置，如图 7-1-12 所示为 TPC7062K 内部终端电阻跳线示意图及跳线说明。

跳线设置	终端匹配电阻
	无
	有

图 7-1-12　MCGSTPC 串口跳线设置

将 1、2 位跳接在一起，表示 COM2 口 RS-485 通信方式为无匹配电阻，将 2、3 位跳接在一起，表示 COM2 口 RS-485 通信方式为有终端匹配电阻。一般默认无匹配电阻，当 RS-485 通信距离大于 20 米且出现通信干扰时将跳线设置为有匹配终端电阻。

设置方法如下：

① 关闭电源并打开机箱后盖板；

② 根据有无终端电阻的需要，结合跳线说明进行设置；

③ 合上盖板、复原机箱；

④ 开机使设置生效。

任务二　新建一个简单的 HMI 控制工程

 ## 任务目的

1. 熟悉 MCGS 组态软件的基本界面的组成和基本操作方法，认识和了解组态软件提供的常用 PLC 元件及功能元件的功能和作用。

 2. 学会简单工程的创建和编辑方法，掌握 PLC 与 HMI 通信建立的方法，理解 HMI 通信参数的含义与设置方法。

3. 学会简单工程的模拟仿真和程序下载调试方法。

想一想：当我们进行人机界面操作时，可以感受到界面图文制作的精致和操作的方便性，在触摸屏对 PLC 的控制应用中，控制界面中的控制开关和控制功能是如何实现的？

知识链接二：MCGS 组态软件界面的认知

双击桌面上的"MCGS 组态环境"图标，打开组态软件程序主界面，如图 7-2-1 所示。

为便于操作须对 MCGS 主窗口的组成、功能分区及常用工具栏有所认知，MCGS 组态设计软件界面中的各工具栏和组成窗口可以根据用户操作需要，在【查看】菜单中选择打开或关闭。

MCGS 主界面窗口部分常用的基本按钮符号、定义及用法与基本 Windows 应用程序相同。组态窗口的"工具箱"工具按钮用于提供各类组态设计控件。相关编辑工具按钮和工具箱组态工具按钮的功能与用法在后续实例操作中介绍。

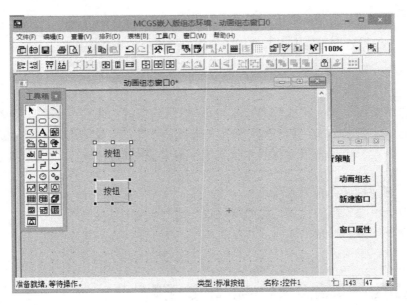

图 7-2-1 MCGS 软件主界面

专业技能培养与训练二：简单 HMI 工程的创建

任务描述：结合模块二中"三相异步电动机双重联锁正反转的 PLC 控制安装与调试"，试利用 TPC7602K 实现电动机的正反转和停止控制功能，并能显示设备的运行状态。

一、简单组态工程的创建

1. 新建工程及设备组态

执行【文件】菜单下的【新建工程】命令或者单击基本工具栏中的【新建工程】工具按钮，弹出如图 7-2-2 所示的【新建工程设置】对话框，在【类型】下拉列表中选取"TPC7062KS"选项，在【背景色】下拉列表中根据需要选取组态窗口的背景颜色。单击【确定】按钮。

图 7-2-2 MCGS 新建工程设置

图 7-2-3 MCGS 工作台设置界面

在弹出的【工作台】对话框中选择【设备窗口】选项卡，如图 7-2-3 所示，双击【设备窗口】图标或单击【设备组态】按钮，弹出【设备窗口：设备组态】窗口，在【设备工具箱】对话框"设备管理"区域中首先双击"通用串口父设备"选项，随后双击"三菱-FX 系列编程口"选项，弹出【Mcgs 嵌入版组态环境】确认对话框，在对话框中单击【是】按钮，如图 7-2-4 所示。关闭【设备窗口：设备组态】窗口，并在弹出的【Mcgs 嵌入版组态环境】确认对话框中单击【是】按钮，完成设备组态的设置。

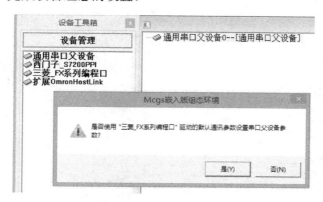

图 7-2-4　MCGS 设备组态操作

　　工程保存：单击【文件】下拉菜单中的【工程另存为】对话框，选取工程存放路径及工程文件名（如正反转控制.mce），或单击"保存"按钮，系统将以默认文件名命名。

　　注：【设备工具箱】对话窗口若未弹出，可单击工具栏中的 ✂（工具箱）按钮。

2.【用户窗口】的创建

　　第一步：在【工作台】对话框中选择【用户窗口】选项卡，单击【新建窗口】按钮，如图 7-2-5 所示。

　　第二步：单击【窗口属性】后，在"用户窗口属性设置"对话框中的"基本属性"选项栏的窗口名称中输出"我的第一个组态窗口"，单击【确认】按钮返回到【工作台】对话框。

　　第三步：单击【动画组态】按钮或双击"我的第一个组态窗口"图标。

图 7-2-5　【工作台】对话框

3. 触摸屏组态窗口设计

　　结合正反转控制任务的要求，需在组态窗口设置正转、反转和停止的三个按钮以及两只对应正转、反转状态的指示灯。设计过程如下。

（1）正反转及停止按钮的制作

进入"组态窗口"编辑界面，单击【工具箱】中的【标准按钮】按钮，在【动画组态】窗口中的适当位置通过拖曳鼠标分别按从上到下地顺序画出 3 只按钮；选中 3 只按钮，分别单击工具栏中的 图（等高宽）、王（纵向等间距）和 ⊫（左边界对齐）按钮设置按钮。

选中第一只按钮并双击，在弹出的【标准按钮构件属性设置】对话框的【基本属性】选项栏的"文本"编辑框中输入"正转"，如图 7-2-6 所示；在【操作属性】选项栏中勾选"数据对象值操作"复选框，并单击其右侧的下拉按钮选取"按 1 松 0"选项进行设置，如图 7-2-7 所示。

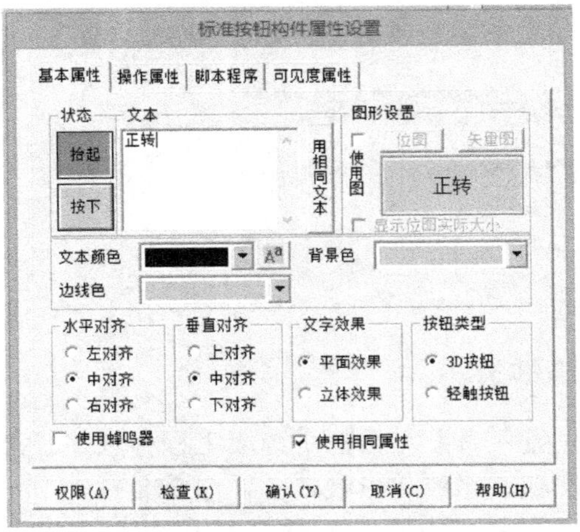

图 7-2-6　标准按钮基本属性设置　　　　图 7-2-7　标准按钮操作属性设置

单击"数据对象值操作"最右侧的 ? 按钮，在弹出的【变量选择】对话框的"变量选择方式"选项栏中选择"根据采集信息生成"单选项，如图 7-2-8 所示，在"通道类型"下拉列表中选择"M 辅助继电器"选项，在"通道地址"文本框中输入"10"后单击【确认】按钮。

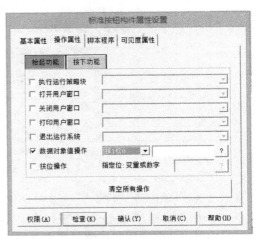

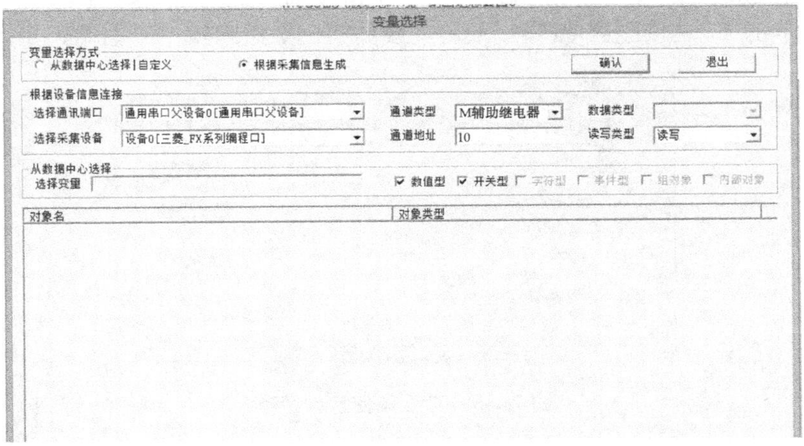

图 7-2-8　【变量选择】对话框及其参数设置

用同样的方法定义第二和第三只按钮，分别设置属性为"反转，按 1 松 0，辅助继电器

M11"和"停止，按 1 松 0，辅助继电器 M12"。

（2）正转、反转状态指示灯的制作。

单击【工具箱】中的 📷（输入元件）按钮，在弹出的【对象元件库管理】对话框的"对象元件列表"中选取"指示灯"文件夹，如图 7-2-9 所示，选取"指示灯 3"图标，单击【确认】按钮。

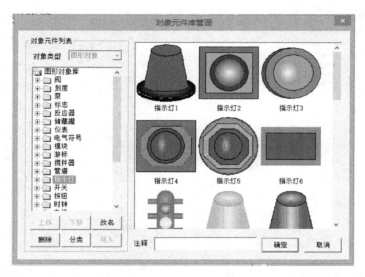

图 7-2-9　对象元件库管理界面及指示灯选取

在"组态窗口"中编辑"指示灯"，调节其大小至适中并放置在"正转"按钮右侧，选中此按钮右击，在弹出的快捷菜单中选择【复制】命令；在 "反转"按钮右侧的空白处右击，在弹出的快捷菜单中选择【粘贴】命令，将生成的第二只指示灯放在"反转"按钮右侧，对两只指示灯进行右对齐操作。

图 7-2-10　指示灯单元属性设置

选中与"正转"按钮对齐的"指示灯"并双击图标，在弹出的【单元属性设置】对话框"数据对象"选项栏中选中"可见度"选项，单击右侧的 ? 按钮，如图 7-2-10所示。在弹出的【变量选择】对话框的"变量选择方式"中选择"根据采集信息生成"选项，在"通道类型"下拉列表中选取"Y 输出继电器"选项，在"通道地址"文本框中输入"0"后单击【确认】按钮。

按同样的方法定义反转"指示灯"对应输出继电器"Y001"。

二、TPC&PLC 控制梯形图设计

结合如图 2-2-6 所示的正反转控制梯形图和 HMI 界面控制元件对应的数据变量软元件类型及功能，补充人机界面控制正反转梯形图如图 7-2-11 所示。

在 GX Developer 界面编辑上述梯形图并下载至可编程控制器中。

三、在线运行的操作

在 MCGS 7.2 主程序界面中对打开的工程文件单击 ▣（下载工程并运行）按钮，弹出【下载配置】对话框，单击【连机运行】按钮，激活"连接方式"；在"连接方式"下拉列表中选择"USB 通信"选项；单击【通讯测试】按钮，并在"返回信息"栏中显示"通信测试正常"后单击【工程下载】按钮。在下载成功后单击【启动运行】按钮，如图 7-2-12 所示。

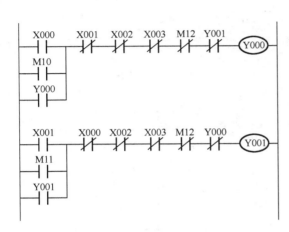

图 7-2-11　人机界面正反转控制梯形图

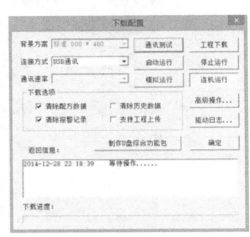

图 7-2-12　MCGS 组态界面下载配置界面

在 TPC 人机界面上进行任务控制与调试。

思考与训练

若在本任务中欲实现设备"准备就绪"指示灯，用于设备通电非运行（正转、反转时无指示）的状态指示，试结合控制梯形图和 HMI 组态窗口完成本控制要求。

任务三　人机界面下的 FX3U 与变频器通信的控制实现

 任务目的

1. 进一步熟悉昆仑通态组态软件的基本操作，熟悉按钮、指示灯、数值输入输出元件、标签等控件的功能和参数设置的方法。

2. 通过 HMI 触摸屏实现 FX3U 与变频器通信控制功能的验证，拓展 HMI、PLC 等设备的综合应用能力。

想一想：在上一模块中有关 FX3U 与变频器通信控制程序中正转、反转的实现，频率改变的方法，状态监控结果的显示方法以及运行监控频率值如何体现的？如果采用 HMI 人机界面如何控制、控制性能是否能得到提升？

专业技能培养与训练三：HMI 在 PLC 与变频器通信系统中控制界面的制作

一、系统组成

本控制系统是在基于 FX3U 与三菱变频器 RS-485 端口通信控制的基础上，通过触摸屏实现可视化人机系统，如图 7-3-1 所示为本系统的组成。其中触摸屏可采用 TPC7062K，PLC 采用 FX3U-48M（含 FX3U-RS485-BD），变频器采用 FR-A700 系列。

可参阅各设备硬件手册，设计安装线路并实施设备连接。

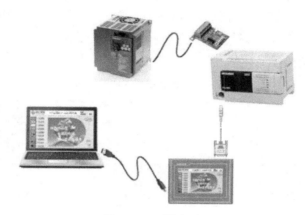

图 7-3-1　系统组成

二、通信控制任务控制元件分析

结合三菱 FX 系列 PLC 与变频器通信应用实例，该控制任务的 I/O 地址分配见表 7-3-1。

表 7-3-1　I/O 地址分配表

I 端口		O 端口	
SB1　（停止）	X000	运行状态	Y000
SB2　（正转）	X001	正转标志	Y001
SB3　（反转）	X002	反转标志	Y002
-	-	运行频率到达标志	Y003
-	-	过载标志	Y004
-	-	检测出频率标志	Y006
-	-	异常状态标志	Y007

控制任务中利用表 7-3-2 所示的辅助继电器实施运行频率控制及数据寄存器的存放读取频率。

表 7-3-2　辅助继电器的运行频率控制与数据寄存器的存放读取频率

运行频率控制		频率读取数据	
M17	40Hz 频率控制	D50	运行频率读取存放
M18	20Hz 频率控制		

三、系统 PLC 控制程序

本系统 PLC 通信控制程序参见模块六任务四的控制梯形图，在 GX Developer 编程软件界面编辑并按照表 6-4-7 设置 PLC 与变频器的通信参数。

四、HMI 控制组态设计

1. 创建控制任务组态工程（文件名为 HPI.mce）

组态初始工作：选用触摸屏类型为 TPC7062K，设备组态创建"通用串口父设备 0"，设备 0 为"三菱 FX 系列编程口"；组态窗口名称为"通信组态"，并以"HPI.mce"文件名存盘。

组态窗口控制元件及设置方法如下。

（1）标准按钮控件的设置见表 7-3-3。

表 7-3-3　标准按钮控件的设置

序号	控件类型	控件属性设置			变量选择		
		基本属性-文本	操作属性-		通道类型	通道地址	读写类型
1	标准按钮	停止	数据对象值操作	按 1 松 0	X 输入继电器	0	读写
2	标准按钮	正转	数据对象值操作	按 1 松 0	X 输入继电器	1	读写
3	标准按钮	反转	数据对象值操作	按 1 松 0	X 输入继电器	2	读写
4	标准按钮	中速	数据对象值操作	按 1 松 0	M 辅助继电器	17	读写
5	标准按钮	低速	数据对象值操作	按 1 松 0	M 辅助继电器	18	读写

（2）状态指示控件的设置见表 7-3-4。

表 7-3-4　状态指示控件的设置

序号	控件类型	单元属性设置		变量选择		
				通道类型	通道地址	读写类型
1	指示灯	数据对象	可见度	Y 输出继电器	0	读写
2	指示灯	数据对象	可见度	Y 输出继电器	1	读写
3	指示灯	数据对象	可见度	Y 输出继电器	2	读写
4	指示灯	数据对象	可见度	Y 输出继电器	3	读写
5	指示灯	数据对象	可见度	Y 输出继电器	4	读写
6	指示灯	数据对象	可见度	Y 输出继电器	6	读写
7	指示灯	数据对象	可见度	Y 输出继电器	7	读写

（3）输入框控件的设置。

单击【工具箱】中的 **abl**（输入框控件）按钮，在组态窗口中的适当位置拖曳出一个输入矩形框，双击该控件弹出【输入框控件属性设置】对话框，进行参数设置。参数设置要求见表 7-3-5。

（4）标签控件的设置。

单击【工具箱】中的 **A**（标签控件）按钮，在组态窗口中的适当位置拖曳出一个输入矩形框，采用复制的方法再分别创建 7 个标签，顺序双击各标签控件在弹出的【标签动画组态属性设置】对话框中分别按表 7-3-6 进行控件参数设置。

表 7-3-5　输入框控件的设置

序号	控件类型	输入框控件属性设置						变 量 选 择				
		基本属性				操作属性		变量选择方式	通道类型	通道地址	数据类型	读写类型
		水平对齐	垂直对齐	背景颜色	字符颜色	单位	小数位数					
1	输入框	靠左	居中	绿色	黑色	选使用单位Hz	2	数据对象值操作	D数据寄存器	50	16 位无符号二进制数	读写

表 7-3-6　标签控件的设置

序号	控件类型	标签动画组态属性设置						说　明
		属 性 设 置		扩 展 属 性				
		填充颜色	字符颜色	文本内容输入	水平对齐	垂直对齐	文本排列	
1	标签	蓝色	黑色	运行状态	靠左	居中	横向	与 Y0 指示灯对齐
2	标签	蓝色	黑色	正转标志	靠左	居中	横向	与 Y1 指示灯对齐
3	标签	蓝色	黑色	反转标志	靠左	居中	横向	与 Y2 指示灯对齐
4	标签	蓝色	黑色	频率到达	靠左	居中	横向	与 Y3 指示灯对齐
5	标签	蓝色	黑色	过载标志	靠左	居中	横向	与 Y4 指示灯对齐
6	标签	蓝色	黑色	检测频率	靠左	居中	横向	与 Y6 指示灯对齐
7	标签	蓝色	黑色	异常状态	靠左	居中	横向	与 Y7 指示灯对齐
8	标签	蓝色	黑色	频率监控	靠左	居中	纵向	与 D50 输入框对齐

通过上述创建制动，组态效果如图 7-3-2 所示。

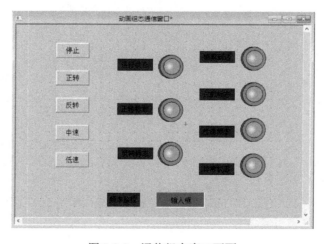

图 7-3-2　通信组态窗口画面

设置完成后保存所创建的工程。

五、在线运行的操作

按上一任务的在线运行方法进行操作，并结合控制任务在 TPC 人机组态界面进行控制，观察输入框及各指示灯工作状态。

思考与训练

本任务中变频器控制电动机工作在初始高速（默认）、中、低速，现要求通过组态界面输入一定频率使变频器实时接收控制电机的运行状态。试结合本次任务讨论、设计并进行调试。

PLC控制电路中常用低压电气设备简介

一、三相异步电动机结构组成与工作原理

如图 A-1 所示的三相异步电动机是一种常见的将电能转换为机械能的动力设备，因其具有结构简单、价格低廉、工作可靠等优点，在实际生产中得以广泛应用。

1. 三相异步电动机的结构组成

三相异步电动机由固定不转的定子和向外提供机械转矩的转子组成，结构如图 A-2 所示。

三相异步电动机的定子部分基本上由机壳、定子铁芯、定子绕组及端盖等组成。

图 A-1　三相异步电动机

定子铁芯是由相互绝缘的 0.35～0.5 的硅钢片叠压而成，在内圆均匀分布用于嵌放定子绕组的凹槽，常见的有 24、36 槽。定子绕组是电动机的电路部分，由结构参数相同的三相对称绕组组成，并分别由三相绕组的首端 U1、V1、W1 和末端 U2、V2、W2 引出 6 个接线端到电动机的端盒中。

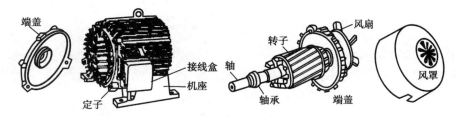

图 A-2　三相异步电动机的结构

机壳和端盖一般由铸铁制成，机壳表面铸有凸筋，称为散热片，起散热降低电机温度的作用。端盖分前端盖和后端盖，分别安装在前、后两端，用于支撑转子，并保证定、转子间保持一定的空气间隙。

三相异步电动机转子是异步电动机的旋转部分，由转轴、转子铁芯和转子绕组 3 部分组成，其作用是输出机械转矩，是实现能量转化的枢纽，又称电枢。根据转子绕组构造的不同，三相异步电动机分为三相异步绕线式电动机和三相异步笼型电动机两种。

三相绕线式异步电动机的转子绕组与定子绕组相似；而笼型电机的转子又因构成方式不同，分铜条转子及铸铝式笼型转子，如图 A-3 所示。

2. 三相异步电动机的工作原理

电动机是利用电磁感应原理，把电能转换成机械能并输出机械转矩的原动机。

① 旋转磁场与同步转速。

当空间彼此相差120°的三个相定子绕组通入如图A-4所示的三相对称交流电流，结合不同时刻如 $t=0$、$t=T/4$、$t=T/2$、$t=3T/4$ 和 $t=T$ 的各相电流的大小及方向，对应可以产生如图A-5所示的与电流有相同角速度的旋转磁场（交流电变化一周，旋转磁场在空间也旋转一周）。若将定子绕组按 i_1 通入 U 相、i_2 通过 V 相、i_3 通过 W 相绕组时，旋转磁场转变为逆时针方向旋转。显然要使旋转磁场方向改变，只要把接到三相绕组上的两根电源线任意对调，即改变电源的相序，可实现旋转磁场的反转。

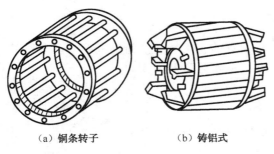

（a）铜条转子　　　　（b）铸铝式

图 A-3　笼型电动的转子结构

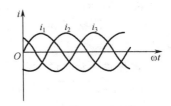

图 A-4　三相定子绕组电流波形图

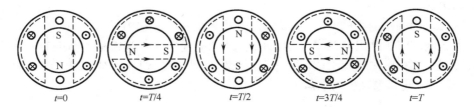

$t=0$　　　　　$t=T/4$　　　　　$t=T/2$　　　　　$t=3T/4$　　　　　$t=T$

图 A-5　不同时刻定子绕组中电流磁场示意图

通过上述分析可知，旋转磁场具有成对磁极。对于不同电机，由于三相绕组安排不尽相同，其旋转磁极数也不一定相同。旋转磁极数称三相异步电动机的极数，常采用极对数表示，用 p 表示磁极对数，上述三相异步电动机的极对数 $p=1$。

磁极对数 $p=1$ 的旋转磁场，其转速与正弦电流同步。若交流电的频率为 f，则旋转磁场的转速为 $n_0=60f$ (r/min)；当磁极对数 $p=2$ 时，交流电变化一周，旋转磁场转动 $\frac{1}{2}$ 周；依次类推，当旋转磁场具有 p 对磁极时，交流电变化一周，旋转磁场转动 $\frac{1}{p}$ 周。所以交流电频率为 f，磁极对数为 p，则旋转磁场的转速为

$$n_0 = \frac{60f}{p} \text{ (r/mim)}$$

式中，n_0 又称为同步转速。

注意：对某一结构已定的电动机，极对数 p 是不变的。当 p 一定时，同步转速 n_0 由电源频率决定。

② 三相异步电动机的转速。

旋转磁场以同步转速 n_0 顺时针旋转，相对于旋转磁场，闭合转子绕组逆时针切割磁力线，产生感应电流，根据右手定则判定，如图 A-5 所示，转子上半部分的感应电流流入纸面。有电流的转子在磁场中受到电磁力的作用，结合左手定则判定，上半部分所受的磁场力向右，下半部分所受的磁场力向左。这两个力对转子转轴形成电磁转矩，使转子沿旋转磁场的方向以低于旋转磁场的转速 n 旋转，转子转速即三相电动机转速。

异步电动机的同步转速 n_0 与转子转速 n 之差，即转速差。把转速差（n_0-n）与 n_0 之比称为异步电动机的转差率，用 s 表示

$$s = \frac{n_0 - n}{n_0} \times 100\%$$

变换后三相异步电动机转速　　$n = (1-s)n_0 = (1-s)\dfrac{60f}{p}$，

所以，三相异步电动机的转速取决于电源频率、电机的极对数及转差率。

3. 电动机铭牌参数的识读

当我们观察一台电动机时，要确认设备的特性并正确运用，可以结合电动机的铭牌获取相关的参数及要求。

如图 A-6 所示为三相异步电动机的常见铭牌形式。

三相异步电动机					
型号	Y132M2-4	额定功率	7.5kW	频率	50Hz
额定电压	380V	额定电流	15.4A	接法	△
转速	1440r/min	绝缘等级	B	工作方式	连续
年　月　日		编号		×× 电机厂	

图 A-6　电动机铭牌示意图

① 型号：电机型号中的字母多为代表产品特征意义的汉语拼音的声母或单词的第一个大写字母。如"Y"代表异步，"M"代表中等长度机座等（机座分长、中、短 3 种，分别用 L、M 和 S 表示）。上图铭牌中电动机的型号组成及具体含义如图 A-7 所示。

② 额定功率：是指电动机在额定运行状态下转轴上输出的机械功率，单位用 W 或 kW 表示。

③ 频率：指电动机所连接电源的额定频率，我国电力系统统一标准频率为 50Hz。

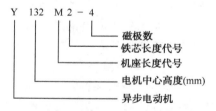

图 A-7　三相电动机型号组成及含义

④ 额定电压：指电动机正常运行状态下加在定子绕组上的线电压，单位为 V。

⑤ 额定电流：指电动机在额定状态下输出额定功率时，定子绕组允许长期通过的线电流，单位为 A。

⑥ 接法：指三相异步电动机在额定电压下三相定子绕组所采用的连接形式。三相异步电动机的接法有星形（Y）和三角形（△）两种接法。

如图 A-8（a）所示为三相绕组的星形接法，U、V、W 相绕组的末端 U2、V2、W2 接于

一点，首端引出分别接三相电源的相线 L1、L2 和 L3。

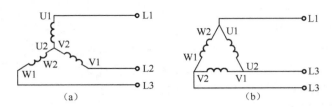

图 A-8　三相电动机定子绕组的星/三角形接法

一般 3kW 及以下的三相异步电动机采用 Y 形接法。在 380V 动力线路中，Y 形接法定子每相绕组的工作电压（相电压）仅为 220V，电机设备正常运行时线电流和相电流均对称相等。

如图 A-8（b）所示为三角形接法，采用每相邻两相绕组的一相首端接前一相绕组的末端，末端接下一相的首端，如图中所示 U2 接 V1、V2 接 W1、W2 接 U1，构成三角形结构形式。各连接端（三角形顶点）对应接三相电源的相线 L1、L2、L3。

当电动机功率在 3kW 以上时基本采用三角形接法。此类较大功率的动力电动机每相绕组的额定电压为 380V，可满足降压启动时为星形接法，正常额定状态下为三角形接法运行的需要。

二、常用低压电器的简介

低压电器通常是指工作在交流 1000V 以下、直流 1200V 以下电路中，用于实现对电能输送、变换及能对电器设备实施控制和保护的电气产品。

按操作方式可分为：① 手动电器：利用人力手动直接控制操作手柄或通过传动装置完成电路接通、分断等动作的低压器件。② 自动电器：是指通过电磁机构或压缩空气等来完成电路的接通、分断等控制作用的电器。

电气线路中各种低压器件在没有受到机械外力或电磁机构没有工作电流通过（气动器件未压缩空气）时，各器件所处的状态称常态，电气控制线路中常用来指触点接通或断开的状态。常态下处于断开的触点称为常开触点，闭合触点称常闭触点。以下我们来了解一些常用的低压电器设备。

1. 低压断路器

低压断路器又称自动开关、自动空气断路器，是低压电网和电力拖动系统中非常重要的一种器件。该电器集电路分断、短路保护、过载保护及欠压保护等多种功能于一体。

断路器按结构可分为塑料外壳式（DZ 系列用于照明及电力拖动）、框架式（DW 系列用于低压配电系统）；按保护方式分为电磁脱扣器、欠电压脱扣器和复式脱扣器式。

低压断路器的结构如图 A-9 所示，低压断路器用于分断电路的主触点串联于三相主电路中，合闸操作后，由于搭扣与锁扣的共同作用使主触点保持闭合，若作用杠杆受到向上的推力使搭扣与锁扣分离，在作用弹簧推力的作用下实现主触点分断。

上述分断动作可分别在停止按钮、电流（磁）脱扣器、热脱扣器和欠压脱扣器的作用下实现。电流脱扣器串联于主电路中，当线路出现短路大电流时而产生较强的电磁力使脱扣器衔铁动作；欠压脱扣器并联于主电路两相之间，当线路电压降到某一值及以下时因欠压脱扣器线圈电磁吸力不足以吸附欠压脱扣衔铁时，在拉力弹簧作用下推动作用杠杆上移；当线路出现过载时，由于串联于主电路的热元件过热使双金属片向上弯曲推动杠杆实现上移，上述各作用均可实现搭扣与锁扣作用的连接，从而实现主电路触点的分断。

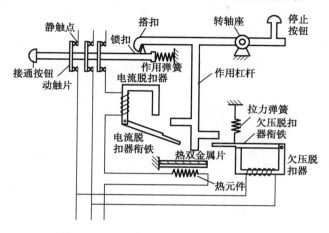

图 A-9　低压断路器结构及工作原理图

DZ47 系列低压断路器为小型塑料外壳式断路器（如图 A-10 所示），是用于频率为 50Hz/60Hz、额定电压为 230/400V，额定电流至 63A，具有过载与短路双重保护的限流型高分断断路器。除用于线路过载和短路保护外，还常用于不频繁电动机的启动和停止控制。其产品型号及含义如图 A-11 所示。

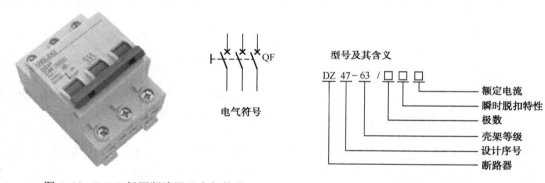

图 A-10　DZ47 低压断路器及电气符号　　　　图 A-11　低压断路器型号组成及含义

DZ47 系列低压断路器一般采用金属轨道固定，安装方式要求垂直。电源进线在上，出线在下，分断状态操作手柄处于下端；用作电源隔离的开关必须在电源引入端加装熔断器，用于电动机控制时须加装隔离开关。选用低压断路器时主要考虑额定电压、壳架等级和断路器额定电流等。若断路器型号中出现字母"LE"，如 DZ47LE 表明该塑料外壳式断路器还具有漏电保护功能。

2. 常用主令器件

主令器件是在自动控制电路中用于发出指令或信号来实现控制电路的切换，完成相应电路的接通或断开，达到控制电力设备的操纵性器件。常见的主令器件有控制按钮、行程开关、主令控制器、万能转换开关及接近开关等。

（1）控制按钮。

控制按钮又称按钮开关、按钮，是结构最简单、应用最广泛的一种主令器件。常见的按钮有 LA2、LA4 及 LA18 等系列，如图 A-12 所示分别为 LA2 按钮及其结构示意图，按钮由按钮帽、复位弹簧、动触点、静触点等组成。

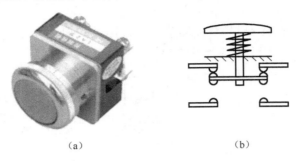

（a）　　　　　　　　　　　　（b）

图 A-12　LA2 按钮及结构原理图

控制按钮的功能设计是定位于短时接通或断开小电流电路的用途，主要用于低压交、直流电路中通过对电磁启动器、接触器、继电器等线圈的接通与分断控制，实现对线路中电气负载的间接或远距离控制。产品型号组成及含义如图 A-13 所示。

按钮开关按触点的结构及用途可分启动按钮（常开按钮）、停止按钮（常闭按钮）和复合按钮（常开、常闭组合形式），电气符号如图 A-14 所示。按钮一般具有自动复位功能，复合按钮遵循常闭"先断"、常开"后合"的触点动作规律，动作顺序可结合按钮结构示意图理解。

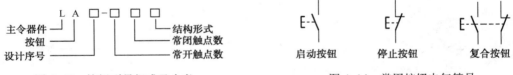

图 A-13　按钮型号组成及含义　　　　　　图 A-14　常用按钮电气符号

现代按钮已突破"按"动作的范畴，不同控制形式的控制按钮有：①钥匙式，为防止不具备操作权限的人员误操作，采用专用钥匙插入进行控制；②旋钮式，用旋动手柄操作；③紧急式：采用蘑菇头突出的特点，紧急时按下蘑菇头即可迅速切断电源；④带灯按钮，按钮帽内装有指示灯，除用于发布控制指令外兼做信号指示用。

按钮帽常有红、黄、绿、蓝、白、黑等，可根据控制需要进行选择。一般红色用于停车或急停；绿色用于启动设备；而黄色指示灯多用于显示工作或间歇状态；点动控制必须用黑色；复位按钮用蓝色；启动与停止交替动作控制的按钮要求是黑色、白色或灰色。

按钮的选取一般根据控制需求及使用场所的特殊性，选用时考虑与之相适应的结构形式、触点对数、颜色标识及安装方式等。按钮安装的原则：按启动顺序安装，相反状态的控制应成组对应安装；多个按钮实施控制时，必须在显眼并容易操作处安装红色蘑菇帽的总急停按钮。

（2）行程开关。

行程开关用于实现将机械部件的位置信号转换为电信号，达到位置检测及实施位置控制作用的主令器件。在电气设备控制中常用于位置控制或限位保护，按其作用又称为位置开关、限位开关等。现代行程开关分为机械结构的接触式行程开关和电气结构的非接触式接近开关。

接触式行程开关是依靠机械移动碰撞行程开关的操作头而使开关的触点接通或断开，从而实现位置检测和位置控制的目的。最常用的接触式行程开关（LX19系列）主要用于机床、生产流水线的位置控制及程序控制。接触式行程开关按动作方式分为直动式、转动式及组合式。直动式行程开关靠机械上安装的挡铁触动操作机构，推动行程按钮，使触点接通或分断，如图 A-15（a）所示；转动式行程开关如图 A-15（b）、（c）所示，又分单轮和双轮结构。行程开关还可以分为自动复位和非自动复位两种形式，自动复位接触式行程开关电气符号如图 A-16 所示。

（a）直动式行程开关　　　（b）单轮转动式行程开关　　　（c）双轮转动式行程开关

图 A-15　常见接触式行程开关

行程开关使用注意事项：行程开关是利用机械碰撞或机械摩擦而实施动作，只能用于低速运动的机械设备中。对于工作频率较高，工作精度及可靠性要求较高的场合可采用非接触性的接近开关。

常开触点　　　常闭触点

图 A-16　行程开关电气符号

3. 短路与过载保护性器件

（1）熔断器。

将熔断器串联于工作电路，利用电路故障时短时大电流或短路电流熔断熔体使电路快速分断，以保护电气设备和人身安全，称为短路保护措施。熔断器是电路中最基本、最简易的短路保护性器件。

低压熔断器可分为管式、插入式、螺旋式等。熔断器一般由核心部件熔体、触点插座、绝缘底座等组成。熔体材料具有熔点低、导电性能好、不易氧化且易于加工的特点。常见熔体材料有铅锡合金、锌、铜、银等，常制成丝状（或片状）。

根据熔体结构又可分为开启式熔断器、半封闭熔断器和封闭式熔断器。开启式熔断器如装配在刀开关中的保险丝，因其熔体熔断时没有采取限制电弧和熔化金属颗粒措施，只适用于断开电流不大的场合。半封闭式熔断器则将熔体装配于一端或两端开启的管内，熔体熔化时电弧及金属粒子沿敞开端喷出。封闭式熔断器是将熔体完全封闭于壳体内，不会造成电弧或金属粒子飞溅。封闭式熔断器是发展趋势和首选保护设备。

封闭式熔断器又分为有填充料、无填充料及有填充料螺旋式等。常用无填料熔断器有RC1A 系列瓷插式熔断器，主要用于 380V 及额定电流为 5～200A 的一般照明及小容量电动机电源引入线路中。RM10 系列，主要用于交流 380V 或直流 440V 以下，电流 600A 以下的电力线路中实现短路、连续过载保护的作用。

RL1 系列螺旋式熔断器属于有填料熔断器，如图 A-17 所示，适用于 50～60Hz、电压 500V 以下，电流 200A 以下的电路中实现严重过载保护及短路保护，由瓷座、瓷帽、熔断管、瓷套组成。熔断管内熔体呈丝状或片状，石英砂填料用于熔断灭弧，有色熔断指示器实现熔体动作的显示。螺旋式熔断器的安装与接线要求：采取"低进高出"的安装接线方式，下接线桩向外接电源进线，上接线桩向内接控制器件及负载，以确保操作安全。

RL1-60   RL1-15   FU
（a）   （b）   （c）

图 A-17　螺旋式熔断器、熔体及电气符号

另外在配电箱或机床设备控制中常用 RS 或 RLS 系列的快速熔断器，具有动作速度快、分断能力强及对过电压灵敏的特点，其快速熔断有效地保证了设备安全。为保证故障的快速动作，严禁用普通熔体代替。

熔断器主要根据负载情况和电路中短路电流的大小来选取，对于容量较小的照明电路和电动机保护电路可选用 RC1A 系列半封闭式熔断器或 RM10 系列无填充料封闭式熔断器；对于短路电流较大的电路或有易燃气体的场合应选用 RL1 系列或 RT0 系列有填充料封闭式熔断器；而用于硅元件及晶闸管保护则应选用 RS 或 RLS 系列快速熔断器；对于一般电气控制线路，由于工作环境要求不高多采用螺旋式熔断器。

熔体的选取依据：对于如照明电路、电热设备电路等负载电流比较平稳的场合进行短路保护时，熔体额定电流应等于或略大于负载的额定电流，即 $I_{RN} \geqslant I_N$；动力电路中，单台电动机短路保护的熔体，额定电流按 1.5～2.5 倍电动机的额定电流来选取，即 $I_{RN} = (1.5 \sim 2.5)I_N$；用于多台电动机短路保护时，熔体的额定电流按 $I_{RN} = (1.5 \sim 2.5)I_{MN} + \sum I_N$ 选取，式中 I_{MN} 为容量最大的电动机的额定电流，$\sum I_N$ 为其他各台电动机额定电流之和。

（2）热继电器。

热继电器是一种利用设备过载运行时的过载电流流过热元件产生的热效应，致使保护性触点动作的低压电器。当被保护电动机或其他电气设备的负载电流超出允许值一定时间后自动切断电路，对负载设备起到保护作用。

当电动机处于过载运行、频繁启动、欠压或过压运行以及缺相运行时，均可能使电机工作电流超出允许值，导致温度升高以致过热而加速电动机绝缘老化，缩短电动机寿命，严重时烧毁电动机，所以三相异步电动机控制电路通常采用热继电器实施过载保护。

如图 A-18 所示为热继电器结构原理图，利用两种热膨胀系数不同的金属轧制成双金属片，过载电流使双金属片受热后发生弯曲，从而推动机构使触点断开进而实现电路的分断。由于双金属片过热变形需要一定时间，故热继电器不能作为短路保护。如图 A-19 所示为常用 JR16B 型热继电器，对应的电气符号如图 A-20 所示。

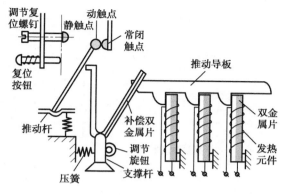

图 A-18　热继电器结构原理图

图 A-19　JR16B 型热继电器

热继电器按额定电流等级可分为 10A、40A、100A 和 160A 4 种，按级数或相数可分为二相、三相及三相带断相保护等。断相运行是三角形接法电动机烧毁的主要原因之一，若三相电动机为三角形接法，则要求选用带有断相保护的热继电器，对星形接法可采用普通二相或三相保护式热继电器。

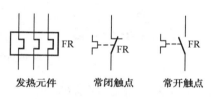

图 A-20　热继电器电气符号

另外，热继电器一般都有自动和手动复位功能设置，实验电路中一般要求设置为手动复位。设备出厂一般设置为自动复位形式，用相应规格螺丝刀将热继电器侧面孔内的螺钉倒旋三、四圈即可调整为手动复位方式。对于热继电器常闭、常开触点的识别，可观察热继电器侧面铭牌标识中常开、常闭触点的编号，找出对应接线端子并结合万用电表进行判断。

4. 交流接触器

接触器是一种用于实现频繁接通或切断负载主电路及大容量设备的工作电路,可实现远距离控制的自动切换电器。按其所控制电流的种类划分有交流（CJ 系列）和直流（CZ0 系列）两种,交流接触器主要用于工频 50Hz 电路。

接触器主要由电磁机构、主、辅触点及主触点灭弧装置等构成。其中电磁机构由线圈、铁芯及衔铁组成（如图 A-21 所示），当串联于控制线路中的电磁线圈通电时产生电磁吸力，使衔铁吸合，从而带动动触点与静触点闭合，接通主电路；若线圈断电后，电磁吸力便消失，在复位弹簧的作用下衔铁将被释放，从而带动动触点与静触点分离，切断主电路。电磁机构是完成接触器接通和分断操作功能的主要部件，具有失压保护作用。

主触点及辅助触点是接触器的执行部件，均采用桥式双断点形式，用来完成电路的接通和分断，触点在接触器中的地位最重要。由于频繁进行分、合，特别是主触点易受电弧烧灼，主触点为接触器中较薄弱环节之一。主触点常采用弧面与弧面、弧面与平面、平面与平面接触的形式，接触面大而接触电阻较小，决定了主触点能流过较大的电流。辅助触点与主触点联动，有常开、常闭两种形式，常开辅助触点主要用于实现控制电路的自锁（自保持）或信号传递功能，而辅助常闭触点用于实现电路间的联锁功能。接触器线圈及各触点符号如图 A-22 所示。

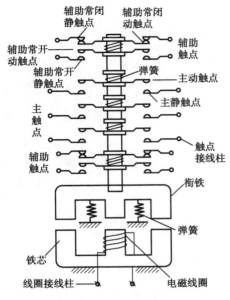

图 A-21　接触器结构原理图

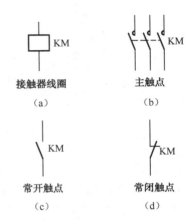

图 A-22　接触器电气符号

（1）常用交流接触器介绍。

如图 A-23 所示为 CJ10 系列交流接触器，该系列接触器适用于 50Hz、电压不高于 380V、电流低于 150A 的电力控制线路中，线圈电压分为 220V 和 380V 两种。其中 CJ10-10 接触器是目前在学校实训场所运用较多的一款。

如图 A-24 所示的 CJ20 系列交流接触器相比较于 CJ10 系列，因其在触点性能、灭弧措施、分断能力及机械联锁性能方面均具有较强的优势，除可采用螺钉固定方式外，还可采用更便捷的 35mm 标准轨道安装方式，CJ20 有替代 CJ10 而成为主流接触器的趋势。除此之外，紧凑型 CJX2 系列交流接触器也是目前开发出来的市场占有率较高的新型接触器。

（a）

（b）

图 A-23　CJ10 系列交流接触器

图 A-24　CJ20 系列交流接触器

（2）接触器的选取主要考虑以下几个因素。

① 参照国标类别选取。交流接触器按适用控制对象分为如表 A-1 所示的 4 种国标类别。用户可结合控制对象及需要实现的功能参照选取。

表 A-1　交流接触器国标类别表

国标类别代号	典 型 用 途
AC-1	无感或微感负载、电阻炉
AC-2	绕线型异步电动机的启动与分断
AC-3	笼型异步电动机的启动与分断
AC-4	笼型异步电动机的启动、点动、反接制动与反向

② 主触点额定电压的选择。接触器铭牌上所标的额定电压为主触点所能承受的电压，主触点额定电压应大于或等于负载的额定电压。

③ 主触点的额定电流。选取接触器时，主触点的额定工作电流并不能完全等于被控设备的额定电流，必须考虑电气设备的工作方式等因素：对于长期工作制应按最大负载电流为接触器额定电流的 67%～75%确定；间断长期工作制则按 80%确定；反复短时工作制可按 16%～20%确定。另外若用于实现频繁启动、制动或正反转控制，在选取接触器时主触点额定电流下降一个等级使用。

④ 接触器极数。根据被控设备运行的要求确定接触器主触点的配置形式，如三极、四极或五级等；根据控制线路的功能要求配置相应的辅助触点类型及数量。

⑤ 电磁线圈的电压。对于简单的控制线路可依据控制线路的电源电压进行选取；而对于控制线路复杂、实现功能较多的控制任务，则需要从安全因素方面综合考虑选用线圈低电压的接触器，并采取控制变压器提供线圈电压的方式。

FX3U基本指令程序步数速查与说明

　　FX3U 系列 PLC 在一些基本指令的操作对象中引入了变址操作和数据寄存器位操作，基本指令的执行时间较 FX2N 系列 PLC 有所变化，主要指令执行程序的步数和指令支持的操作对象参见表 B-1。

表 B-1　FX3U 基本指令程序步数速查表

软元件		指令						
		LD、LDI、AND、ANI、OR、ORI	OUT	SET	RST	PLS、PLF	LDP、LDF、ANDP、ANDF、ORP、ORF	MC
位软元件	X000～X357	1	—	—	—	—	2	—
	Y000～Y357	1	1	1	1	2	2	3
	M0～M1535	1	1	1	1	2	2	3
	M1536～M3583	2	2	2	2	2	2	3
	M3584～M7679	3	3	3	3	3	3	4
	S0～S1023	1	2	2	2	—	2	—
	S1024～S4095	2	2	2	2	—	2	—
	T0～T191、T200～T245	1	3	—	2	—	2	—
	T192～T199、T246～T511	1	3	—	2	—	2	—
	C0～C199	1	3	—	2	—	2	—
	C200～C255	1	5	—	2	—	2	—
	特殊辅助继电器 M8000～M8255	1	2	2	2	—	2	—
	特殊辅助继电器 M8256～M8511	2	2	2	2	—	2	—
带变址位软元件	X000～X357	3	—	—	—	—	—	—
	Y000～Y357	3	3	3	3	3	—	—
	M0～M7679	3	3	3	3	3	—	—
	T0～T511	3	4	—	—	—	—	—
	S0～S4095	—	—	—	—	—	—	—

软 元 件		指 令						
		LD、LDI、AND、 ANI、OR、ORI	OUT	SET	RST	PLS、 PLF	LDP、LDF、ANDP、 ANDF、ORP、ORF	MC
带变址位软元件	C0～C199	3	4	—	3	—	—	—
	C200～C255	—	—	—	—	—	—	—
	特殊辅助继电器 M8000～M8511	3	3	3	3	—	—	—
字软元件	D0～D7999、 特殊辅助继电器 M8000～M8511	—	—	—	3	—	—	—
	R0～R32767	—	—	—	—	—	—	—
带变址字软元件	D0～D7999、 特殊辅助继电器 M8000～M8511、 R0～R32767	—	—	—	—	—	—	—
字软元件位指定	D□.b 特殊辅助继电器 D□.b	3	3	3	3	—	3	—

FX3U 变址操作方法示例与说明如下。

LD、LDI、AND、ANI、OR、ORI、OUT、SET、RST、PLS、PLF 指令中使用的位软元件 X、Y、M（特殊辅助继电器外）、T、C（0～199）都可以进行变址修正。

变址修正操作示例：通过变址寄存器 Z（0），对 LD 指令的 X000 和 M0 进行修正。

如图 B-1 所示，当 X030=1 时，梯形图回路块①数据传送指令 MOVP 将十进制常数 K5 送至变址寄存器 Z（0），Z（0）被赋值 5，则回路块③中的输入继电器 X000Z0 则为 X(0+5)=X5，当 X5 闭合时，输出 Y000（ON）；回路块④中 M0Z0 为 M(0+5)=M5，则当 M5=1 时，输出 Y001（ON）。

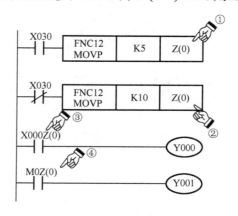

图 B-1　变址修正示例

当 X030=0 时，回路块②执行将常数 K10 送到变址寄存器 Z(0)，则 Z(0) 被赋值 10。回路块③中的 X000Z(0) 进行变址运算：$(0+Z(0)) = (0+10)_{10}=(12)_8$，X000Z(0)=X012，当 X012 闭合时，输出 Y000（ON）。回路块④中的 M0Z0 变址运算为 M(0+10)=M10，则当 M10=1 时，输出 Y001（ON）。

SET/RST 指令中变址操作的梯形图如图 B-2 所示，指令表见表 B-2。

图 B-2　SET/RST 指令的梯形图结构

表 B-2　SET/RST 指令表

步序号	助记符	操作数
0	LD	X000
1	SET	Y000Z0
4	LD	X001
5	RST	Y000Z0

进行基本指令的变址操作可采用变址寄存器的 V(0)～V(7) 和 Z(0)～Z(7) 实现，对采用八进制编号的软元件和采用十进制编号的软元件变址运算要求不同（参照上例）。对于定时器、计数器可对定时器、计数器的编号和设定值指定的软元件进行变址。32 位计数器和特殊辅助继电器不能进行变址操作，16 位寄存器变址后不能作为 32 位寄存器使用。

执行数据寄存器的位指定时，在数据寄存器（D）的编号后通过"."连结位编号，位编号范围为 0～F。FX3U 系列数据寄存器编号范围为 D0～D8511，共计 8512 点，其中 D0～D199（200 点）为一般数据寄存器，D200～D7999（7800 点）为掉电保持数据寄存器，D8000～D8511（512 点）为特殊数据寄存器。

如图 B-3 所示为关于 D□.b 操作示例功能：当数据寄存器 D0 中的第十六位（符号位）为 1 负值时，则由低到高的第四位为 1。

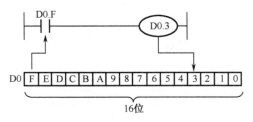

图 B-3　D□.b 操作示例

FX3U功能应用指令表

分类	FNC NO.	指令助记符	功能	FX3U	FX3UC	对应的可编程控制器					手册位置	分类	FNC NO.	指令助记符	功能	FX3U	FX3UC	对应的可编程控制器					手册位置
						FX1S	FX1N	FX2N	FX1NC	FX2NC								FX1S	FX1N	FX2N	FX1NC	FX2NC	
程序流程	00	CJ	条件跳转	○	○	○	○	○	○	○	8.1		137	DEG	二进制浮点数弧度转角度	○	○	-	-	-	-	-	18.25
	01	CALL	子程序调用	○	○	○	○	○	○	○	8.2											
	02	SRET	子程序返回	○	○	○	○	○	○	○	8.3		140	WSUM	算出数据合计算	○	⑤	-	-	-	-	-	19.1
	03	IRET	中断返回	○	○	○	○	○	○	○	8.4		141	WTOB	字节单位数据分离	○	⑤	-	-	-	-	-	19.2
	04	EI	中断许可	○	○	○	○	○	○	○	8.5		142	BTOW	字节单位数据结合	○	⑤	-	-	-	-	-	19.3
	05	DI	中断禁止	○	○	○	○	○	○	○	8.6		143	UNI	16位数据4位结合	○	⑤	-	-	-	-	-	19.4
	06	FEND	主程序结束	○	○	○	○	○	○	○	8.7		144	DIS	16位数据4位分离	○	⑤	-	-	-	-	-	19.5
	07	WDT	监控定时器	○	○	○	○	○	○	○	8.8											
	08	FOR	循环范围结束	○	○	○	○	○	○	○	8.9		147	SWAP	上下字节变换	○	○	-	-	○	-	○	19.6
	09	NEXT	循环范围终了	○	○	○	○	○	○	○	8.10											
传送与比较	10	CMP	比较	○	○	○	○	○	○	○	9.1		149	SORT2	数据排列2	○	⑤	-	-	-	-	-	19.7
	11	ZCP	区域比较	○	○	○	○	○	○	○	9.2	定位	150	DSZR	带DOG原点回归	○	④	-	-	-	-	-	20.1
	12	MOV	传送	○	○	○	○	○	○	○	9.3		151	DVIT	中断定位	○	②	-	-	-	-	-	20.2
	13	SMOV	移位传送	○	○	○	○	○	○	○	9.4		152	TBL	表格设定定位	○	④	-	-	-	-	-	20.3
	14	CML	倒转达传送	○	○	○	○	○	○	○	9.5											
	15	BMOV	一并传送	○	○	○	○	○	○	○	9.6		155	ABS	ABS现在值读出	○	○	○	○	①	○	①	20.4
	16	RMOV	多点传送	○	○	-	-	○	-	○	9.7		156	ZRN	原点回归	○	④	-	-	○	-	20.5

续表

分类	FNC NO.	指令助记符	功能	FX3U	FX3UC	FX1S	FX1N	FX2N	FX1NC	FX2NC	手册位置
	17	XCH	交换	○	○	-	-	○	-	○	9.8
	18	BCD	BCD 转换	○	○	○	○	○	○	○	9.9
	19	BIN	BIN 转换	○	○	○	○	○	○	○	9.10
四则逻辑运算	20	ADD	BIN 加法	○	○	○	○	○	○	○	10.1
	21	SUB	BIN 减法	○	○	○	○	○	○	○	10.2
	22	MUL	BIN 乘法	○	○	○	○	○	○	○	10.3
	23	DIV	BIN 除法	○	○	○	○	○	○	○	10.4
	24	INC	BIN 加 1	○	○	○	○	○	○	○	10.5
	25	DEC	BIN 减 1	○	○	○	○	○	○	○	10.6
	26	WAND	逻辑字与	○	○	○	○	○	○	○	10.7
	27	WOR	逻辑字或	○	○	○	○	○	○	○	10.8
	28	WXOR	逻辑字异或	○	○	○	○	○	○	○	10.9
	29	NEG	求补码	○	○	-	-	○	-	○	10.10
循环移位	30	ROR	循环右移	○	○	-	-	○	-	○	11.1
	31	ROL	循环左移	○	○	-	-	○	-	○	11.2
	32	RCR	带进位循环右移	○	○	-	-	○	-	○	11.3
	33	RCL	带进位循环左移	○	○	-	-	○	-	○	11.4
	34	SFTR	位右移	○	○	○	○	○	○	○	11.5
	35	SFTL	位左移	○	○	○	○	○	○	○	11.6
	36	WSPR	字右移	○	○	-	-	○	-	○	11.7
	37	WSPL	字左移	○	○	-	-	○	-	○	11.8
	38	SPWR	移位写入	○	○	○	○	○	○	○	11.9
	39	SFRD	移位读出	○	○	○	○	○	○	○	11.10
数据处理	40	ZRST	批次复位	○	○	○	○	○	○	○	12.1
	41	DECO	译码	○	○	○	○	○	○	○	12.2
	42	ENCO	编码	○	○	○	○	○	○	○	12.3
	43	SUM	ON 位数	○	○	-	-	○	-	○	12.4
	44	BON	ON 位数判断	○	○	-	-	○	-	○	12.5

分类	FNC NO.	指令助记符	功能	FX3U	FX3UC	FX1S	FX1N	FX2N	FX1NC	FX2NC	手册位置
	157	PLSY	可变度脉冲输出	○	○	○	○	-	○	-	20.6
	158	DRV	相对定位	○	○	○	○	-	○	-	20.7
	159	DRVA	绝对定位	○	○	○	○	-	○	-	20.8
时钟运算	160	TCMP	时钟数据比较	○	○	○	○	○	○	○	21.1
	161	TZCP	时钟区间比较	○	○	○	○	○	○	○	21.2
	162	TADD	时钟数据加法	○	○	○	○	○	○	○	21.3
	163	TSUB	时钟数据减法	○	○	○	○	○	○	○	21.4
	164	HTOS	时间数据的秒转换	○	○	-	-	-	-	-	21.5
	165	STOH	秒数据时间转换	○	○	○	○	○	○	○	21.6
	166	TRD	时钟数据读出	○	○	○	○	○	○	○	21.7
	167	TWR	时钟数据写入	○	○	○	○	○	○	○	21.8
	169	HOUR	长时间检测	○	○	-	-	①	-	①	21.9
外部设备扩展	170	GRY	格雷码转换	○	○	-	-	○	-	○	22.1
	171	GBIN	格雷码逆转换	○	○	-	-	○	-	○	22.2
	176	RD3A	模拟块读出	○	○	-	①	○	①	○	22.3
	177	WR3A	模拟块写入	○	○	-	①	○	①	○	22.4
	180	EXTR	扩展 ROM 功能	-	-	-	-	①	-	①	23.1
其他指令	182	COMRD	读软元件注释数据	○	⑤	-	-	-	-	-	24.1
	184	RND	产生随机数	○	○	-	-	-	-	-	24.2
	186	DUTY	出现定时脉冲	○	⑤	-	-	-	-	-	24.3
	188	CRC	CRC 运算	○	○	-	-	-	-	-	24.4

续表

分类	FNC NO.	指令助记符	功能	FX3U	FX3UC	对应的可编程控制器 FX1S	FX1N	FX2N	FX1NC	FX2NC	手册位置	分类	FNC NO.	指令助记符	功能	FX3U	FX3UC	对应的可编程控制器 FX1S	FX1N	FX2N	FX1NC	FX2NC	手册位置
	45	MEAN	平均值	○	○	-	-	○	-	○	12.6		189	HCMOV	调速计数器传送	○	④	-	-	-	-	-	24.5
	46	ANS	信号报警器置位	○	○	-	-	○	-	○	12.7												
	47	ANR	信号报警器复位	○	○	-	-	○	-	○	12.8		192	BK+	数据块加法运算	○	⑤	-	-	-	-	-	25.1
	48	SOR	BIN 开方	○	○	-	-	○	-	○	12.9		193	BK-	数据块减法运算	○	⑤	-	-	-	-	-	25.2
	49	FLT	BIN 整数浮点数转换	○	○	-	-	○	-	○	12.10	数据块处理	194	BKCMP=	数据块等于比较	○	⑤	-	-	-	-	-	25.3
高速处理	50	REF	输入输出刷新	○	○	○	○	○	○	○	13.1		195	BKCMP>	数据块大于比较	○	⑤	-	-	-	-	-	25.3
	51	REFE	滤波器调整	○	○	-	-	○	-	○	13.2		196	BKCMP<	数据块小于比较	○	⑤	-	-	-	-	-	25.3
	52	MTR	矩阵输入	○	○	○	○	○	○	○	13.3		197	BKCMP<>	数据块不等于比较	○	⑤	-	-	-	-	-	25.3
	53	HSCS	比较置位(高速C)	○	○	○	○	○	○	○	13.4		198	BKCMP<=	数据块不大于比较	○	⑤	-	-	-	-	-	25.3
	54	HSCR	比较复位(高速C)	○	○	○	○	○	○	○	13.5		199	BKCMP>=	数据块不小于比较	○	⑤	-	-	-	-	-	25.3
	55	HSZ	区间比较(高速C)	○	○	-	-	○	-	○	13.6		200	STR	BIN→字符串	○	⑤	-	-	-	-	-	26.1
	56	SPD	脉冲密度	○	○	○	○	○	○	○	13.7		201	VAL	字符串→BIN	○	⑤	-	-	-	-	-	26.2
	57	PLSY	脉冲输出	○	○	○	○	○	○	○	13.8		202	$+	字符串合并	○	○	-	-	-	-	-	26.3
	58	PWM	脉冲调制	○	○	○	○	○	○	○	13.9	字符串的控制	203	LEN	检测字符串长度	○	○	-	-	-	-	-	26.4
	59	PLSR	带加速器脉冲输出	○	○	○	○	○	○	○	13.10		204	RIGHT	字符串右侧取字符	○	○	-	-	-	-	-	26.5
方便指令	60	IST	状态初始化	○	○	○	○	○	○	○	14.1		205	LEFT	字符串左侧取字符	○	○	-	-	-	-	-	26.6
	61	SER	数据查找	○	○	-	-	○	-	○	14.2		206	MIDR	字符串任意取字符	○	○	-	-	-	-	-	26.7
	62	ABSD	凸轮控制-绝对方式	○	○	○	○	○	○	○	14.3		207	MIDW	字符串任意替换	○	○	-	-	-	-	-	26.8

续表

分类	FNC NO.	指令助记符	功能	FX3U	FX3UC	FX1S	FX1N	FX2N	FX1NC	FX2NC	手册位置
	63	INCD	凸轮控制-增量方式	O	O	O	O	O	O	O	14.4
	64	TTMR	示教定时器	O	O	-	-	O	-	O	14.5
	65	STMR	特殊定时器	O	O	-	-	O	-	O	14.6
	66	ALT	交替输出	O	O	O	O	O	O	O	14.8
	67	RAMP	斜坡信号	O	O	O	O	O	O	O	14.8
	68	ROTO	旋转工作台控制	O	O	-	-	O	-	O	14.9
	69	SORT	数据排列	O	O	-	-	O	-	O	14.10
外围设备 I/O	70	TKY	数字键输入	O	O	-	-	O	-	O	15.1
	71	HKY	16键输入	O	O	-	-	O	-	O	15.2
	72	DSW	数字式开关	O	O	O	O	O	O	O	15.3
	73	SEGD	7段编码	O	O	-	-	O	-	O	15.4
	74	SEGL	带锁存的7段显示	O	O	O	O	O	O	O	15.5
	75	ARWS	矢量开关	O	O	-	-	O	-	O	15.6
	76	ASC	ASCII码转换	O	O	-	-	O	-	O	15.7
	77	PR	ASCII码打印输出	O	O	-	-	O	-	O	15.8
	78	FROM	特殊功能模块读出	O	O	-	O	O	O	O	15.9
	79	TO	特殊功能模块写入	O	O	-	O	O	O	O	15.10
外围设备 SER	80	RS	串行数据传送	O	O	O	O	O	O	O	16.1
	81	PRUN	8进制数传送	O	O	O	O	O	O	O	16.2
	82	ASCI	HEX-ASCII转换	O	O	O	O	O	O	O	16.3
	83	HEX	ASCII-HEX转换	O	O	O	O	O	O	O	16.4
	84	CCD	校验码	O	O	O	O	O	O	O	16.5
	85	VRRD	电位器读出	-	-	O	O	O	O	O	16.6

分类	FNC NO.	指令助记符	功能	FX3U	FX3UC	FX1S	FX1N	FX2N	FX1NC	FX2NC	手册位置
数据处理3	208	INSTR	字符串的检索	O	⑤	-	-	-	-	-	26.9
	209	$MOV	字符串的传送	O	O	-	-	-	-	-	26.10
	210	FDEL	数据表数据删除	O	⑤	-	-	-	-	-	27.1
	211	FINS	数据表数据插入	O	⑤	-	-	-	-	-	27.2
	212	POP	后入数据读取	O	O	-	-	-	-	-	27.3
	213	SFR	16位带进位右移	O	O	-	-	-	-	-	27.4
	214	SFL	16位带进位左移	O	O	-	-	-	-	-	27.5
触点比较	224	LD=	(S1)=(S2)	O	O	O	O	O	O	O	28.1
	225	LD>	(S1)>(S2)	O	O	O	O	O	O	O	28.1
	226	LD<	(S1)<(S2)	O	O	O	O	O	O	O	28.1
	228	LD<>	(S1)≠(S2)	O	O	O	O	O	O	O	28.1
	229	LD<=	(S1)≤(S2)	O	O	O	O	O	O	O	28.1
	230	LD>=	(S1)≥(S2)	O	O	O	O	O	O	O	28.1
	232	AND=	(S1)=(S2)	O	O	O	O	O	O	O	28.2
	233	AND>	(S1)>(S2)	O	O	O	O	O	O	O	28.2
	234	AND<	(S1)<(S2)	O	O	O	O	O	O	O	28.2
	236	AND<>	(S1)≠(S2)	O	O	O	O	O	O	O	28.2
	237	AND<=	(S1)≤(S2)	O	O	O	O	O	O	O	28.2
	238	AND>=	(S1)≥(S2)	O	O	O	O	O	O	O	28.2

分类	FNC NO.	指令助记符	功能	FX3U	FX3UC	FX1S	FX1N	FX2N	FX1NC	FX2NC	手册位置	分类	FNC NO.	指令助记符	功能	FX3U	FX3UC	FX1S	FX1N	FX2N	FX1NC	FX2NC	手册位置
	86	VRSC	电位器刻度	-	-	○	○	○	○	○	16.7												
	87	RS2	串行数据传送2	○	○	-	-	-	-	-	16.8		240	OR=	(S1)=(S2)	○	○	○	○	○	○	○	28.3
	88	PID	PID 运算	○	○	-	-	-	-	-	16.9		241	OR>	(S1)>(S2)	○	○	○	○	○	○	○	28.3
													242	OR<	(S1)<(S2)	○	○	○	○	○	○	○	28.3
数据传送器	102	ZPUSH	变址寄存器的批次躲避	○	⑤	-	-	-	-	-	17.1		244	OR<>	(S1)≠(S2)	○	○	○	○	○	○	○	28.3
	103	ZPOP	变址寄存器的恢复	○	⑤	-	-	-	-	-	17.2		245	OR<=	(S1)≤(S2)	○	○	○	○	○	○	○	28.3
													246	OR>=	(S1)≥(S2)	○	○	○	○	○	○	○	28.3
浮点数	110	ECMP	二进制浮点数比较	○	○	-	-	○	-	○	18.1												
	111	EZCP	二进制浮点数区间比较	○	○	-	-	○	-	○	18.2		256	LIMIT	上下限位控制	○	○	-	-	-	-	-	29.1
	112	EMOV	二进制浮点数数据传送	○	○	-	-	-	-	-	18.3		257	BAND	死区控制	○	○	-	-	-	-	-	29.2
													258	ZONE	区域控制	○	○	-	-	-	-	-	29.3
	116	ESTR	二进制浮点数→字符串	○	○	-	-	-	-	-	18.4	数据表处理	259	SCL	定标	○	○	-	-	-	-	-	29.4
	117	EVAL	字符串→二进制浮点数	○	○	-	-	-	-	-	18.5		260	DABIN	十进制 ASCII→BIN	○	⑤	-	-	-	-	-	29.5
	118	EBCD	二-十进制浮点数转换	○	○	-	-	○	-	○	18.6		261	BINDA	BIN→十进制 ASCII	○	⑤	-	-	-	-	-	29.6
	119	EBIN	十-二进制浮点数转换	○	○	-	-	○	-	○	18.7												
	120	EADD	二进制浮点数加法	○	○	-	-	○	-	○	18.8		269	SCL2	定标2（X\Y坐标）	○	⑤	-	-	-	-	-	29.7
	121	ESUB	二进制浮点数减法	○	○	-	-	○	-	○	18.9	设备通信	270	IVCK	变频器运行监控	○	○	-	-	-	-	-	30.1
	122	EMUL	二进制浮点数乘法	○	○	-	-	○	-	○	18.10		271	IVDR	变频器运行控制	○	○	-	-	-	-	-	30.2

分类	FNC NO.	指令助记符	功能	FX3U	FX3UC	FX1S	FX1N	FX2N	FX1NC	FX2NC	手册位置	分类	FNC NO.	指令助记符	功能	FX3U	FX3UC	FX1S	FX1N	FX2N	FX1NC	FX2NC	手册位置
	123	EDIV	二进制浮点数除法	○	○	-	-	○	-	○	18.11		272	IVRD	变频器参数读取	○	○	-	-	-	-	-	30.3
	124	EXP	二进制浮点数指数运算	○	○	-	-	-	-	-	18.12		273	IVWR	变频器参数写入	○	○	-	-	-	-	-	30.4
	125	LOGE	二进制浮点数自然对数运算	○	○	-	-	-	-	-	18.13		274	IVBWR	参数成批写入	○	○	-	-	-	-	-	30.5
	126	LOG10	二进制浮点数常用对数运算	○	○	-	-	-	-	-	18.14												
	127	ESOR	二进制浮点数开方运算	○	○	-	-	○	-	○	18.15	传送	278	RBFM	BFM 分割读出	○	⑤	-	-	-	-	-	31.1
	128	ENEG	二进制浮点数符号翻转	○	○	-	-	-	-	-	18.16		279	WBFM	BFM 分割写入	○	⑤	-	-	-	-	-	31.2
	129	INT	二进制浮点数-整数转换	○	○	-	-	○	-	○	18.17	高速	280	HSCT	高速计数器表比较	○	○	-	-	-	-	-	32.1
	130	SIN	二进制浮点数SIN 运算	○	○	-	-	○	-	○	18.18												
	131	COS	二进制浮点数COS 运算	○	○	-	-	○	-	○	18.19		290	LOADR	读文件寄存器	○	○	-	-	-	-	-	33.1
	132	TAN	二进制浮点数TAN 运算	○	○	-	-	-	-	-	18.20		291	SAVER	一并写入文件寄存器	○	○	-	-	-	-	-	33.2
	133	ASIN	二进制浮点数SIN-1 运算	○	○	-	-	-	-	-	18.21	文件寄存器	292	INITR	寄存器初始化	○	○	-	-	-	-	-	33.3
	134	ACOS	二进制浮点数COS-1 运算	○	○	-	-	-	-	-	18.22		293	LOGR	记入扩展寄存器	○	○	-	-	-	-	-	33.4
	135	ATAN	二进制浮点数TAN-1 运算	○	○	-	-	-	-	-	18.23		294	RWER	文件删除.写入	○	③	-	-	-	-	-	33.5
	136	RAD	二进制浮点数角度转弧度	○	○	-	-	-	-	-	18.24		295	INITER	文件寄存器初始化	○	③	-	-	-	-	-	33.6

注：①FX2N/FX2NC 系列 Ver3.00 以上产品中可以更改功能；②FX3UC 系列 Ver1.30 以上产品中可以更改功能；③FX3UC 系列 Ver1.30 以上产品中可以更改功能；④FX3UC 系列 Ver2.20 以上产品中可以更改功能；⑤FX3UC 系列 Ver2.20 以上产品中可以更改功能。

FX3U软元件编号的分配及功能概要

FX3U 可编程控制器的一般软元件的种类和编号参阅表 D-1 和表 D-2。

表 D-1

	FX3U-16M	FX3U-32M	FX3U-48M	FX3U-64M	FX3U-80M	FX3U-128M	带 扩 展	合 计
输入继电器 X	X000 ～ X007 8 点	X000 ～ X027 16 点	X000 ～ X027 24 点	X000 ～ X037 32 点	X000 ～ X047 48 点	X000 ～ X077 64 点	X000 ～ X267（X177） 共 184 点(128)	最大扩展点数为 256 点，与 CC-Link 远程 I/O 合计最大为 384 点
输出继电器 Y	Y000 ～ Y007 8 点	Y000 ～ Y027 16 点	Y000 ～ Y027 24 点	Y000 ～ Y037 32 点	Y000 ～ Y047 48 点	Y000 ～ Y077 64 点	Y000 ～ Y267（X177） 共 184 点(128)	

注：各 PLC 基本单元的输出类型未标注，是对三种输出类型的总的表示形式。

表 D-2

辅助继电器 M	M0～M499 500 点 一般用 ※1	【M500～M1023】 524 点保持用 ※2		【M1024～M3071】 2048 点 保持用 ※3	M8000～M8255 156 点 特殊用
状态 S	S0～S499 500 点一般用 ※1 初始化用 S0～S9 原点回归用 S10～S19	【S500～S899】 400 点 保持用 ※2		【S900～S999】 100 点 信号报警用 ※2	
定时器 T	T0～T199 200 点 100ms 子程序用 T192～T199	T200～T245 46 点 10ms	【T246～T249】 4 点 1ms 累积 ※3	【T250～T255】 6 点 100ms ※2	

计数器 C	16 位增计数		32 位可逆		32 位高速可逆计数器 最大 6 点		
	C0～C99 100 点 一般用 ※1	【C100～C199】 100 点 保持用 ※2	【C200～C219】 20 点 一般用 ※1	【C220～C234】 15 点 保持用 ※2	【C235～C245】 单相单输入 ※2	【C246～C250】 单相双输入 ※2	【C251～C255】 双相输入 ※2
数据寄存器 D、V、Z	D0～D199 200 点 一般用 ※1	【D200～D511】 312 点 保持用 ※2	【D512～D7999】 7488 点 文件用 D100 以后可以设定 为文件寄存器		D8000～D8195 106 点 特殊用	V0～V7 Z0～Z7 16 点 变址用	
嵌套指针	N0～N7 8 点 主控用	P0～P127 128 点 跳转、子程序用分支指 针	I00*～I05* 6 点 输入中断用的指针		I06**～I08** 3 点 定时中断器用的 指针	I010～I060 6 点 计数器中断用的指针	
常数 K	16 位 -32,7 68～ 32,7 67				32 位 -2,147,483,648～2,147,483,647		
常数 H	16 位 0～FFFFH				32 位 0～FFFFFFFFH		

注释：【 】内的软元件为电池保持区域；※1：非保持区域，通过参数设定可以改变为保持区域； ※2：电池保持区域，通过参数设定可以改变为非电池保持区域；※3：电池保持固定区域，区域特性不可以改变。

FX3U特殊软元件的种类及功能说明

FX3U 系列可编程控制器的特殊功能软元件的分类及功能说明如下：同[M]、[D]由[ ]框起的软元件，为没有使用的软元件及没有记载的未定义软元件，在程序中不能对这些软元件进行驱动或数据写入操作。下述各表分别为各类特殊功能软元件相关功能说明。

表 E-1 PLC 状态

编 号	名 称	备 注	编 号	名 称	备 注
[M]8000	RUN 监控 a 触点	RUN 中一直为 ON	D8000	监视定时器	初始值为 200mV
[M]8001	RUN 监控 b 触点	RUN 中一直为 OFF	[D]8001	PLC 类型以及版本号	+5
[M]8002	初始脉冲 a 触点	RUN 后一个扫描周期为 ON	[D]8002	存储器容量	+6
[M]8003	初始脉冲 b 触点	RUN 后一个扫描周期为 OFF	[D]8003	存储器种类	+7
[M]8004	发生出错	检测到 M8060～M8067*1	[D]8004	出错特殊继电器 M 编号	M8060～M8067
[M]8005	电池电压过低	锂电池电压低	[D]8005	电池电压	0.1V 单位
[M]8006	电池电压过低锁存	保持电压低信号	[D]8006	检测 BATT.V 低电平值	3.0（0.1V 单位）
[M]8007	检测出瞬间停电		[D]8007	瞬停次数	电源断开时清除
[M]8008	检测出停电中		[D]8008	检测为停电时间	
[M]8009	DC24V 掉电	检测出勤率 4V 电源异常	[D]8009	掉电的单元号	掉电单元初始输入编号

注：*1 M8062 除外

表 E-2 时钟

编 号	名 称	备 注	编 号	名 称	备 注
[M]8010			[D]8010	扫描的当前值	0.1ms 单位包括恒定扫描的等待时间
[M]8011	10ms 时钟	10ms 周期振荡	[D]8011	MIN 扫描时间	
[M]8012	100ms 时钟	100ms 周期振荡	[D]8012	MAX 扫描时间	

编 号	名 称	备 注	编 号	名 称	备 注
[M]8013	1s 时钟	1s 周期振荡	D8013	秒 0～59 预转置值或当前值	
[M]8014	1min 时钟	1min 周期振荡	D8014	分 0～59 预转置值或当前值	
M8015	停止计时以及预置		D8015	时 0～23 预转置值或当前值	
M8016	时间显示被停止		D8016	日 1～31 预转置值或当前值	时钟误差±45s、月有闰年修正
M8017	±30s 补偿修正		D8017	月 1～12 预转置值或当前值	
[M]8018	检测出内置 RTC	一直为 ON	D8018	公历 4 位数预置或当前值[*2]	
M8019	内置 RTC 出错		D8019	星期 0～6 预转置值或当前值	

注：[*2] 显示公历的后 2 位，可以切换为公历 4 位的模式，显示 4 位时可以显示 1980～2079 年

表 E-3　标志位

编 号	名 称	备 注	编 号	名 称	备 注
[M]8020	零位	应用指令用的运算标志位	D8020	输入滤波器调节的（X000～X017）[*3]	初始值：10ms（0～60ms）
[M]8021	借位		[D]8021		
M8022	进位		[D]8022		
[M]8023			[D]8023		
M8024	指定 BMOV 方向		[D]8024		
M8025	HSC 模式(FNC53～55)		[D]8025		
M8026	RAMP 模式(FNC67)		[D]8026		
M8027	PR 模式(FNC77)		[D]8027		
M8028	FROM/TO 指令执行过程中允许中断		[D]8028	Z0（Z）寄存器的内容	变址寄存器 Z 的内容
[M]8029	指令执行结束标志位	应用指令用	[D]8029	V0（Z）寄存器的内容	变址寄存器 V 的内容

注：[*3] 表示对于 FX3U-16M□应为 X000～X007（□为 R、S、T）

表 E-4　PC 模式

编号	名　称	备　注	编号	名　称	备　注
M8030	电池 LED 灭灯批示	面板不亮灯*4-1	[D]8030		
M8031	非保持存储区全部清除	软元件 ON/OFF 映像及当前值清除 *4-1	[D]8031		
M8032	保持存储区全部清除		[D]8032		
M8033	内存保持停止	映像存储区保持	[D]8033		
M8034	禁止所有输出	所有外部输出全部 OFF *4-1	[D]8034		
M8035	强制 RUN 模式	*4-2	[D]8035		
M8036	强制 RUN 指令		[D]8036		
M8037	强制 STOP 模式		[D]8037		
[M]8038			[D]8038		
M8039	恒定扫描模式	定周期进行	D8039	恒定扫描时间	初始值 0ms（1ms 单位）

注：*4-1 为 END 指令结束时处理　　*4-2 表示 RUN→STOP 时清除

表 E-5　步进梯形图

编号	名　称	备　注	编号	名　称	备　注
M8040	禁止转移	禁止状态间转移	[D]8040	ON 状态编号 1*4-1	M8047 为 ON 时，S0～S999 中正在动作的状态的最小编号保存到 D8040 中，以下集资保存 8 个
M8041	转移开始*4-2		[D]8041	ON 状态编号 2*4	
M8042	启动脉冲		[D]8042	ON 状态编号 3*4	
M8043	原点回归结束*4-2		[D]8043	ON 状态编号 4*4	
M8044	原点条件*4-2		[D]8044	ON 状态编号 5*4	
M8045	所有输出复位禁止		[D]8045	ON 状态编号 6*4	
[M]8046	STL 状态动作*4-1	S0～S899 动作检测	[D]8046	ON 状态编号 7*4	
M8047	STL 监控有效*4-1	D8040～8047 有效化	[D]8047	ON 状态编号 8*4	
[M]8048	信号报警器动作*4-1	S900～999 动作检测	[D]8048		
M8049	信号报警器有效*4-1	D8049 有效化	[D]8049	ON 状态最小编号 1*4-1	S900～999 中为 ON 状态的最小编号

表 E-6　禁止中断

编　号	名　　称	备　注	编　号	名　　称	备　注
M8050	I00□禁止		[D]8050		
M8051	I10□禁止		[D]8051		
M8052	I20□禁止		[D]8052		
M8053	I30□禁止	输入中断禁止	[D]8053		
M8054	I40□禁止		[D]8054		
M8055	I50□禁止		[D]8055	没有使用	
M8056	I60□禁止		[D]8056		
M8057	I70□禁止	定时器中断禁止	[D]8057		
M8058	I80□禁止		[D]8058		
M8059	I010～I060 全部禁止	计时器中断禁止	[D]8059		

表 E-7　出错检测

编　号	名　　称	备　注	编　号	名　　称	备　注
[M]8060	I/O 构成出错	PLC 继续 RUN	[D]8060	没有实际安装的 I/O 起始编号	
[M]8061	PC 硬件出错	PLC 可编程控	[D]8061	PC 硬件出错的出错代码编号	
[M]8062	PC/PP 通信出错	PLC 继续 RUN	[D]8062	PC/PP 通信出错的出错代码编号	保存出错代码
[M]8063	并联链接通信适配器出错	PLC 继续 RUN	[D]8063	链接通信出错的出错代码编号	参阅出错代码表
[M]8064	参数出错		[D]8064	参数出错的出错代码编号	
[M]8065	语法出错	PLC 停止	[D]8065	语法出错的出错代码编号	
[M]8066	回路出错		[D]8066	回路出错的出错代码编号	
[M]8067	运算出错[*7-1]	PLC 继续 RUN	[D]8067	运算出错的出错代码编号[*7-1]	
M8068	运算出错锁存	M8067 保持	D8068	发生运算出错的步编号	步号保持
M8069	I/O 总线检查	开始总线检查	[D]8069	发生 M8065～M8067 出错的步编号	[*7-1]

注：[*7-1] 为 STOP→ RUN 时清除

表 E-8　并联链接

编　号	名　　称	备　注	编　号	名　　称	备　注
M8070	并联链接主站声明	主站时 ON[*7-1]	[D]8070	并联链接出错判定时间	初始值为 500ms
M8071	并联链接从站声明	从站时 ON[*7-1]	[D]8071		
[M]8072	并联链接运行中为 ON	运行中为 ON	[D]8072		
[M]8073	主、从站设定错误	M8070、M8071 设定错误	[D]8073		

表 E-9 采样跟踪

编 号	名 称	备 注	编 号	名 称	备 注
[M]8074		采样跟踪功能	[D]8074	采样剩余次数	采样跟踪功能，详细可参阅编程手册
[M]8075			D8075	采样次数设定（1～512）	
[M]8076			D8076	采样周期	
[M]8077	执行中监控		D8077	触发指定	
[M]8078	执行结束监控		D8078	设定触发条件的软元件编号	
[M]8079	跟踪 512 次以上		[D]8079	采样数据指针	
			D8080～D8095	位软元件编号 NO.0～NO.15	
			[D]8096	字软元件 NO.0	
			[D]8097	字软元件 NO.1	
			[D]8098	字软元件 NO.2	

表 E-10 存储器容量

编 号	名 称	备 注		
[D]8102	存储器容量		0002=2K 步　　　　0004=4K 步 0008=8K 步　　　　0016=16K 步	

表 E-11 输出刷新

编 号	名 称	备 注	编 号	名 称	备 注
[M]8109	发生输出刷新出错		[D]8109	发生输出刷新错误的输出信号	保存 0、10、20

表 E-12 高速环行计数器

编 号	名 称	备 注	编 号	名 称	备 注
M8099	高速环形计数器动作	允许计数器动作	D8099	0.1s 环形计数	0～32767 增计数

表 E-13 特殊功能用

编 号	名 称	备 注	编 号	名 称	备 注
[M]8120		RS-232 通信用	D8120	通信格式[13-1]	详细参阅通信适配器手册
[M]8121	RS232C 发送待机中[7-1]		D8121	设定信号[13-1]	
M8122	RS232C 发送标志位[7-1]		[D]8122	发送数据的剩余点数[7-1]	
M8123	RS232C 接收标志位[7-1]		[D]8123	接收数据的数量[7-1]	
[M]8124	RS232 载波接收中		D8124	报头（STX）	
[M]8125			D8125	报尾（ETX）	
[M]8126	全局信号	RS-485 通信用	[D]8126		

续表

编号	名　称	备　注	编号	名　称	备　注
[M]8127	下位通信请求的握手信号	RS-485 通信用	D8127	指定下位通信请求起始编号	
M8128	下位通信请求的出错信号		D8128	指定下位通信请求数据数	
M8129	下位通信请求的字/字节的切换		D8129	超时判定时间*13-1	

注：*13-1 为电池支持

表 E-14　高速表格

编号	名　称	备　注	编号	名　称		备　注
M8130	HSZ 表格比较模式		D8130	HSZ 表格计数器		
[M]8131	同上执行结束标志位		D8131	HSZ PLSY 表格计数器		
M8132	HSZ PLSY 速度模式		[D]8132	速度模式频率	低位	
[M]8133	同上的执行结束标志位		[D]8133	HSZ PLSY	空	详细内容参阅编程手册
			D8134	速度模式目标	低位	
			D8135	脉冲数 HSZ PLSY	高位	
			[D]8136	输出脉冲数	低位	
			D8137	PLSY PLSR	高位	
			D8138			
			D8139			
			D8140	PLSY PLSR 输出到 Y000 的脉冲数	低位	详细内容参阅编程手册
			D8141		高位	
			D8142	PLSY PLSR 输出到 Y001 的脉冲数	低位	
			D8143		高位	

表 E-15　扩展功能

编号	名　称	备　注	编号	名　称	备　注
M8160	XCH 的 SWAP 功能	同一软元件内交换	[D]8160		
M8161	8 位为单位传送	16/8 位切换*15-1	[D]8161		
M8162	高速并联链接模式		[D]8162		
[M]8163			[D]8163		
M8164	传送点数可变模式	FROM/TO 指令 *15-2	D8164	指定传送点数	FROM/TO 指令*15-2
[M]8165			[D]8165		

编　号	名　称	备　注	编　号	名　称	备　注
[M]8166			[D]8166		
M8167	HKY 的 HEX 处理	写入 16 进制数据	[D]8167		
M8168	SMOV 的 HEX 处理	停止 BCD 转换	[D]8168		
[M]8169			[D]8169		

注：*15-1 为选用于 ASC、RS、ASCI、HEX、CCD 指令　　*15-2 V2.00 以上版本

表 E-16　脉冲捕捉

编　号	名　称	备　注
M8170	输入 X000　脉冲捕捉	
M8171	输入 X001　脉冲捕捉	
M8172	输入 X002　脉冲捕捉	
M8173	输入 X003　脉冲捕捉	详细内容参阅编程手册
M8174	输入 X004　脉冲捕捉	
M8175	输入 X005　脉冲捕捉	
[M]8176		
[M]8177		
[M]8178		
[M]8179		

表 E-17　变址寄存器的当前值

编　号	名　称	备　注
[D]8180		
[D]8181		
[D]8182	Z5 寄存器内容	
[D]8183	V5 寄存器内容	
[D]8184	Z6 寄存器内容	
[D]8185	V6 寄存器内容	变址寄存器的当前值
[D]8186	Z7 寄存器内容	
[D]8187	V7 寄存器内容	
[D]8188	Z7 寄存器内容	
[D]8189	V7 寄存器内容	

表 E-18　内部增/减计数器

编 号	名 称	备 注	编 号	名 称	备 注
M8200			[D]8190	Z5 寄存器内容	
M8201			[D]8191	V5 寄存器内容	
	驱动 M8□□□时，C□□□为减计数模式，不驱动时，C□□□为增计数器模式（□□□为 200～234）	详细内容参阅编程手册	[D]8192	Z6 寄存器内容	变址寄存器的当前值
...			[D]8193	V6 寄存器内容	
			[D]8194	Z7 寄存器内容	
			[D]8195	V7 寄存器内容	
			[D]8196		
			[D]8197		
M8234			[D]8198		
M8235			[D]8199		

表 E-19　高速计数器

编 号	名 称	备 注	编 号	名 称	备 注
M8235			[M]8246		
M8236			[M]8247		
M8237			[M]8248	根据单相双输入计数器 C□□□的增/减计数,M8□□□为 ON/OFF（□□□为 246～250）	
M8238			[M]8249		
M8239	驱动 M8□□□时，单相高速计数器 C□□□为减计数模式，不驱动时为增计数器模式（□□□为 235～245）	详细内容可参阅手册	[M]8250		详细内容参阅编程手册
M8240			[M]8251		
M8241			[M]8252		
M8242			[M]8253	根据双相计数器 C□□□的增/减计数,M8□□□为 ON/OFF（□□□为 251～255）	
M8243			[M]8254		
M8244			[M]8255		
M8245					

FX3U软元件出错代码一览表

一、出错代码

FX3U 特殊数据寄存器 D8060～D8067 中保存的出错代码及出错内容信息参阅表 F-1。

表 F-1

区　分	出错代码	出　错　内　容	处　理　方　法
I/O 构成出错 M8060（D8060） 继续运行	例　1020	实际没有安装 I/O 的起始软原件编号"1 020"的场合 I=输入 X（O=输出 Y）　020=软元件编号	如果对于实际没有安装的输入加点器、输入继电器编写了程序，可编程控制器继续运行，但是程序若有错误的话，请修改
PC 硬件出错 M8061（D8061） 运行停止	0000	无异常	
	6101	RAM 出错	
	6102	运算回路出错	
	6103	I/O 总线出错（M8069 驱动时）	请检查扩展电缆的连接是否正确
	6104	扩展单元 24V 掉电（M8069 为 N0 时）	
	6105	WDT 出错	运算时间超过 D8000 的数值，请检查程序
PC/PP 通信出错 M8062（D8062） 继续运行	0000	无异常	请检查编程面板（PP）或者编程口上连接的设备是否与可编程控制器（PC）正确连接。在可编程控制器通电过程中插拔接口上的电缆，也可能会报错
	6201	奇偶校验出错、超时、帧错误	
	6202	通信字符错误	
	6203	通信数据的校验不一致	
	6204	数据格式错误	
	6205	指令错误	
并联链接通信出错　M8063（D8063）继续运行	0000	无异常	请确认通信参数，简易 PC 间的链接用设定程序，并联链接用设定程序等，是否根据用途做了正确的设定。此外，请确认接线
	6301	奇偶校验出错、超时、帧错误	
	6302	通信字符错误	
	6303	通信数据的校验不一致	
	6304	数据格式错误	
	6305	指令错误	

区　　分	出错代码	出　错　内　容	处　理　方　法
并联链接通信 出错 M8063 （D8063）继续运 行	6306	监控定时器超时	请确认通信参数，简易 PC 间的链接 用设定程序，并联链接用设定程序等， 是否根据用途做了正确的设定。此外， 请确认接线
	6307～6311	无	
	6312	并联链接字符出错	
	6313	并联链接和校验出错	
	6314	并联链接格式错误	
参 数 出 错 M8064（D8064） 运行停止	0000	无异常	请将可编程控制器置 STOP，并在参 数模式下设定正确的数值
	6401	程序的校验不一致	
	6402	存储器容量的设定错误	
	6403	保持区域的设定错误	
	6404	注释区域的设定错误	
	6405	文件寄存器的区域设定错误	
	6409	其他设定错误	
语 法 错 误 M8065（D8065） 运行停止	0000	无异常	此项是检查编写程序时，各指令的使 用方法是否正确。如果发生错误，请再 编程模式下修改指令
	6501	指令—软元件符号—软元件编号的组合 有误	
	6502	设定值前面没有 OUT T/OUT C	
	6503	①OUT T/OUT C 后面没有设定值； ②应用指令的操作数数量不足	
	6504	①指针号重复； ②中断输入或者高速计数器输入重复	
	6505	超出软件编号范围	
	6506	使用了没有定义的指令	
	6507	指针号（P）的定义错误	
	6508	中断输入（I）的定义错误	
	6509	其他	
	6510	MC 嵌套编号的大小关系有误	
	6511	中断输入和高速计算器输入重复	
回路错误 M8066 （D8066） 运行停止	0000	无异常	作为整个梯形图回路块，指令的组合 不正确或者成对出现的指令关系不正 确时，会报错。 请在编程模式下，正确修改指令相互 间的关系。
	6601	LD、LDI 连续使用 9 次以上	
	6602	① 没有 LD/LDI 指令。没有线圈。LDI 和 ANB、ORB 的关系不正确； ② STL、RET、MCR、P（指针）、I（中断）、 EI、DI、SRET、IRET、FOR、NEXT、FEND、 END 没有与字母线相连； ③ 遗忘 MPP	

续表

区 分	出错代码	出 错 内 容	处 理 方 法
回路错误 M8066 (D8066) 运行停止	6603	MPS 连续使用 12 次以上	作为整个梯形图回路块，指令的组合不正确或者成对出现的指令关系不正确时，会报错。请在编程模式下，正确修改指令相互间的关系。
	6604	MPS 与 MRD、MCR 的关系不正确	
	6605	① STL 连续使用 9 次以上； ② STL 中有 MC、MCR、I（中断）、SRET； ③ SCT 外有 RET，无 RET	
	6606	① 没有 P（指针）、I（中断）； ② 没有 RET、IRET； ③ 主程序中有 I（中断）、SRET、IRET； ④ 子程序或者中断程序中有 STL、RET、MC、MCR	
	6607	① FOR 和 NEXT 的关系不正确，嵌套 6 层以上； ② FOR~NEXT 之间有 STL、RET、MC、MCR、IRET； ③ SRET、FENC、END	
	6608	① MC 和 MCR 的关系不正确； ② 没有 MCR N0； ③ MC~MCR 之间有 SRET、IRET、I（中断）	
	6609	其他	
	6610	LD、LDI 连续使用 9 次以上	
	6611	相对 LD、LDI 指令而言，ANB、ORB 指令的数量太多	
	6612	相对 LD、LDI 指令而言，ANB、ORB 指令的数量太少	
	6613	MPS 连续使用 12 次以上	
	6614	遗忘 MPS	
	6615	遗忘 MPP	
	6616	MPS-MRD、MPP 间的线圈被忘记，或者有误	
	6617	应从母线开始的指令 STL、RET、MCR、P、I、DI、EI、FOR、NEXT、SRET、IRET、FEND、EDN 没有与母线相连	

续表

区　分	出错代码	出　错　内　容	处　理　方　法
回路出错 M8066（D8066） 运行停止	6618	只有主程序可以使用的指令 STL、MC、MCR 出现在主程序以外（中断、子程序等）	作为整个梯形图回路块，指令的组合不正确或者成对出现的指令关系不正确时，会报错。请在编程模式下，正确修改指令相互间的关系
	6619	在 FOR-NEXT 之间有不可使用的指令 STL、RET、MC、MCR、I、IRET	
	6620	FOR-NEXT 间的嵌套溢出	
	6621	FOR-NEXT 的数量关系不正确	
	6622	没有 NEXT 指令	
	6623	没有 MC 指令	
	6624	没有 MCR 指令	
	6625	STL 连续使用了 9 次以上	
	6626	STL-RET 间有不可以使用的指令 MC、MCR、I、SRET、IRET	
	6627	没有 RET 指令	
	6628	主程序中有不可以使用的指令 I、SRET、IRET	
	6629	没有 P、I	
	6630	没有 SRET、IRET 指令	
	6631	SRET 位于不能使用的位置	
	6632	FEND 位于不能使用的位置	
运算出错 M8067 （D8067） 继续运行	0000	无异常	指运算执行过程中发生的错误。请修改程序并检查应用指令的操作数的内容。即使没有语法、梯形图错误，但是因为如下所示的原因也可能发生运算错误。例：T200 Z 本身没有错误，但是 Z=100 时，运算结果为 T300，超出了软元件的编号范围
	6701	① 没有 CJ、CALL 的跳转地址； ② END 指令以后有指针标签； ③ FOR～NEXT 间或者子程序间有单独的指针标签	
	6702	CALL 的嵌套在 6 层以上	
	6703	中断的嵌套在 3 层以上	
	6704	FOR～NEXT 的嵌套在 6 层以上	
	6705	应用指令的操作数是可用对象以外的软元件	
	6706	应用指令的操作数的软元件编号范围或者数据值超限	
	6707	没有设定文件寄存器的参数，但是访问了文件寄存器	
	6708	FROM/TO 指令出错	

续表

区 分	出错代码	出 错 内 容	处 理 方 法
	6709	其他（IRET、SRET 遗忘，FOR～NEXT 关系不正确等）	
	6730	采样时间（Ts）在对象范围外（Ts<0）	
	6732	输入滤波器常数（α）在对象范围外（α<0）或者（100≤α）	
	6733	比例增益（KP）在对象范围外（Kp<0）	
	6734	积分时间（TI）在对象范围外（TI<0）	
运算出错	6735	微分增益（KD）在对象范围外（KD<0）或者（201≤KD）	表示控制参数的设定值或者PID运算过程中有数据错误请检查参数内容
M8067	6736	微分时间（TD）在对象范围外（TD<0）	
（D8067）	6740	采样时间（Ts）≤运算周期	PID 运算停止，将运算数据作为 MAX 值，继续运行
继续运行	6742	测定值的变化量溢出（ΔPV<-32768 或者 32767<ΔPV）	
	6743	偏差溢出（EV<-32768 或者 32767<EV）	
	6744	积分运算值溢出（-32768～32767 以外）	
	6745	因为微分增益（KP）溢出，导致微分值溢出	
	6746	微分运算值溢出（-32768～32767 以外）	
	6747	PID 运算结果溢出（-32768～32767 以外）	

二、出错的检测时序

按照下面的时序来检查 FX3U 的出错（表 F-2），并将前面所述的出错代码保存在 D8060～D8067 中。

表 F-2

出 错 项 目	电源 OFF→ON	电源置 ON 以后初次 STOP→RUN 时	其 他
M8060 I/O 构成出错	检查	检查	运算中
M8061 PC 硬件出错	检查	—	运算中
M8062 PC/PP 通信出错	—	—	从 PP 接收信号时
M8063 链接、通信出错	—	—	从对方站接收信号时
M8064 参数出错 M8065 语法出错 M8066 回路出错	检查	检查	更改程序时（STOP） 传送程序时（STOP）
M8067 运算出错 M8068 运算出错锁存	—	—	运算中（RUN）

D8060～D8067 中各保存一个出错内容，同一出错项目发生多个错误时，每排除 1 个故障原因，就转而保存仍然出错的故障代码；没有出错时保存[0]。

常用低压电器的图形符号

　　电气符号是指用于图样或其他技术文件中表示电气元件或电气设备性能的图形、标记或字符。目前，低压电器的图形符号执行的是国标 GB4728—2005《电气图用图形符号》，此标准是依据 IEC 国际标准制定的，国标 GB4728—2005 对目前常用电气设备的图形符号、文字符号等有了明确定义。

　　电气符号是电气设备性能特征的表现形式，文字符号是表示电气设备、装置和元器件的名称、功能、状态和特征的字符代码。国标 GB4728—2005 依据电器功能、结构要素、动作方式等制定一些反映设备功能的限定符号，体现其结构要素（核心功能单元）的符号要素及简单的电器（如开关）对应的一般符号。如表示接触器、继电器线圈类的产品，此类产品的一般符号为"<u>　　</u>"；有用于表示某一具体的电气元件的明细符号，如"<u>U<</u>"表示欠电压继电器线圈，由线圈一般符号"<u>　　</u>"、文字符号"U"和限定符号"<"3 种符号组成。上述限定符号和符号要素是根据电气产品的功能和辅件定义的，故标准规定了电气符号需由能够反映设备各功能的限定符号、体现功能单元结构特征的符号要素以及对外动作方式的一般符号组合构成。

　　文字符号分为基本文字符号和辅助文字符号，基本文字符号主要表示电气设备、装置和元器件的种类名称，包括单字母符号和双字母符号。单字母符号表示各种电气设备和元器件的类别，例如，"Q"表示电力电路中的开关器件，"F"表示保护性电气类。当单字母符号不能完整表达，需较详细和具体地表述电气设备、装置和元器件时可采用双字母符号表示，例如，"FU"表示熔断器，是短路保护电器；"FR"表示热继电器，是过载保护电器。辅助文字符号是用于表示电气设备、装置和元器件以及线路的功能、状态和特征的字符代码。例如，"SYN"表示同步，"L"表示低，"RD"表示红色。

　　以下结合表 G-1 断路器图形符号的组成与说明和如图 G-1 所示的热继电器电气符号及含义来进一步理解电气符号的组成。

表 G-1　断路器图形符号的组成与说明

限 定 符 号	符 号 要 素	一 般 符 号	断路器图形符号
✕ 断路器功能 ■ 自动释放功能 ⌐ 热效应 ⌐ 电磁效应 --- 机械连接	功能单元	常开触点	QF 欠压保护 过流保护 过载保护

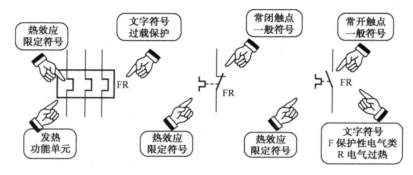

图 G-1　热继电器电气符号及含义

如表 G-1 所示的限定符号栏中给出了断路器所具备的各种电气功能的限定符号，符号要素中给出了功能单元及作为通用设备常开触点的一般符号，将其组合并加以 QF 标注构成断路器的电气符号。这种图形语言则是该电气设备功能和主要工作方式的体现。

需要说明的是对于一些组合电气设备，在不需考虑其构成和工作方式时可用方框符号表示，如表 G-2 中的变频器、逆变器及滤波器等。

表 G-2　常用电器分类及图形符号和文字符号

分 类	名 称	图形符号、文字符号	分 类	名 称	图形符号、文字符号
A 组件部件	启动装置	SB1 SB2 KM KM ⊗	Q 电力电路的开关器件	断路器	QF
B 将电量变换成非电量，将非电量变换成电量	扬声器	B（将电量变换成非电量）		隔离开关	QS

分　类	名　　称	图形符号、文字符号	分　类	名　　称	图形符号、文字符号
	传声器	B （将非电量变换成电量）		刀熔开关	QS
C 电容器	一般电容器	C		手动开关	QS　QS
	极性电容器	+C		双投刀开关	QS
	可变电容器	C		组合开关 旋转开关	QS
D 二进制元件	与门	D &		负荷开关	QL
	或门	D ≥1	R 电阻器	电阻	R
	非门	D		固定抽头电阻	R
E 其他	照明灯	EL		可变电阻	R
F 保护器件	欠电流继电器	I< FA		电位器	RP
	过电流继电器	I> FA		频敏变阻器	RF
	欠电压继电器	U< FV	S 控制、记忆、信号电路开关器件选择器	按钮	SB
	过电压继电器	U> FV		急停按钮	SB

续表

分　类	名　称	图形符号、文字符号	分　类	名　　称	图形符号、文字符号
G 发生器、发电机、电源	热继电器	□□□FR □□FR □□FR ┤FR ┤FR	T 变压器 互感器	行程开关	SQ
	熔断器	FU		压力继电器	P SP
	交流发电机	G ~		液位继电器	SL SL SL
	直流发电机	G		速度继电器	SV SV SV
	电池	− GB +		选择开关	SA
H 信号器件	电喇叭	HA		接近开关	SQ
	蜂鸣器	HA HA 优选型　一般型		万能转换开关、凸轮控制器	SA 2 1 0 1 2 4
	信号灯	HL		单相变压器	T
I		（不使用）		自耦变压器	T 形式1　形式2
J		（不使用）		三相变压器（星形/三角形接线）	T 形式1　形式2

分 类	名 称	图形符号、文字符号	分 类	名 称	图形符号、文字符号
K 继电器、接触器	中间继电器			电压互感器	电压互感器与变压器图形符号相同，文字符号为 TV
	通用继电器			电流互感器	形式1 形式2
	接触器			整流器	U
	通电延时型时间继电器		U 调制器 变换器	桥式全波整流器	U
	断电延时型时间继电器			逆变器	U
L 电感器、电抗器	电感器	L （一般符号） L （带磁芯符号）		变频器	U
	可变电感器		V 电子管 晶体管	二极管	V
	电抗器	L		三极管	PNP 型 NPN 型
M 电动机	鼠笼型电动机			晶闸管	阳极侧受控 阴极侧受控

续表

分 类	名 称	图形符号、文字符号	分 类	名 称	图形符号、文字符号
M 电动机	绕线型电动机	U V W ⓂM 3~	W 传输通道、波导、天线	导线、电缆、母线	——W
	他励直流电动机	Ⓜ		天线	W
	并励直流电动机	Ⓜ	X 端子插头插座	插头	优选型 其他型 XP
	串励直流电动机	Ⓜ		插座	优选型 其他型 XS
	三相步进电动机	Ⓜ		插头插座	优选型 其他型 X
	永磁直流电动机	Ⓜ		连接片	断开时 接通时 XB
N 模拟元件	运算放大器	▷ ∞ N + +	Y 电器操作的机械器件	电磁铁	或 YA
	反相放大器	N ▷1 + -		电磁吸盘	或 YH
	数-模转换器	#/U N		电磁制动器	Ⓜ YB
N	模-数转换器	U/# N		电磁阀	或 或 YV
O		（不使用）	Z 滤波器、限幅器、均衡器、终端设备	滤波器	Z

分　类	名　　称	图形符号、文字符号	分　类	名　称	图形符号、文字符号
P 测量设备、 试验设备	电流表	PA Ⓐ		限幅器	Z
	电压表	PV Ⓥ		均衡器	Z
	有功功率表	kW PW			
	有功电度表	kWh PJ			

参考文献

[1] 张万忠. 可编程控制器应用技术. 北京：化学工业出版社，2002.

[2] 李俊秀，赵黎明. 可编程控制器应用技术实训指导. 北京：化学工业出版社，2002.

[3] 李乃夫. 电气控制与可编程控制器应用技术. 北京：高等教育出版社，2007.

[4] 劳动与社会保障部教材办公室. PLC 原理与应用. 北京：中国劳动社会保障出版社，2007.

[5] 王阿根. 电气可编程控制器原理与应用. 北京：清华大学出版社，2007.

[6] 郁汉琪. 机床电气及可编程序控制器实验、课程设计指导书. 南京：南京工程学院内部资料，2005.

[7] 《FX3U 系列微型可编程控制器用户手册（硬件篇）》. 2010，10.

[8] 《FX3U/FX3UC 系列微型可编程控制器编程手册（基本.应用指令说明书）》 2005年 12 月

[9] 《FX 系列微型可编程控制器用户手册（通信篇）》. 2006，2.

[10] 《GX Developer Ver 8 操作手册（SFC）》. 2008，2.

[11] 《三菱通用变频器 A700 使用手册》. 2007，5.